让心灵自由呼吸

RANG XINLING ZIYOU HUXI

崔玉梅◎编著

北京工业大学出版社

图书在版编目（CIP）数据

让心灵自由呼吸 / 崔玉梅著 . —北京：北京工业大学出版社，2013.7
 ISBN 978-7-5639-3539-0

Ⅰ.①让… Ⅱ.①崔… Ⅲ.①人生哲学—通俗读物 Ⅳ.① B821-49

中国版本图书馆 CIP 数据核字（2013）第 111110 号

让心灵自由呼吸

编　　著：崔玉梅
责任编辑：钱子亮
封面设计：汝俊杰
出版发行：北京工业大学出版社
　　　　　（北京市朝阳区平乐园 100 号　100124）
　　　　　010-67391722（传真）bgdcbs@sina.com
出 版 人：赫　勇
经销单位：全国各地新华书店
承印单位：唐山才智印刷有限公司
开　　本：787mm×1092mm　1/16
印　　张：17
字　　数：242 千字
版　　次：2013 年 7 月第 1 版
印　　次：2021 年 1 月第 2 次印刷
标准书号：ISBN 978-7-5639-3539-0
定　　价：32.00 元

版权所有　翻印必究
（如发现印装质量问题，请寄本社发行部调换 010-67391106）

序
停顿，是为了更好地行走

我自认是个懒散惯了的人。每隔一段时间，我都要停下繁忙的脚步，撇开关于工作的一切，思考我人生的轨迹，让心自由地去放逐、流浪。

也许有的人会觉得很疑惑：我有那么多未达到的目标，工作那么多，责任那么重，整天都得为生活过得更好而打拼，怎能浪费那么多时间去思考人生，去放空心灵？而且这些矫情的事，能给我带来什么实际的益处？能让我的晚饭大鱼大肉，让我的钱包多一两千，让我的存折多几个零吗？

如你所想的，答案肯定是否定的。但是我仍旧坚持这样"浪费"我的时间。因为对于这件事，我有我的考量，我有我的思考，我有我的坚持。

还记得我刚踏入社会的那一年，为了买车买房，我在深圳这个繁华的大都市拼了命地工作，一天24小时至少有16个小时在工作，剩下的时间不是吃饭就是在去上班的路上。为了节约更多的时间投入工作中，我常常带着面包在单位干啃，也常常拒绝朋友聚会玩乐的邀请。

社会喧嚣，而我整天忙忙碌碌。我以为我很了不起，存了不少的钱，很充实；我以为我自己一直在自己当初所热爱的事业上努力拼搏着，还为自己的梦想奋斗着；我以为自己在单位的位置难以取代……

我以为的事情很多，但事实证明那些事情真的就是我以为而已，仅仅是我自己欺骗自己。那一天我胃病犯了，进了医院。停止了工作，一个人独自待在病房里，远离了都市的喧嚣，我突然间觉得很空虚，难以自持。

我偷偷跑回单位，发现没有了我，他们还是一如既往地有条不紊地在工作。我甚至听到了他们对我的评价：工作狂、守财奴、免费工、便利贴……

那时候的我，真的觉得世界都崩溃了。我的努力换回的原来是他们这样的评价。我止不住地回想这一年来，我到底做了些什么，一直在追求什么。突然间，我醒悟了，原来在不知不觉中，我已经不是原来的我了，不是真正的自己了。

我在人生道路中寻找，找着找着就没有了方向，甚至连自己都不知道自己在哪里了。

我没有再回到那个单位去工作。我递交了辞职信，拿着我攒的钱，踏上了不知名的旅途。我到处去流浪，去看各种人的人生，重新思考我自己的人生。

我没有后悔，因为我知道，这次停顿，是为了让我思考清楚以后到底怎么走。

我们都被这个社会压抑得太久了。它就像个大熔炉，将我们都熔进去了，渐渐地让我们在寻找中迷失了自己，偏离了生命真实的存在，丧失了灵魂的纯真状态。

你找到你生命的那条路了吗？

你知道自己每天忙忙碌碌到底在为什么吗？

你多久没有停下脚步去倾听自己心灵的声音了？

朋友们，请停下你们匆忙的脚步吧，静静地倾听一下你内心的声音，思考一下人生的旅途上有没有岔路。

朋友们，我们都已经太累了，别再让社会的各种欲望束缚你，让你看不清楚自己。

朋友们，让我们习惯赤裸生活，让心灵自由呼吸吧！

目　录

第一章　认识生活——人与物的对话

一、欲望都市…………………………… 001

二、忙与盲……………………………… 007

三、充满幻觉的轻浮时代……………… 013

四、我的青春我的城…………………… 017

五、你是什么族………………………… 027

六、50种对待生活的态度……………… 046

七、幸福源泉在哪里…………………… 054

第二章　简约——让心灵自由呼吸

一、简约是一种心态…………………… 056

二、简约而不简单……………………… 058

三、不持有生活………………………… 066

四、简的境界…………………………… 071

五、心中有禅…………………………… 078

六、去粗取精，远离纷争……………… 086

七、简单生活的70条观念……………… 095

八、旅行的意义………………………… 102

第三章 健康之忧——你被生活奴役了么

一、亚健康状态……………………… 142
二、白领职业病……………………… 147
三、办公室潜伏杀手………………… 153

第四章 养生——还我一个健康身

一、吃出来的健康…………………… 158
二、睡出来的美丽…………………… 167
三、喝出来的水润…………………… 182
四、泡出来的红润…………………… 191
五、瑜伽之光………………………… 205
六、中医养身………………………… 212
七、气功强身………………………… 222

第五章 环保——环保是一种流行

一、低碳生活………………………… 230
二、公交族…………………………… 233
三、自行车英雄……………………… 235
四、没有购买就没有杀戮…………… 241
五、素食主义………………………… 247
六、屋子里的绿色…………………… 251
七、少使用一次性物品……………… 258
八、扔垃圾,你分类了吗…………… 261

第一章 认识生活——人与物的对话

一、欲望都市

说起欲望都市,很多人的脑海中跳出的是花花绿绿的高速发展的大城市,或者是热爆全球的电视剧《欲望都市》中繁华的纽约城。

没错,这里要说的便是关于这些吸引上千万人的现代繁华大都市里纸醉金迷的生活,关于人类"俘虏"在这些花花世界追求的所谓欲望里。

(一)以爱之名

现代都市复杂、包罗万象、海纳百川,是很多奋斗者、梦想者心中的神圣的殿堂,承载了人类许多的欲望——物欲、色欲。

关于物欲,某主持人就曾在自己的节目中说道,国人的信任系统崩溃,"渴钱症"成为时代病。疯狂地爱钱,饥渴地爱钱,爱到发疯、有怪癖的地步。

挣多少钱都不够,人类的物欲无比地膨胀,在这个不可信任的欲望都市里变得唯利是图,金钱至上,物质至上。某大城市一个楼盘广告迎合购房者的思维,打出"结婚不买房,就是要流氓"的广告词,某大型电视节目中的美女嘉宾面对全世界的观众，理直气壮地表示"我宁愿坐在宝马车里哭，也不愿意坐在自行车上笑"。看过电视剧《奋斗》后，80后就跟"继续奋斗"挂钩了，社会甚至开始流行新俗语"宁做二奶，不嫁80后"……

都市里的男女们，为什么那么爱钱、贪钱，那么渴望物质？

都市里的物欲横流，多半可以归为男女爱情的物质基础这个话题。当然这个话题在中国的现代社会里更多地表现为女性对物质的追求。《新周刊》曾说，《爱情买卖》走红了，中国 GDP 又增长了，经济形势好，物价涨，爱情成本也水涨船高了。剩女最想嫁给公务员，电影再纯爱，也要看票房。

"我爱你。""滚。"网络笑称这是一出最短的悲剧。过去它的发生多半因为两人没有感觉，而现在也可能是因为没有钱。15 年前，爱情常在道德感和社会眼光里挣扎，但还没跟 GDP 挂钩。而在今天，没有车和房，谁又来跟你谈情呢？物质是基础，人人都这样讲，仿佛爱情一定要在送过玫瑰、吃过大餐、查过房产证之后才能发生。所谓的般配，不过是一种资源交换——美貌可以换来优渥的生活，这成了人们习以为常的逻辑。

在很多现代人的眼中，一提到爱情，立马就会想到结婚，想到婚后的房子问题，婚后的柴米酱醋油盐等用钱问题。想到男女朋友，就首先想到对方的职业是什么，学历如何，是否门当户对之类的。爱情的世界由现实主义的砖块砌成，爱是唯一的虚无。有一位著名的摄影师说过，有些当代中国都市女孩的眼神很"脏"，充满了欲望。她们以爱的名义来求名求利的种种手段很残忍。更有人曾如此说道："我们的环境就适合赚钱，连居住都不太适合，更别说爱了。"

于是，很多都市中人不说爱了。爱情，一年比一年更稀罕，一年比一年让人难以捉摸，难以弄懂。

（二）无处安放的青春

年轻的男女，在充满诱惑的都市里渐渐变得迷茫，变得不懂爱不认识爱。

柏拉图曾说，爱是射向无限的光，是经过 20 年的共同生活之后消失在斑疹鼻子和佝偻四肢上的光。柏拉图这个情感论断的"教条"被一些"痴男怨女"们信奉了两千多年，然而生活在现代都市里的人们，享受着生活文明带来的种种便利和物质的奢华，却难以找到"爱情是什么"的完美答案。瞬息万变的世界，让他们不可能再用 20 年的时间去领悟爱的真谛，他们需要的是具体的、触手可及的爱的感觉，以及一种全新的爱的表达方式。在迷惘与选择之间，在清醒与放纵之间，狂喜、失落、麻木、失望交替在他们身上表现着。他们在爱与痛的边缘发泄自己无处安放的青春，探索着新的情感之路。

1. 一夜情：欲盖弥彰的谎言

据某网站的调查，一夜情大部分发生在接受过高等教育的男女身上。"教育可以而且能够使人视野开阔，容易接受新鲜经验，思想独立且训练有素，忘我地投身于某种生产活动，对认识世界和自己人格的完整性信心百倍。"高学历、高素质也带来自我意识的极大觉醒，这些人中的一些人普遍蔑视传统的生活方式和道德伦理观念，在情感生活中我行我素。某媒体在一次关于一夜情的案例调查中发现，一个被预先想象成猥琐、卑劣的采访对象，事实上是个斯文白皙、风度翩翩、谈吐不凡的硕士研究生。他不仅肯定一夜情的行为和现象，更认为理性而自控的一夜情不会给社会和他人带来任何伤害。一位在外企任职的计算机博士虽然其貌不扬，但他认为他含金量极高的学历就是炫耀的资本。研究者指出，某些高学历者和都市白领热衷一夜情，并能频频得手，是与他们较高的社会地位、不俗的收入及良好的形象有关的。身份成了一夜情参与者选择对象、信赖或赢取信赖的首要标准。

2. 未婚同居："等待戈多"的故事

一份调查显示，当前有 53.3% 的人赞成婚前同居。据了解，在白领人群中，这个比例更大。沉重的工作压力、有限的经济能力，让很多渴望有家，但又不堪承受其沉重的都市白领，选择了同居生活。

网上流行着一种"结婚没必要论"，因为结婚：分不到房子，还得为买房浪费票子；生下的独苗变成"太子"，光侍候他就少了许多乐子；戒指只能说明你是某人的妻子，但对杜绝"马子"（指情人）可没啥法子；万一日久生厌想换个位子，要离婚可得费尽脑子……这道出了很多选择同居者的心声。在他们看来，同居可以享受家庭生活的温暖和安逸，享有美好的"未来"，却不用担心家庭所具有的责任和拖累。

但是同居也并不能解决所有的问题。小王和小孙从大学三年级开始就同居了，毕业后也在同一个地方工作。这样过了4年，他们渐渐厌倦了这种没有承诺、看不到结果的关系。从最初的激情澎湃到如今的相望两厌，他们发现自己站在了十字路口，不知该继续走下去，还是就此分开。在长期的同居之后，他们其实都回到了原地。

3. 网恋：成也萧何败也萧何的悲壮

有网友称，网恋就是一项游戏。此项"游戏"简单易行：两个ID，各备"鸡（计算机）"、"猫"（调制调解器）、"鼠"（鼠标）一只，然后反复击打键盘，便可体验心跳的感觉。游戏的内容就是只爱一点点，只爱陌生人，只爱不言婚；就是一根电话线，两颗寂寞心，三更半夜里，四目不相见，十指来传情……

几乎所有接触过QQ的人，都有过或深或浅的网恋经历。网恋者为的是寻找超越一切的纯爱情，超脱婚姻的平庸和无奈的现实。网络爱情往往是两个互相吸引的人在互诉千愁万绪的心情故事。当事人因为灵魂的寂寞，亟需寻找一个很热心、能关注自己的在线"灵魂"。说白了，这种柏拉图式的网恋，肯定伴有一种要达到较亲密关系的渺茫希望。很多人对待网恋，就像信徒对上帝的感觉一样，虽然见不到、摸不着，却能给自己带来莫大的幸福和被依赖感。某些白领将自己不见面的网恋，视为纯洁的、温情脉脉的情感，它远离肉体、性器官以及生育过程的污染，仅靠思想和文字传递快乐。

子羊和田田在网上一见如故，两人无所不谈，好像有着天生的默契。他们在网上热恋，从海誓山盟到谈婚论嫁，甚至干脆夫妻相称。虽然双方都明白，他们没有明天。他们的确没有考虑明天，也没有考虑过现实，只是沉溺于网络中的那种感觉。他们都将网线另一端的那一位，设计成自己想象中的人。他们知道，现实永远不可能与理想重合，所以他们决定永远都不在现实中见面。田田说，她明白"盛筵必散"的道理，这种理想的网络爱情总会有散伙的那一天，但她还是舍不得这份最为纯真的感情。每次她一开QQ，"嘀嘀"的声音响起，她就会激动不已。这样的状态持续了一年多，渐渐两人都因为工作和学习忙了起来，QQ上在线的时间少了，以至于最终彼此没有了音信。但田田还是满足地认为，网恋给自己带来了一年多的幸福时光，已经足够了。

但并不是所有的网恋都是无疾而终的。木木与小小在网上经常一聊就是几个钟头，木木说他喜欢上了小小。幸福原来可以降临得如此迅速。短短几个月的Q来Q去，他们就见面了，双方与他们最初的想象与估计相差不远，他们互相接受了对方。从此，电话、短信、QQ一个都不能少。他们现在已经规划着安家置业的大事了。所以认识他们的人都觉得他们幸运。

4. 同城约会：换汤不换药的"相亲游戏"

某白领万人联谊活动搞得如火如荼。据了解，活动总共有近3000个白领报名，60%以上的参加者为大学学历。绝大部分参加者都翘首期盼着约会日的到来，期望能一矢中的，找到自己心中的另一半。活动与婚姻介绍所般的世俗的张罗稍有不同的是：参加者的自我介绍部分增加了不少东西，个人自我表现的途径多了些，层次也上了很多。只有高学历、高收入的成功人士才有入场资格。由于女性比例远远超过了男性，于是条件好的男性一下子成了月亮，被众星捧着。

某导演自我介绍完毕，女性像潮水般涌来，生怕错过了"金龟婿"就再也找不到"如意郎"。导演手持大把名片感慨道："20多张名片，有戏。要的就是全面撒网，重点捕捞。"

5. 办公室恋情：内忧外患的挣扎

在网上曾有一篇流传甚广的文章，叫《办公室恋情的N大好处》，文曰：恋人的眼神在办公室的某个角落里凝固，让办公室的生活不再乏味；有所期待，为着那一顿共同享用的短暂工作餐；做事出色，恋人的眼神闪烁着鼓励和为你骄傲的内涵；遇小挫折，恋人的眼神为你默默加油。

对于正在进行办公室恋情的小文来说，办公室恋情最大的好处是可以互相照顾。少了激情多了平实，是一种很实在的感觉和幸福，也大大节省了恋爱成本，生活也有了很多便利。最大的不便是作为上司和下属，在工作问题处理上会比较难做，"近之则不逊，远之则怨"。小文说作为一个成熟的管理者，在公不言私是他的准则，其他就没有想太多了。

但多数办公室恋情都不会如此美好和顺利。D先生是办公室恋情的冷眼旁观者。他认为现代企业工作异常紧张，要发展办公室恋情，会如火中取栗般艰辛。

办公室恋情最大的阻力来自老板和上司。他们通常认为过分亲密的个人关系不利于正常业务、工作的开展：工作中卿卿我我，加班时双双开溜，自然会影响工作；一方的成败得失，也会影响到另一方的情绪和状态；更甚者，共同的利益关系，会给上司带来很大的压力，比如一方辞职，另一个很可能也会马上炒老板的鱿鱼……这些都是很多现代企业中所忌讳的事情。因此，有的公司就明令禁止同事恋爱。

6. 供楼结婚："落叶归根"的幸福

当房地产商们用越来越大的篇幅来推荐他们的楼盘时，当媒体不遗余力地打造"时尚生活方式"时，白领们便落入了他们共谋的"圈套"。一位刚毕业不久就供了房子的白领说："当真的拥有房子时，那一刻的成就感无法形容。"

都市白领中，很多都是"漂一族"，居无定所、情无可依。由于对漂泊的厌倦，或者对所在地方、工作或者人的热爱，他们开始在身边寻找一种归属感。有了房子就有了根，让父母不时过来同住，下班后扶老携幼散步，人生至此已足矣。一位白领表示，虽然楼市价格不低，但由于家人和女友的要求，他把原本打算投资做生意的钱交了首期，开始了供楼的历程。而在他的供楼款里，也有女友的一份。供楼，让他的生活方式、感情观念甚至和女友的感情，都发生了彻底的改变。以前长期热衷泡吧、蹦迪、旅游、和朋友呼啸成群的他，如今完全成了个小男人，有时间就陪女友逛家具店，一点一滴地营造自己的新窝，乐此不疲。在爱情上从来不愿死心的他，如今也彻底收了心。他对女友说："我们成了拴在一条绳子上的两个蚂蚱，谁也别想轻易跳出去。"有了房子，接下来他就要考虑结婚以及如何让父母享福、让未来的孩子念个好学校、有一个稳定的家庭等现实问题了。很多都市中人对生活最美好的愿望就是：扶着父母，抱着儿子，倚着爱人，在码头看一线江景。还有人戏称："面朝大海，春暖花开。从供楼做起，做一个幸福的人。"

现代的都市充满了太多的欲望和诱惑，当一个又一个新鲜刺激的爱的表达方式出现时，作为成熟的都市中人最要紧的是知道自己要的是什么。最好的不一定适合你，但最适合你的一定是最好的。静下心来，认真想想，找回自己真正的渴望吧。

二、忙与盲

"曾有一次晚餐和一个梦/在什么时间地点和哪些幻想/我已经遗忘我已经遗忘/生活是肥皂香水眼影唇膏。

"许多的电话在响/许多的事要备忘/许多的门与抽屉/开了又关关了又开如此地慌张/我来来往往我匆匆忙忙/从一个方向到另一个方向。

"忙忙忙忙忙忙/忙是为了自己的理想/还是为了不让别人失望/盲盲盲盲盲/盲得已经没有主张/盲得已经失去方向/忙忙忙盲盲盲/忙得分不清欢喜还是忧伤/忙得没有时间痛哭一场。"

这是才女张艾嘉的一首老歌《忙与盲》。不知从何时开始,"忙"已经成为城市的主旋律,也成为我们嘴边常挂着的一句话。曾几何时,人们见面已经不是说"你吃了吗",而变成了"最近忙什么呢",这种问候语的变化正体现了人们现在的生活状态。"我很忙"俨然已成了城市中人普遍的生存状态,那么我们每天究竟在忙些什么呢?

是时候该认真想想关于"忙"的问题了。

(一)嘿,最近忙什么呢

城市工作节奏的加快,生活压力的增加,迫使人们不断加快脚步:明星们为了工作而不敢恋爱和休息;兼职和充电是工薪族的两翼;特长班这些第二课堂让孩子从小就开始武装;交通灯伴随着引擎的声音,每个路口总有一队人等着冲锋……

据说在某大城市,人们一向以步行速度快为傲,但现在变慢了,因为太过拥挤了,市民们在街上无法忍受走路太慢的人堵在前面,而产生"人行道之怒"。也许,人本来就是因为忙碌而活着的,目标就是在奔忙中实现的。每个人都想忙得有价值,可是在飞速运转的社会大机器中,还有多少人有能力控制自己的节奏和方向?大多数人行色匆匆,疲于奔波中,何时又可以忙中静思一下呢?

忙忙忙,你知道自己在忙什么吗?

1. 分析师,女,20岁,忙着工作

"我在一家外资投资银行担任分析师一职。包括周末在内的每一天,我几乎都是这么度过的:早上6点,啃着馒头匆匆出门,6点半到办公室,马不停蹄地开始分析市场行情、写报告,午餐和晚餐都在办公室叫外卖解决,夜里11点多才回到出租屋中。

"我经常觉得很累,高强度工作导致我根本没有属于自己的时间,吃饭、洗澡等都要'加速'进行,有时就连给老同学回个电话都难抽出空来。

"能不干吗？我想在我所在的城市买一套像样的房子，所以我不舍得放弃每月五位数的工资收入。以前工作很有冲劲，但现在每天不停地忙，没有生活质量，只有工作，很累很迷惘！"

2. 文秘，女，24岁，忙着恋爱

"现在的工作挺无聊，我是学中文的，找工作不管怎样都脱不了'文'这个口，工作的无聊使我希望能在爱情上有些弥补。我现在最大的人生梦想就是早日结婚，虽然是对自由的束缚，但未尝不是一种幸福。现在我正和一个不错的人交往着，至于有没有什么结果，我还不敢说，只是目前还算热恋吧。"

3. 待业者，女，26岁，忙着找工作

"我刚辞掉先前的工作，那份工作比较辛苦，不固定，待遇也不怎么好，趁自己年轻，索性就辞掉了。我想先休息一段日子，再找工作。虽然是这个打算，但总安不下心，好工作不好找啊，总要有个长期的搜索过程，还不一定能如愿。所以一方面想好好闲着，一方面又总是挂心，挺难受的。得，下周就去找工作了，最起码让心踏实下来。"

4. 自由职业者，男，27岁，忙着网恋

"现实生活中，限制你选择的事情太多，网络就好了，完全虚拟、自由的一个环境，谈恋爱不用负担太多。我在不同城市寻找多个QQ恋人，很快就了解了不同地方的风土人情、女孩的特点等，她们也的确调剂了我的生活，但应付这么多人还真累，并且一个也没有拥在怀过，遗憾。"

5. 普通文员，男，28岁，忙着装忙

"以前我每天早早做完手头的事情，用空闲时间上网聊天看电影，坐等下班，却惹来大祸……在老板眼中，不忙的人是没有上进心的，也可以说是没能力的，甚至可以说是吃闲饭的，赶上金融危机，随便找个理由，就把你给裁了。于是我决定'改邪归正'，正式成为'装忙族'一员：公司下班后，老板不走，我绝不会走，加班的时候也越来越多。即便上网，也要避开老板

耳目，快速切换到电脑桌面。如今，桌子上堆满文件、单据，被公司上下视作'工作狂'，并受到老板的好评。"

6. 销售总监，男，34岁，可忙的太多

"我太忙了，我年初刚进现在的这家公司工作，很多具体情况正在逐渐摸索中。最近，我老婆为我生下一个大胖儿子，现在是家事、工作搅在一起，我两边都得兼顾，太累了。不过这么多年，工作上比这更忙的时候还有呢，那时候我都挺过来了，现在也应该没有问题，况且这次虽然忙，心情倒总是不错，当爸爸了，能不高兴嘛。"

7. 人事管理，女，40岁，忙着充电

"我熬到这一把年纪了，还要考试，最近白头发也添了不少，真是把下辈子的活也忙完了。可是没办法啊，以前没干过人事这一方面的工作，我这人凡事总是太认真。以后干人事的，还要持证上岗，所以不得不参加培训，不得不考试。我年纪大了，记忆力也跟不上，领导安慰我说学习是最重要的，考试次要。但公司出的钱，我也参加了这么长时间的培训了，真考不上，面子上挂不住。"

（二）我们都是忙人一族

当今社会，每一个人都很忙，也应当很忙，这是很正常的一种现象。我们忙着交朋友，忙着恋爱，忙着结婚，忙着工作……在现代社会，我们都成了忙人一族，忙着找一堆事情将自己淹没，仿佛如果自己一空闲下来就会跟社会脱节，被社会抛弃。忙忙忙，你我都是忙人一族。

1. 有一种人是真忙

真忙的人，通常是自己安排的。这类人能力到了一定程度，职位有了一定高度，需要他亲自过问并最后定夺的事情就多了起来。这类人想忙而不乱，得充分利用时间，把工作安排得每一分钟都井井有条，以便随时知道自己在干吗，要干吗。所以找他们，总是需要提前预约，临时上门，很难遇到他们有空的时候。不由得让人感叹"真忙"。但这样的忙肯定很有条理：事情有条不紊，方能稳步前进；时间安排紧凑，方能留有生活的余暇。这类人也许有些累，但是生活得很充实；他们目标明确，身心愉快。

2. 有一种人是瞎忙

这种忙，看起来真忙，实际也真忙，但本质上是一种是"瞎忙"。这类人的工作往往烦琐，而且经常需要同时处理多项事务。如果他们没有甄别出工作优先次序的能力，很容易这个工作做一点、那个工作进行一半，一天下来事情做了不少，似乎忙得不可开交，却没有一件有结果，迫使他们以加班来赶工。这类人在平时生活上没有条理，经常丢三落四，做事情颠三倒四，自然会增加很多事情，产生一种"忙"的假象。这类人通常也处理不好亲人、恋人、朋友之间的关系，所以不得不经常周旋于他们之中，忙着产生问题，解决问题，循环反复，最终变成了瞎忙。

3. 有一种人是装忙

现代社会，如果你跟别人说自己有空，别人就很可能会认为你是无业游民，你就会被社会抛弃。于是，很多人就开始假装自己很忙。明明工作不忙，但为了使得自己在同事、领导、客户甚至家人眼中看起来很重要，所以要装得很忙。这也是一种职场的生存哲学，首先大多数老板都不喜欢看到员工在上班时间很悠闲，至少不能比自己悠闲。如果老板喜欢员工忙忙碌碌，那么能力强的人就只得装忙。其次与工作环境有关，有句俗语叫"鞭打快牛"，如果一个单位的制度是工作效率越高，分配的工作越多，而薪水不变，多数人都会在一定程度上装忙的。

真忙的人很聪明，瞎忙的人很郁闷，装忙的人很无奈。

（三）你今天"忙茫盲"完了吗

英国的一项研究发现，在城市中，成人的步行速度近10年提高了10%。然而，繁忙、紧张、高强度的城市生活却不能给人们带来幸福。一位网友感

慨：工作永远做不完，家务天天无休止——我很忙碌；生活目标仿佛越来越难实现，现实太多无奈——我感到茫然；办公室对着电脑，地铁里捧着手机，每天关注的只是眼前事，无暇顾及长远——我变得盲目。忙、茫、盲，简短的三个字，说出了太多人的共同感受。

无论是真忙、瞎忙还是装忙的人，不可否认的，他们都很忙。但是一个人的"忙"，应当是有目的的"忙"，而不是"茫"中的"盲"，更不是一味地"盲"着"忙"。"忙"而不"茫"，"忙"而不"盲"，才是真的有事可"忙"。

我们都应该忙而不"茫"，忙而不"盲"。现代社会有很多人，他们每天很忙，生活得也很辛苦，但是因为没有忙在"点子"上而浪费了时间、精力与资源。最终因没有取得成功而后悔无比，苦恼不已。就像人们常说的，学习工作要讲究方法与技巧，学生会因为方法不对而影响最后的成绩，农民会因为没能因地制宜而使一年的劳动白费，商人会因为没有调查清楚市场情况而使自己陷入困境。有人曾经半开玩笑地说过这样一句话："我爸爸每天都在忙，早出晚归，投身股票市场，却在几年的时间里赔了不少钱。所以我和我妈常说我爸这个大忙人天天忙着在赔钱。"这些人在生活中不在少数，而忙碌、痛苦与困惑占据了他们的生活。这也就是我们常说的"忙茫盲"，是一种盲目的忙碌。

某心理研究院首席研究员分析，在这"忙茫盲"心态后面，有一个共同的关键词：压力。来自社会和生活的压力，使我们不得不奔波忙碌；排得满满的时间表、一个接一个的计划书，让人根本无暇细想，甚至看不清楚自己到底在忙些什么，只能跟着周围人的节奏，盲目前行；而现实和理想的落差，又进一步造成茫然和失落，产生无力和无意义感。"忙茫盲"，最终形成一个恶性循环，我们越是没有方向，越是心中没有把握，反而越要让自己保持忙碌，才能填补内心的空虚和恐惧。忙碌，成为我们逃避现实、不敢面对自己的借口。结果我们却越活越忙、越活越累，身心俱疲。

有位老者讲过这样一个故事：

很久之前，渤海口有一只小鱼，它下定决心要一路游到山顶。于是它逆向而行。这只小鱼泳技精湛，一会儿冲过浅滩，一会儿划过激流，穿过层层渔网，躲过水鸟的追踪。好不容易它游到了山顶，可它还来不及喘口气呢，刹那间，被冻成了冰！

一万年后，一群登山队员在山顶上的冰层中发现了它。立刻有人认出了这是产于渤海口的鱼。

一位年轻人赞道："真是一只勇敢的鱼啊！穿越千川万水来到一个截然不同的环境，了不起！"

老者却说："不！它只有伟大的精神，却没有伟大的方向，所以只换来了死亡。"

成功，除了"努力"以外，更需要"方向"，很多人会选择不断地换跑道、换环境、换工作或是拼命地劳碌奔波，有时不妨暂时放慢脚步，想一想：这条路真的是你"想"走的吗？真的是你"该"走的吗？真的是你"适合"走的吗？

如果走错，甚至走反了方向，不但到不了目的地，反而会离你的理想与抱负越来越远，甚至一败涂地。在这个脚步急促的时代，我们都应当做一个忙而不"茫"、忙而不"盲"的现代人。

如果你再继续这样"忙—茫—盲"下去，人生就真的完了。是时候该停下忙碌的脚步，问自己一句：你今天忙茫盲完了吗？

三、充满幻觉的轻浮时代

这个时代都怎么了？人们一个个都将自己隔绝在独立的空间里。走在街上到处都是电子产品的衍生物，经常能见到街上的人听 MP3、玩手机、玩游戏……而宅在家里的人又是整天上网看电视剧、浏览网页等。这到底是个怎

样的时代?

(一) 我们都"中毒"了

现代社会已经让人几近"数码在手,一切拥有"。衣、食、住、行、用,生活的各个领域几乎都和电子产品有关,网上购物也让很多人通过数码实现足不出户,轻松购物。无形中,人们对电子产品产生了一种强烈的依赖感。

"出门在外,什么都可以不带,唯独不能不带手机,没有手机在身边,就感觉自己与世隔绝了一样,什么事都无从下手。"作为销售员的小李,他身边的人每次见他,他都处于摆弄手机的状态,不是打电话就是玩游戏。

在现在一些城市里存在这样一种现象,电视、电脑、手机等原本给人带来方便的现代工具,却让越来越多的人离不开,手机依赖症、电视依赖症、网络依赖症等"现代工具依赖症"患者逐渐增多。李旭就对自己的手机特别依赖。虽说办公室、家里都有电话,没有手机不会影响正常的工作,但是他的手机总是24小时保持开机状态。"很多时候突然会感觉自己的手机在响,可是拿起来一看才知道根本没有来电。即便是业务不忙的时候我也总要拿起手机看时间,看看手机的信号状态好不好,总怕因为没信号无法接到朋友的来电。"李旭说,"如果手机长时间不响,我就会情不自禁地拨打电话查询话费余额,看是不是欠费停机了。"一项有关调查显示,越来越多的人开始依赖手机。手机已不仅是生活的一个帮手,更让这些人沉迷其中。失去手机对于这些人来说,就似乎是失去了身体的一部分。

在一项名为"无设备世界(world unplugged)"的研究项目中,美国马里兰大学的研究者对世界上10个国家1000名人员进行了"无媒体"体验,让他们在一天之内不使用包括手机在内的任何多媒体设备。

参与这个项目的大部分人员都表示,失去了手机让他们"坐卧难安"。很多人甚至都没能完成整个项目。撇开他们的国籍、文化、生活环境背景等因素,所有的人员都在失去常用媒体后显示出烦躁、困惑、易怒、不安、紧张、焦虑、痴迷、沉溺、惊慌、猜忌、生气、孤独、消沉、神经质、偏执等情绪。

一名参与项目的人员这样描述那种感受:"五个小时之后我那安逸的周末变成了另外一个样子。我的心跳开始加速,焦虑感也上升了。我开始发觉自己对自己那个小小世界之外的事情一无所知。"很多人把手机描述成自己的一个安全的避风港,另外一名参与项目的人员这样说:"过了一阵我就开始强烈想念我的手机。我会把它放在口袋里,手握住它。仅仅是这样就能让我感到莫大的安慰。"

研究者认为,让人们,特别是年轻人对手机上瘾的原因是多样的。一方面,人们极度依靠手机中存在的社交网络,要不断地运用手机发短信、上微博等方式巩固他们的社交圈子。研究发现,在调查中十分之一的受访者经常性地用手机登录社交网站,例如人人网、开心网。另一方面,青少年也把手机当作必不可少的"炫耀品",迫于同龄人的压力,他们必须拥有手机。长期的使用让他们越来越难以离开手机,当然这不像酗酒和毒品对人的影响那样恶毒,也因此很轻易地被人们忽略。

同样的,网络依赖症在现代社会也很流行,这些网民热衷于每天上网聊天交友,每天上论坛看帖跟帖,每天长时间玩网络游戏,上网已经成为他们生活中不能缺少的部分。小孟是一名服务员,上班时常常偷偷用手机上网,忙完了一天回家的第一件事情就是打开电脑,这已经是她多年的习惯了,一旦哪天没有这样做,她便觉得浑身不舒服。

做设计工作的潘小美是个网购狂,手机、衣服、化妆品、背包……类似这些东西她都是通过互联网购买的。"网上可以买到很多好东西,在家里坐在电脑前就可以挑选自己喜欢的商品,而且种类多、价格便宜,还节省了很多时间。"不过,谈到对网络的依赖潘小美说,"自从接触了网络,通信、收集信息等很多事情就变得简单化了,可是很多本能的事情却做得不如以前了。有时候会忘记一个特别熟悉的字怎么写,有时候会失去方向,找不到之前特别熟悉的地方。"

作为现代信息迅速传播的工具，电视、手机、网络在现代人的生活中起着重要作用。但这些现代工具同时也渐渐地让我们沉迷其中，一发不可收拾，犹如"中毒"一般。

（二）你的幻觉，我的浮躁

"为什么我的眼里常含幻觉？因为我对网络爱得深沉……"这是一位电脑迷说的话。他说，他对电脑又爱又恨。因为电脑让他能够足不出户就看到全世界，但是也是电脑让他变得浮躁不安。他是个电脑迷，整天宅在网上看电视剧看电影，上论坛聊天灌水，获得大量的信息，但是渐渐地他感觉到网络带给他的焦躁和浮动。

网络是一个人人都可以参与，可以发表自己言论和作品，展现自己的地方。在这里大家可以畅所欲言，所有人都会倾听你的声音。只要你有办法，所有人的焦点便会聚集在你身上，会有人给你肯定和称赞，甚至你可能会一炮而红，名利双收。所以越来越多的人，迫切地希望通过网络展现自己，发出自己的声音。一部分人为了能够出名，甚至采用低俗但是吸引眼球的方式，迎合了一些看客的审美、审丑、娱乐、刺激、偷窥、臆想等心理，在网络上迅速地蹿红。

"快餐文化"和"速成文化"流行，社会涌现出一大批以之为代表的"时髦"，暴露了社会上的一些人急功近利的心态。网络的发展带来的是信息的爆炸，面对每天数以万计的信息的输入，人脑的运算速度跟不上步伐，导致很多人只接收信息而不思考信息，而人一旦不思考就无法作出正确的判断，变得迟钝，变得烦躁。甚至有的人对正统新闻也已处于一种麻木或半麻木状态，正常的资讯已经难以勾起他们的兴趣，很多人心理上衍生出一种寻求信息刺激的冲动，什么内容离经叛道、荒诞不经、大悖常伦，什么便大有市场。于是，性、暴力、隐私、绯闻成了热门关键词汇，很多人成为这些话题的忠实拥趸。

"我整天都在刷论坛上的帖子，挑那些骇人听闻的消息看，比如说有爆料、艳照等信息的帖子。看到这些内容我都会变得很兴奋,马上回帖跟别人一起骂那些人。有一次,网络口水大战,可刺激了,我联络了几位网虫跟敌方对骂。那种感觉特别爽!"24岁的老网虫吴非说,"在网络上可以看到各种离奇的事,自己还可以参与到其中,很自由很好玩。"

可是,同龄的邓小左却对他的这种行为非常反感。他说:"网络上充斥着大量的不良信息,带来一些视觉和听觉的幻象,过多地沉迷其中会让人不能自拔。他们在网上瞎搅和那不叫自由,他们那是躁动,急切地想表达自己,是急功近利的表现。"

这些网络文化带来的人人可以获得成功的幻觉和享受的幻觉,往往使人变得浮躁。同样的,电视的娱乐文化,包括一些电视剧的流行倡导,娱乐节目的风行等都渐渐地驱使一部分人走向娱乐媚俗的方向,更加贪图一时的享乐。

有人说,信息时代的人比过去任何一个时代的人都更觉得孤独和躁动。这些现代的科技产品隔离了人与人,建起一堵高高的"心墙",并且制造了很多幻觉,让人在不知不觉中孤立了起来,让人变得更加的不安和躁动。

四、我的青春我的城

"(故乡……他乡……哪是故乡……)被挤进充满人肉味儿的地铁车厢/所有人集体逃开刺眼的阳光/我们躲在地下/高速流淌/像这座城市的静脉/回流向心脏。

"昨夜的酒醉现场像是个沙场/大家高呼再干一杯/像是集体殉葬/酒醒了梦未醒/头昏脑涨/埋头在人群之中/我身在何处/要去向何方/还能到哪儿去呢/除了上班的地方/这城市是我的吗/而我又是谁的呢/是被自己骗了吗/还是圆不了当初说的谎/如果这儿不是我的城/我的青春她去哪儿啊。

"没有留不下的城市/没有回不去的故乡/我能去的和想去的/到底在不

在同一个地方/没有留不下的青春/没有回不去的过往/让我痛苦的/让我思念的/还是不是/那个姑娘。"

歌唱组合羽·泉的这首《我的青春我的城》直击很多人心中最柔软的地方，道出了这些人的心声。他们左右为难，是选择在"北上广"，被挤得像沙丁鱼，还是选择在老家当死咸鱼？他们怀抱梦想而来，陷于琐碎生活之中。他们成为蚁族，成为房奴而不得；他们在职场劳心劳力，有工作，却没有生活；他们与疾病、坏感情、高房价狭路相逢；他们时常迷失自我；他们与自己期许的生活相距很远。逃离大城市后，他们又迷失于小城市的平庸与固化。

他们到处漂泊，寻找安放青春的城。

（一）到底在大城市发展，还是到小城市谋生

人生处处是"围城"。很多人原以为在小地方生存，压力会更小，过得会更舒服，但事实或许并非如此。小地方物价低，但收入也低；小地方生活比较单调，远没有大城市丰富多彩。有了大城市的生活经历，重新回到二、三线城市的"都市人"，感觉又跳进了一个"围城"。

曾静离开了广州，前往广东东莞常平镇一家工厂做企划投资。谈起这段经历，曾静似乎有些不好意思，因为当初"逃离"广州的原因虽然很多，但真正吸引她的却是东莞这家企业"提供食宿"的福利。

"当时我想，东莞虽然小，但工厂提供食宿，工作时间固定，收入低点也无所谓。"曾静说，但真正到了东莞，她却感到诸多不适应：企业提供四人一间的集体宿舍，跟大学宿舍差不多。有些室友经常带小伙子来玩，深夜才走，这让她无法忍受；食堂还算令人满意，厂里每月还把补贴打到饭卡上，但晚饭后走出厂区，根本没有休闲去处，连看个电视也要待在食堂……

这还不是最难以忍受的。对26岁的曾静来说，现在已经到了谈婚论嫁的年龄，但厂里生活圈子太窄，那些经常试着约她出去的小伙子，无论学识还是眼界都与曾静的要求相去甚远。这不由让她怀念在广州听音乐会的日子，

留恋在珠江边与友人聚会的时光。

一些人回到小城市工作,却发现自己并不适应,因为在一个新的环境中,重新发展或许更难,和周围的人的价值观的冲突或许更大。

前几天,张超离开湖南老家,又回到了广州,多少带着一些失望。想当初,他离开广州回家乡时充满激情,但这么快"逃回"广州,出乎所有人意料。

最初,张超在广州一家广告公司做策划,主管房地产销售策划,他的梦想就是在广州买房,将父母接到广州。但现实是残酷的,广州的房价一个劲儿往上蹿,就凭他每个月的工资,是没法买房的。经过几年的打拼,他累了,想到了回家。

"当时考虑,如果能够回家乡创业,也不失为一个好的选择。"张超说,正巧有朋友说起湖南的一个地产项目招聘销售团队,张超想这是一个机会,可以将业务上有来往的好友组织起来,组成销售团队与公司签下代理合同。此后,张超开始了艰难的创业。

都说房地产开发很"暴利",但对于承销房地产项目的销售团队来说,却是另外一番光景。张超说,销售团队原则上说是回家乡落脚,但实际上总在湖南全省以及外省"流窜",他们的销售团队力量不是很强,无法与大的开发商、大的楼盘及商业地产接洽,实际就是在一些市县承销小的地产项目。

"在广州给客户服务的时候,主要是谈文案,很'文气'。但回到家乡拼的全是酒桌上的功夫,文案写得怎么样不重要,销售创意也不重要,只要能签下业务就是'英雄'。"张超说。

对于张超的公司来说,更难的在于回款。完成销售业绩后,按照合同,对方应该将属于他们的款项及时支付——这在市场经济意识很浓的广州来说,根本不是什么问题。但到了小城市,回款就成了千难万难的事情,对方会千方百计扣除各种费用,拖欠回款更是家常便饭,张超承销的好几个项目的回款一直没有着落。时间一长,很影响团队的情绪。随着几个骨干成员的离开,

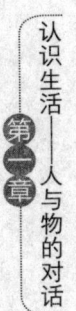

张超的销售团队不得不散伙。

到底在大城市发展还是在小城市谋生？这永远都是个问题。

或许，这个问题永远没有标准答案，人们只能"仁者见仁，智者见智"。在一线城市工作过的人，虽然面临着买房压力等，但二、三线城市也绝非世外桃源，不少人无法适应城市间的巨大落差。如何选择，我们应该考虑自己的能力、性格、家庭等多方面的因素，慎重作出决定。毕竟，大城市和小城市各有各的优缺点，只有找到最适合自己的，才能生活得更幸福。

（二）逃离"北上广"：大都市的爱与恨

这个时代的年轻人，有千万个梦想和同一个"梦中情人"——大都市。什么样的大都市能满足他们？光提名字就闪闪发光，聚集着权力、名声、财富、美貌和才华的传奇，建筑摩登，交通发达，商业创新，物质繁荣，娱乐丰富，高人辈出，有着国际化面貌、全国最好的资源和最多的机遇。他们心目中的大都市，通常被称为一线城市。人人都想成为一线城市中体面的一分子，在城中扎下根来，获得幸福、尊严与未来。

直到他们体会到大都市的残酷与冷血。

你想留在大都市，获得机会和享受优质生活，你需要大都市。但大都市凭什么需要你？除了你年轻的身体和旺盛的欲望，你的筹码是什么？退而求其次，你对大都市知难而退，退居二线、三线城市，想在别处获得幸福、尊严与未来，仍然要面对同一个问题：你的筹码是什么？你能拿什么与城市讨价还价？

我们在"北上广"所见的蚁族和落魄者，其实都是怀着希冀的人。他们有梦，只是暂时没有找到用武之地大展拳脚。他们孤身勇闯大都市，比许多自认不行而退守家乡的人更有勇气。他们对古老而鲜活、庞大而凶险的大都市，有着撕心裂肺的爱：

"我在这欢笑我在这哭泣，我在这活着也在这死去，我在这祈祷我在这迷惘，我在这寻找我在这追求。如果有一天我不得不离去，我希望人们把我埋葬在这里，在这忘了感觉到我在存在，在这有太多有我眷恋的东西。"汪峰的《北京北京》，唱的就是这种情结。

但人们对大都市的爱，换回来的不一定是爱，更有可能是无动于衷、轻视和嫌弃，甚至不给你表现的时间和机会。你可能会被视为大都市的负资产、问题青年和社会病的一分子。你为一份相对稳定的工作东奔西跑；你为一份不稳定的感情焦虑；你的死党、你的闺密的境遇和你一般上下；和你一起每天挤公交、挤地铁的人从不怜惜你；你领着暂住证，住着出租屋，吃着盒饭，走过镶金堆银的大街；街上每栋建筑都价以亿计，每个路人都想走在你前面。那些杂志封面上的CEO、那些疾驰而过的名车、那些CBD写字楼的独立办公室、那些高档住宅小区的灯光、那些国际论坛和航班头等舱的位子、那些为创业者和成功人士预留的人物专访版面，都不是为你而备的。

你在大都市奋斗，突围。你一天天在老去，而大都市依然年轻。看看下面这些大城市的冷酷无情，你还愿意在大城市待吗？

1. 购房压力

热播电视剧《蜗居》引起了很多人强烈的反响，年轻人与房子的关系又一次成为热点。据统计，30岁以下的购房人占到了首次贷款置业群体的70%，且这部分人群的贷款需求多集中在80万元以上，购置的房产越来越偏向于大户型房屋，可见以婚房为主体的年轻人购房力相当强劲。但由于年轻人收入有限，储蓄不足，根据一些调查，有的家庭举家（甚至是举男女双方两家）之力付首付，年轻夫妇还月供是较为普遍的现象。对于这一现象，有人认为与中国的民俗有关，中国文化重视传宗接代，所谓不孝有三，无后为大，房屋作为"生产车间"，被重视似乎也在情理之中。房地产行业和其他经济现象一样也有其周期，某财经类图书提出，房地产行业的周期在16年~18年，屈指数来中国房地产的腾飞也就10年左右，这也导致人们在只涨不跌中感到恐慌。但是，与年轻人的远大前程相比，房地产的周期又是何其短暂，更不

用说一旦周期来临的可能风险了。在房地产热潮中，一种群体无意识和一种在相互刺激下的非理性正在蔓延，总觉得悠悠万事，买房为大。其实无论是从职业发展出发，还是为了寻找更满意的生活方式，房子都未必是必需品。相反倾其所有地购房却可能限制了选择，影响了发展。

2. 工作压力

在快节奏的工作与高压力的生活下，越来越多的大城市中的白领觉得自己身心俱疲，找不到目标。为了消除焦虑、减缓压力，一些白领索性辞去工作，移居到其他城市，寻找另一种相对轻松的生活方式。俗话说：人往高处走，水往低处流。很多人心目中所向往的"高处"无疑是北京、上海这样的大城市。原因无他，这些一线大城市不仅是全国性的经济、文化中心，还能提供其他地方难以比拟的就业和发展机会。那些有志于追求精彩人生、实现远大理想的年轻人，纷纷绞尽脑汁要在这些大城市里扎下根来，希望通过奋力打拼获得一片属于自己的天空。可是，面对大城市的工作和生活压力，一些白领们却选择了逃离。在一家大设计院工作的一位白领这样诉说心中的矛盾和烦恼：他几乎被这份收入丰厚的工作压垮，工作带来的过大劳动强度和心理压力，使他几乎从没有休过一个双休日，也难得睡上一个安稳觉，甚至身体不适时也不敢请假去就医，经常处于易怒、烦躁中。但他正在和女友谈婚论嫁，计划在市区买房置业，这使得他没有勇气辞职去尝试压力较小、收入较低的工作。

面对一线城市过于激烈的社会竞争及过大的生活压力，"逃离"到其他更宜居的中小城市或许是一种很不错的选择。但是，在我们的整个社会状况得到根本性改变之前，生活压力损害年轻人身心健康的状况其实无处不在。大城市有大的难处，小城市也有小的烦恼，终究无处可逃。

复旦大学人口研究所教授认为，一线城市过高的生活成本和竞争压力，使"移民"环境恶化，导致年轻人幸福感降低，引发部分人"逃离"。一项调查显示，虽然在"城市综合竞争力排名"中，北京、上海、广州等一线城市全部居于前列，但在"最具幸福感城市排名"中却集体"落榜"。

教授介绍说，城市化过程中"移民"环境恶化，有着一定的人口学背景。20世纪70年代到90年代，新出生人口数从1600万增加到2500万，这种递增趋势，使社会竞争逐年加剧，教育、卫生、就业和保障等公共服务供给压力不断增大。特别在快速的城市化过程中，一线城市的"移民"环境恶化更加明显。而一线城市的房价快速上涨，大量人口涌入一线城市，但城市的公共服务没有同步发展，教育、医疗等公共资源提供不足，尤其是向中低收入人群、流动人口提供不足，年轻人要在一线城市安居乐业变得越来越难。另一位有关专家认为，部分青年逃离"北上广"，其实是城市经济发展到一定阶段的体现。由于一线城市拥有更多的工作机会、更高的生产效率，人才向一线城市聚积。但当城市经济发展到一定阶段，大城市"拥挤"现象越来越严重，生活成本、生产成本越来越高，这时候企业开始向成本更低的地区进行转移，导致经济开始向其他地区扩散，部分人才也因不能负担大城市昂贵的生活成本而向中小城市转移。

（三）重回"北上广"：小城市的悲哀

逃离"北上广"的浪潮还未散去，在二三线城市的年轻人又开始重回"北上广"。在一线城市工作过的人，虽然面临着高昂的房价和无处不在的生活压力，但往往回到家乡后无法适应城市间的巨大落差。

1. 低收入高物价

事实上，二三线城市等小地方的生活并没有想象中那么惬意。相比于"北上广"，这里的薪水少了很多，但是物价并不会低多少。一些中小城市的物价调查报告指出，超过六成居民认为"物价太高，难以接受"，近九成居民赞成"国家把稳定物价总水平作为宏观调控的首要任务"。而有些二、三线城市房价涨幅已经超过"北上广"，成为领涨全国房价的"主力军"。这些二、三线城市房价比"北上广"更疯狂，而房租上涨紧随其后。

2. 发展空间不足

有些二、三线城市的产业布局、产业结构和产业调整问题都相当突出。很多二、三线城市则只能依靠投资拉动 GDP，并没有那么多对接高学历人才的岗位和机会。这导致很多人纵有一身本事也没有机会施展。而一些一线城市垄断着相关产业设计、金融与高层管理资源，起点高，是技术创新、商业创新最活跃的地方，平台大，机遇多。这类一线城市鳞次栉比的写字楼里满是工作机会，招聘网上的热门职位也集中在"北上广"等经济发达地区。大城市节奏快、信息灵，成千上万的公司都在寻找适合自己的员工。只要肯努力，总会有希望。

3. 精神生活匮乏

二、三线城市生活比较单一，远没有大城市丰富多彩。而它们能够提供的公共文化环境局促逼仄，会让习惯大城市文化氛围的年轻人觉得很孤单。

4. 教育水平跟不上

在有些二、三线城市，教育水平的低下制约本地经济的发展，很多从一线城市回来的人通过对比就不难发现，这些地区的教育投入严重不足，根本无法满足教育教学的需求。孩子们在这里读书基本还是延续着十几年前甚至是几十年前的教育模式。

5. 医疗服务水平跟不上

很多人生病了，如果觉得自己的病情稍微严重一点的就都到大城市去，为什么？二、三线城市的医疗水平跟不上。许多人都有过亲身经历，比如有个患者在县级医院就诊时，县医院在诊断书上明明确确说排除癌变，三天后，患者的病情无法控制，就立刻转到大城市去，在那里，专家检查后立刻就断定，这就是癌症。所以说，很多人返回这些一线城市就是冲着它们良好的医疗服务来的。

"北上广"或许是很多人心中永远的心结：欲走还留，纠结其中，离开之后又分外想念。一年前，他们无奈而又痛楚地离开了这些光芒万丈的大都市，有人称他们是"逃离北上广"一族；而今，他们中的一些人又从二线城市杀回来了，仍带着些无奈，还有那么一丝的痛楚，更多的是对梦想的坚持，对生活的期待。

（四）一二线城市比拼：青春的城到底在哪

1. 一线城市是江湖，二线城市是道场

北京办过奥运、上海办过世博、广州办过亚运，"北上广"与世界同步，很多人却因未能与它们同步而痛苦。"北上广"强者云集又暗藏经济危机、情感危机、人际危机，是冷漠江湖。二线城市往往靠宜居突围，陆续拼出人性化生活的单项冠军：昆明以气候闻名，天天是春天；成都以安逸闻名，赏一次桃花动不动就10万人同往。在物欲时代，一线城市对你而言是主战场；当成功成为一种毒药，二线城市则是你寻找自我救赎的心灵道场。

2. 一线城市是现货，二线城市是期货

全球化品牌早已抢滩二线城市，网络世界消灭了信息不对称，都市圈让一线城市与二线城市成为生活共同体，地方传媒意识开始觉醒，地产巨头已将目光移到二线城市——到一线去争的是空间，到二线去争的是时间。挑好一个正值上升期的二线城市，考验的是着眼未来的视野和以时间换空间的大智慧。要在工作与生活中寻找中庸之道，就去找你内心的"1~5线城市"，它们能在你有生之年变成一线城市。

3. 一线城市有文化，二线城市有闲情

某节目的调查证实过这一结论：在一线城市，75%的人傍晚6点至8点吃晚饭；在二三线城市，70%的人下午5点至7点去晚餐。一线城市有白领文化，但白领没有太多时间去享受——如果你每天花费2小时在交通上，1年算下来要用去30天；二线城市没有艺术电影院和话剧小剧场，唯独有很多吃饭比我们早、起床比我们晚的闲情逸致。

4. 一线城市胜在 GDP，二线城市胜在 CPI

普遍的困惑是：为什么选择一线城市的人，拿着一线薪水，却过着"二线"生活？为什么选择二线城市的人，拿着二线薪水，却获得一线的生活品质？据有关资料显示，江苏、四川、福建、重庆四地幸福指数最高，经济最为发达的深圳、北京、上海、浙江幸福指数最低，一线城市"伪幸福"的人最多——皆因一线城市用金钱计算 GDP，二线城市用幸福计算 CPI（物价指数）——有白领去到二线城市，发觉收入少了一半，积蓄却多了一倍；某城市营销专家举过一个例子，在上海要 1 万块钱买到的幸福，在成都 3000 块就够了。

5. 一线城市让人见世面，二线城市让人拓视野

作家萧乾说："人生就是一次不带地图的旅行。"在《一生要去的中国 100 个地方》书中描述了 100 个地点，一般中国人永远没法去完全。到过一线城市见过世面，到过二线城市去开阔视野的人，有机会成为真正懂中国的人——他会在中国城市的细微处，发现中国城市原来并非千城一面，市井处隐藏的是中国的多元化。

6. 一线城市适合小众者，二线城市适合生活家

为什么一线城市那么多文艺青年？诺贝尔经济学奖得主罗伯特·卢卡斯曾简单回答过这个问题："如果不是为了和其他人在一起，为什么要支付曼哈顿或者芝加哥闹市的高昂房租呢？"小众者在故乡或是异类，但一到一线城市，总能找到志趣相投者；但若你是拥有平常心的生活家，反而适合留在二线，因为那里的节奏往往与慢生活能够合拍。

7. 一线城市适合青春的前 5 年，二线城市适合青春的后 5 年

青春的轨迹你我大概相似——也许最理想的状态是，满怀激情的时候前往一线城市建功立业，在疲惫之际降落二线城市。"职业候鸟"前往二线城市已成趋势，二线城市不再是败者复活的圣地，同样是机会之城——过去，出生地决定了个人命运；今日，城市迁移只是人生一个小转折，与成败无关，

与前途无关，与哪个地方富裕与否也无关。

8. 一线城市是"飘之城"，二线城市是"一生之城"

二线城市和一线城市常常有一个差别：它在30分钟的交通时间半径内，总可找到满足你一天衣食住行的所有需要。"北上广"是分裂的，甚至可说它们由几个城市组成——候鸟族们只属于行政概念上的"北上广"，他们住在远离市中心的地方，抱怨城市未真心接纳，生活方式偏偏与一线城市的传统精神价值格格不入。"飘一代"是最理想主义的一代，也是幸福感最微弱的一代——因为有人说他们的房子、车子、家具甚至恋人都可靠租赁而来，他们想找找不到的，永远是一个心满意足的固定地址。

一线城市和二线城市有我们希望梦想的地方，也有我们无可奈何的地方。在城市与城市之间漂泊的我们，到底哪里才是我们安放青春的城？

五、你是什么族

网络上流行一些新的族群分类，从中可以区别每个人对待爱情、生活的态度。参考下面的分类，看看你属于什么族群。

1. 乐活族

乐活，是一个西方传来的新兴生活形态族群，由音译LOHAS而来，为英语lifestyles of health and sustainability的缩写，意为以健康及自给自足的形态过生活。

乐活族特征：崇尚简单、健康、可持续的生活方式；关注环保，随身携带购物袋；拒绝浪费，无论经济状况如何都保持节俭；热爱运动，休闲时爱做瑜伽等健身运动；爱旅游，环游世界是梦想；有过义务捐血或慈善捐款经历等。

2. NONO族

NONO一词来自于畅销书《拒绝名牌（No Logo）》，书中通过对名牌崇拜

的批判，对奢华铺张的讽刺，在都市里倡导一种理性消费、简约生活的新节俭之风。NONO族便是这种都市新节俭主义的推崇者。NONO族是经过英文里的否定词"NO"的双重否定而得来的，可以理解为"对一切虚伪说NO，对没有个性的一味跟风说NO，对千人一面的品牌说NO"。

NONO族特征：拒绝名牌，选择品质而非品牌；喜爱舒适简单的服饰，但也赶潮流，喜欢去小店淘货；极具审美能力，喜欢自然清爽的"裸妆"；爱自己动手做些小玩意儿；对事业的选择上更偏重于自己的兴趣，不被物质左右；电视几乎是摆设，每天洗完澡躺在床上看自己喜欢的书是最大的享受；旅游是为了心灵的放松；追求从一而终的爱情。

3. 奔奔族

"奔奔族"，"东奔西走"之族，最新的网络名词，最早来自于一个汽车品牌——奔奔。奔奔族是指生于1975年~1985年这10年间的一代人，也是目前中国社会压力最大、最热爱玩乐却最玩命工作的族群。

奔奔族迅速走红网络，成为现代城市最"时髦"的族群。他们甘当草根、为网络而生，他们玩命工作，痛快享乐，却由于承受巨大压力，不得不提前预支未来，他们特立独行张扬自我，却容易在香烟加可乐中得到满足。

奔奔族被称为"当前中国社会中最重要的青春力量"，他们一路嚎叫地奔跑在事业的道路上；同时他们又是中国社会压力最大的族群，身处房价高、车价高、医疗费用高的"三高时代"，时刻承受着压力，爱自我宣泄以表达对现实的抗争！

奔奔族特征：30岁左右，最具责任感和抱负，同时又是压力最大的一群人；出身平民，靠自己双手打拼，一步一步实现财富和幸福的梦想；荷包虽不丰满，但脑袋十分灵，时常自信满满；有敏锐的商业头脑，拿手好戏是股票和基金；有时为发财的创意兴奋得不能入睡；典型的IQ高过EQ，理智战胜情感，多数人选择晚婚；爱看财经类刊物；对张朝阳的八卦感兴趣；朋友聊天一般都以"最近有什么好项目……"开头；关注商界新贵年龄，大过自己的话还能得到安慰。

4. 月光族

月光族指将每月赚的钱还未到下次开工资就用光、花光的人，所谓吃光用光，身体健康。同时，月光族也用来形容赚钱不多，每月收入仅可以维持每月基本开销的一类人。总的来说，月光族是相对于努力攒点钱的储蓄族而言的。月光族的口号：挣多少花多少。

月光族特征：崇尚零储蓄，敢于消费，衣食住行不能亏待自己是宗旨，喜爱先花未来钱；勇于尝试新东西，掌握流行趋势的发展，是走在时代前头的摩登人物。

5. LATTE 族

latte 原是一种意大利牛奶，是拿铁咖啡的配料，其配制的比例是牛奶70%、奶沫20%、咖啡10%。虽然咖啡的成分最少，但却决定了它叫咖啡。这里有条重要寓意：少数不一定服从多数，少数在特定的环境中往往成为主角。"拿铁"族，其实就是在用自己的思维方式，给生活这杯苦咖啡注入一缕温暖的奶香。他们让原本不易的、枯燥的生活不经意间焕发出一种香甜芬芳，平添了对生活的热爱，是一种生活的艺术。这类人表面传统、骨子里极其前卫，极致的享乐、宠爱自己、无边的自由是他们的标签。

网络里对这一族群概括如下：不是叛逆者，但坚持自己的生活准则；不是腰缠万贯，但注重享受；不是夜夜笙歌，但喜欢社交，呼朋唤友……这些特点在70年代人身上，体现得十分明显。

LATTE 族特征：白天是衣冠楚楚的白领，晚上才是狂野不羁的自己；喜爱极致的享乐，无边的自由；不被他人左右，只听从自己的意愿；宠爱自己，不会为挣钱而累坏自己，也不会为买名牌而省吃俭用；爱去酒吧、茶座；爱好"杀人游戏"，而且不喜欢扮演"警察"；不是叛逆者，只是坚持自己的生活准则。

6. 干物女

干物女是从日本进口的流行词汇，日文干物女又译作"鱼干女"。这个名称源自日语对鱼干的称呼。干物女指的是放弃恋爱，认为很多事情都很麻烦，凡事都凑合着过的女性。该词源于火浦智漫画《小萤的青春》(《萤之光》)的女主角雨宫萤所过的单身生活（工余在家，喜欢独自看漫画，饮啤酒；假日好睡，幸福写意），后被用来形容无意恋爱的二三十岁的女性。这是目前生活在都市中的部分年轻女性的生活写照，她们闲暇时不出门不化妆不约会，一个人看着漫画或电视。

干物女特征：追求懒散闲适的生活；在家里把头发随意夹起，爱穿宽松有弹性的运动服，不搭配也无所谓；在家里除了厕所，到处都是吃东西的地方；假日不化妆也不戴胸罩；半年也不去美容院，只有夏天除毛；不爱运动；爱在家懒散度过，对谈恋爱没兴趣，恋爱知觉也比一般女孩迟钝。

7. 辣奢族

辣奢族来自于英文"luxury"，意思是奢侈、豪华。如同乐活族、月光族、干物女等一样，是在社会上出现的新新族群。在时尚、名牌越来越成为一种生活时尚和品位的今天，80后、90后的社会精英越来越关注这种生活方式。

辣奢族特征：绝对的名牌狂热追求者；对有关名牌的事了如指掌，有明确的品牌偏爱；品牌是购物的首要标准；为名牌省吃俭用；遇到喜欢的衣物会日思夜想，得之而后快，当求之不得的时候，心里就像辣椒辣过一样抓狂。

8. 飞特族

所谓"飞特族"，实际上是freeter的音译，是英文"自由"（free）与德文"劳工"（Arbeiter）的组合字。freeter代表的是一种自由的工作方式，意指以正式职员以外（打工、兼职等）的身份来维持生计。日本官方对飞特族的定义就是：年龄在15岁~34岁之间，没有固定职业，从事非全日临时性工作的年轻人。飞特族往往只在需要钱的时候去挣钱，从事的是一些弹性很大的短期工作。

飞特族特征：从事非全日临时工作，只在需要钱时才去赚钱；赚够了就休息，或出门旅游，或在家待着；很多是靠打工在城市游走的追梦者；没有"一生一社（公司）"的概念，也明白社会在不断进步，自己能不断学习，所以不怕变动；认为旅游是一种生活方式，周游世界、追寻梦想的魅力远远大于安身立命。

9. 啃老族

啃老族，又称"吃老族"或"傍老族"，或者尼特族。尼特族是 NEET 在台湾的译音，NEET 的全称是 not currently engaged in employment, education or training，最早使用于英国，之后渐渐使用于其他国家，是指一个不升学、不就业、不进修或参加就业辅导，终日无所事事的族群。在英国，尼特族指的是 16 岁～18 岁的年轻族群；在日本，则指的是 15 岁～34 岁的年轻族群。

啃老族并非找不到工作，而是主动放弃了就业的机会，赋闲在家，不仅衣食住行全靠父母，而且花销往往不菲。啃老族年龄都在 23 岁～30 岁之间，并有谋生能力，却仍未"断奶"，得靠父母供养。社会学家称之为"新失业群体"。

啃老族特征：拒绝"长大"，即使成年了，经济上仍然要依赖父母；好高骛远，"闯"不出名堂就回家继续依赖父母；就算参加完培训班，"学成"后还是待在家里；宁愿在家上网、睡觉也不愿意工作，不是嫌压力大就是嫌收入低，生活却维持正常开销，抽烟、喝酒、泡吧。

10. SOHO 族

SOHO，即 small office（and）home office，是一种新经济、新概念，指自由、弹性而新型的生活和工作方式。代表新潮的生产力、活跃的新经济。

SOHO 族指能够按照自己的兴趣和爱好自由选择工作，不受时间和地点制约、不受发展空间限制的白领一族。

SOHO 族跟传统上班族最大的不同是可不拘地点，时间自由，收入高低由自己来决定；同样也正是因为自由，所以极有挑战性。特别适合 SOHO 族的是一些信息制造、加工、传播类的工作，如编辑、记者、自由撰稿人、软件设计人员、网站设计、美术和音乐等艺术工作者、财务工作者、广告、咨询等，因为他们的大部分工作或者主要的工作完全可以在家中独立完成或通过在网上与他人的协同工作来完成。SOHO族自由、浪漫的工作方式吸引了越来越多的中青年人加入这个行列，在这片天空里，他们的才华得到充分的展露。

SOHO族特征：网络个体户；有点野心，不甘人下，对工资不满意；有点艺术细胞或创意才能；善于使用电脑和网络，喜欢自由的工作环境，乐于不受规章制度约束地在网络上淋漓尽致地展现自我才华。

11. 穷忙族

穷忙族来自英文单词 working poor，原指那些薪水不多，整日奔波劳动，却始终无法摆脱贫穷的人。但是随着"穷忙一族"队伍的逐渐壮大，被主要界定为每周工时低于平均工时的三分之二、收入低于全体平均60%的人。这个定义又逐渐发展成指代那些为了填补空虚生活而不得不连续消费，之后继续投入忙碌的工作中，但在消费过后最终又重返空虚的"穷忙"的一类人。换句话说，穷忙族并非失业者，可能有人兼了好几份差事，甚至全职受雇者都可能沦为既忙又穷的工作穷人。欧盟还将这群人细分成不同等级，提供不同的协助方案。

产生穷忙族的原因之一：随着经济的发展和城市化进程的加快，个体的生存压力在增大。

原因之二：社会结构固化。社会阶层之间，原来有一条不断流动循环的"河流"，整个社会有一套"流水不腐"的动态结构框架。穷人成为富人或者富人再次变穷，大众变成精英或者精英沦落为草根，都是很正常的事情。但现实却是，户籍、收入分配、教育等诸多领域体制性的落后甚至是不公正，逐渐导致精英"寡头化"和底层人"固化"，阶层与阶层之间流动困难。穷人变富越来越难，草根成为精英近乎天方夜谭。

网上流传着一句话：我们的人很多，但我们的机会很少。社会各行业精英所组成的强大方队，掌握着各层面的话语权，普通大众要想向上流动，除了"穷忙"之外，还有什么办法？故而，为了获得更优质的生存质量、实现更美好的生存未来，越来越多的人加入到了穷忙族的队列中——所谓的"穷忙"，不能简单地理解为赚钱满足欲望消费，而是通过更大的努力付出去寻找"人生的机会"。

穷忙族很难实现自我救赎。出台符合经济规律、有利于社会良性发展的有效公共政策，完善有关法律法规，大力解决诸多悬而未解的民生难题，比如就业、住房、教育、医疗等，赋予草根公平参与社会财富分配的机会，彻底消弭草根向上流动的重重阻力，这才是拯救穷忙族的必由之路。

穷忙族总是越穷越忙，越忙越穷。

穷忙族特征：一天工作超过9小时，但是看不到前途；一年内未曾加薪；三年内未曾升职；薪水很低，月月都要勒紧裤腰带；积蓄少，无力置产；越忙越穷，越穷越抠；退休养老没保障；老是计划干一番事业，但总是忙不完手里的事情；白天工作，晚上回到家还得工作；收入虽不低，但内心没有安全感。

12. 房奴族

"房奴"（mortgage slave）一词是教育部2007年8月公布的171个汉语新词之一。房奴意思为房屋的奴隶，指城镇居民抵押贷款购房，在生命黄金时期中的20年～30年，每年用占可支配收入的40%～50%甚至更高的比例偿还贷款本息，从而造成居民家庭生活的长期压力，影响正常消费。购房成本影响到家庭教育支出、医药费支出和赡养老人等，使得家庭生活质量下降，甚至让人感到奴役般的压抑。

房奴族特征：套在房子里的人。沦为"奴隶"那刻，也实现了上班族追求的梦想。

13. 拼客族

拼客是近年来出现的新兴群体。这里的"拼"不是拼命、拼刺、拼抢、拼杀、拼争、拼死，而是拼凑、拼合；"客"代表人。狭义的拼客指为某件事或行为（如旅游、购物等），素不相识的人通过互联网，自发组织的一个群体。

拼客是一种时尚、一种潮流、一种理念、一种生活的态度、一种生活的方式。拼的内容有拼房、拼餐、拼玩、拼卡、拼用、拼车、拼游、拼团、拼购，等等。

拼客族特征：天赋是整合资源，将各种拼理解为节约、快乐、沟通与交友；拼房、拼车、拼网、拼卡，唯一不需要的就是拼命。

14. 过劳模族

"过劳模"指超时工作的人。他们以牺牲节假日和个人休息时间为代价，没日没夜地干活儿。如今，昔日人们脑海中"劳动模范"的社会形象，正在大规模地移植到城市中的平常人身上。他们的工作强度，大大超出了常规的"敬业"标准，比起传统意义上的"劳模"，也有过之而无不及，被戏称为"过劳模"。他们平均每天工作10个小时以上，基本没有休息日，睡眠不足、三餐不定……

他们超时工作，压力巨大，没有休闲，健康负债……他们是"过劳"的"劳模"，人称"过劳模"。诸如颈椎病、高血压、高血脂、冠心病、糖尿病等本来是老年人专属的疾患，在他们中间蔓延，"过劳"的每一天，何处是尽头？

严峻的就业形势影响着尚未就业的人们，也影响着就业的人们。他们不知道什么时候自己就遭淘汰，不知道明早起来，是否还有钱还贷款，有钱付赡养费，有钱供孩子上学。在这种重压下，不少白领加入了"过劳模"的行列，不断地挑战着生理和心理上的极限。

过劳模族特征：死亡率的新增长点；从不"加班"，因为字典里没有"下班"。

15. 晒客族

所谓晒客，译自英文 share，就是把自己的淘宝收获、心爱之物，所有生活中的"零件"拿出来晒晒太阳，统统放在网络上，与人分享，"任人评说"。这种分享，不为炫耀，不比金钱，只为展示生活，分享快乐。这种分享，更重要的是网友之间的交流，晒客之间的互动。

他们热衷于用文字和照片将私人物件以及私人生活放在网上曝光。由于所晒内容的多元性和趣味性，如今的晒客通过坚持不懈也培养出了一批看客，就是专门在网上看别人晒东西的人，或分享经验、或获得新知，在看别人盘点生活的时候也对比自己。晒客正在成为网络族群中的一个团体。

对于晒客们来讲，"晒"也是一个认识自己、听取意见、学习他人的过程。"晒"正形成一种个人联合个人以对抗强大现实的方式，"晒"也成为一种个人寻找群体的联络方式。"晒"是一种新的力量，它还在聚集和成长中，很难估量它仅仅是一种流行，还是将更长久地存在下来，但显然，它现在的力量就足以让人惊叹。

晒客族特征：拿工资、疾病、男女朋友来晒，用隐私来换发言权。

16. 御宅族

御宅原指热衷及博精于动画、漫画及电脑游戏（ACG）的人，现在一般泛指热衷于此类文化，并对其有极深入的了解的人。但这个称谓目前于日本已普遍为各界人士使用而趋于中性，其中也有以自己身为御宅族为傲的人。而对于欧美地区的日本动漫迷来说，这个称谓的褒贬感觉因人而异。

目前网上与媒体上流行的所谓"宅"多指家里蹲，但家里蹲不是御宅，这是一个非常清晰的定义。但在御宅文化流传到中国之后，家里蹲也被归入了御宅文化（正统御宅族对这种说法很排斥，因为这种说法造成的直接后果就是所有御宅都被认为是家里蹲而不被理解）。由此引申而出的表达有"宅在家"、"跟家宅着"、"我在家宅了多久多久"……"宅男"一词在国内延伸为不同的概念，且已被广泛使用，总之一句话概括，宅男≠动漫迷≠御宅族。

御宅族特征：SOHO族的反义词——SOHO族在家工作，他们在家，不工作。

17. 丁克族

丁克的名称来自英文 double income no kids 四个单词首字母 D、I、N、K 的组合——DINK 的谐音，double income no kids 有时也写成 double income and no kid（kids）。

丁克族的准确定义是：双职业，能生但选择不生育，并且主观上认为自己是丁克的夫妇或者个体。

丁克族主观上对自己的丁克身份接纳和认可——他们认为丁克是一种生活方式——是非常重要的因素。而现实生活中，也正是这些认可自己是丁克角色的群体，能够较好坚持自己的选择，并经营与享受自己的丁克生活。

丁克族特征：只是单独，而不是孤独，与众不同就是指这种人。

18. 背包族

背包族指背包进行旅行的人。他们是热爱大自然和自由的理想主义者，他们背起背包，带上睡袋和日常用品，手拿一张地图就可以开始一个人的旅行。他们是一群怀抱理想独自上路到处流浪看世界的人，旅行是他们生命的又一种延续。

背包族特征：他们不畏艰难，意志坚定；他们对大自然极度迷恋；他们有挑战磨难的勇气；他们是对生活充满好奇的人；他们生命的状态，就是永远行走在路上；背包族是旅行团友的反义词，他们最想去的，是没有旅行团的地方。

19. 极客族

极客是英语 geek 的音译，含有智力超群和努力的语意，有时特指对计算机和网络技术有狂热兴趣并投入大量时间钻研的人。这类人在技术方面才华横溢，但在社交方面却懵懂无知。如今，一种观点渐渐在大众心理学中传播开，那就是这些技术高手和许多其他专业人士，如自然科学和工程领域的专家或多或少都有些自闭症的典型症状（如兴趣狭窄、沟通障碍）。

极客族特征：灵魂和生活都在网上的人。父母给了他身体发肤，他却用来做 modem（modulator 和 demodulator 的简称，即调制解调器）。

20. 淘宝族

他们习惯于足不出户，在网上购物，从服装到图书、食品，从数码产品到生活日用品，都从网上下订单购买。

淘宝族特征：坚信淘宝上可以得到生活的一切或一切的生活——网络拍卖的少林秘籍、原味内裤和坦克，证明了这一点。随着互联网的日益成熟和普及，女性消费者网上淘宝（购物）开始占据上风。

21. 拍客族

拍客并不是对摄影技术高的人群的称呼，做拍客是一种眼界，是一种积极、主流、社会公德的态度，这样一种态度比技术更难能可贵。一个对生活和他人充满爱心的人，用自己手中的手机、数码相机或数码摄像机记录生活，那么，他就可以称得上是拍客。拍客应具备的条件：能拍摄热点原创的视频和广泛传播、分享、推广视频。他们是一群富有社会责任感、爱心和公信力的主流网络群体，他们眼界宽广，善于思考，习惯用视频影像表达和记录心情，表达他们对世界和人文的真实感受。

拍客族特征：摄像头是身体器官。他们是最无情的人——遇到车祸或地震，第一个念头就是拍下来。

22. 相亲族

相亲族是现代社会一群处于选择婚姻伴侣状态中的人。为了选择理想的人生伴侣，他们在一段时期当中，一直保持着相亲的状态，不断地进行相亲活动。

相亲族特征：生活圈子可能不出办公室，却渴望与隔壁写字楼的人结婚。他们每周相亲数次，约会控制在数分钟内，讲究婚姻成功学原则——他们似乎追求的是过程，而不是结果。

23. 维客族

wiki 概念的发明人是 Ward Cunningham。wiki 这词字到底是什么意思呢？

根据 FAQ（frequently asked questions，常见问题解答）的说法，wiki wiki 一词来源于夏威夷语的"weekeeweekee"，原本是"快点快点（quick）"的意思。国内一般译作"维基"或"维客"。实际上 wiki 也真的是既简单又快速，你可以看到 wiki 每天都在成长。

Wiki 是一种多人协作的写作工具，wiki 站点可以有多人（甚至任何访问者）维护，每个人都可以发表自己的意见，或者对共同的主题进行扩展或者探讨。

维客族特征：他们崇拜共同创作，如编写字典。至于"快点快点"字典的可靠度，则见仁见智。

24. 小私族

随着中国经济的发展，大中城市居民收入的提升使私人服务成为正在兴起的市场，内地都市人群正开始走入"小私生活"。他们聘请私人医生、私人律师、私人保姆、私人理财顾问等来完善自己的生活，追求的就是"专人专心服务的私生活"。

"小私族"大约 31 岁到 56 岁，是教育背景高、职场得意的高收入男女，强调个性化和专业化，注重隐私，追求时尚，懂得享受。但小私族也是有分层的，基本包括入门级、中级和发烧友级。

目前内地的私人服务逐渐延伸到了生活的多个领域，他们被笼统地称为"私人顾问"。有媒体调查归纳当下时兴的私人服务，大致划为三大类：倡导身体健康类，如私人心理顾问、私人医生、私人营养师、私人健身教练、私人体重管理师、私人护理师；提升职业质量类，如私人职业顾问、私人助理、私人秘书；推崇新兴生活方式类，如私人育婴顾问、私人厨师、私人律师、私人色彩顾问、私人衣橱整理师、私人旅游顾问等。

小私族特征：聘请私人医生、私人律师、私人保姆、私人理财顾问——他们要求的私人服务可扩大内需，是社会失业率不再下跌的一个关键。

25. 威客族

"威客"是英文witkey(wit 智慧,key 钥匙)的音译。通俗地讲,"威客族"就是在网络上帮人解决问题并获取报酬的人。中国威客族规模已达到60万人,进入2006年后,"威客"每月增长率超过30%,国内的几家著名威客网均因流量暴增而瘫痪多次。威客以有偿的方式向别人传递和分享自己的知识、智慧、技能和经验,威客网为知识转化成财富提供了一个平台。

威客族特征:"我帮人人,人人帮我",在网上出售个人智慧、知识、专业特长与创意点子,据说前身是人肉搜索引擎。

26. 换客族

"换客族"通过利用自己的物品和别人互相交换,来获得自己想要的东西,原则就是不再额外花钱。他们的口号是,只有想不到,没有换不到。时下经济大环境不景气,这种"抠门"的消费方式开始吸引了越来越多人加入"换客"一族。

换客主体是时尚年轻人,他们通过互联网交换物品,出手自己闲置的东西,换回他们所需要的物品,追求的是所交换物品的实用性。

换客族特征:爱好以物易物——从北京奥运时的房子使用权到《古文观止》都可交换。互联网是他们的跳蚤市场,只有需要"别针换别墅"的人才走上街头。

27. 套牢族

所谓"套牢族",也就是在市场高点时买入股票、基金,随后市场却进入下跌通道,面临较大账面浮亏的投资者。他们可能是成熟投资者,也可能是理财入门者。遗憾的是,很多投资者无论如何警惕,还是不幸地沦为套牢族。如果有人一听到股票、基金等词语,就出现长吁短叹、捶胸顿足、少言寡语、哀怨满腹、到处问计,誓言再不进股市、不买基金等表现,那他必定是一位套牢族了。

套牢族特征:用生活自由买股票,追新族(爱买新股者)可能是他们的

前身。

28. 本本族

"本本"是指技能证书、学历证书和等级证书等。"本本族"是指那些在身上揣着的N个本本来混饭吃，东家不吃吃西家，游弋在不同的行业间的人。

最早出现的本本族，是特指有驾驶执照没有车的人群。现在的本本族已经引申到持有各种技能证书、学历证书和等级证书的人，涉及各行各业，而且有愈演愈烈之势。在不断得以壮大的本本族当中，80后的一代人可谓是中坚分子，尤以近几年才毕业的年轻人居多。本本族的出现，实际上意味着一种新的就业观念的形成。现在的年轻人刚踏上职业之路就先给自己多准备几条后路，方便自己今后主动做出选择。因为在他们的观念中，现在甚至今后都未必能找到可以长时间稳固、安定下来的职业。职场中人也不妨效仿一下本本族，多谋几门技能比等待机会更实际。

本本族特征：对学历证、技能证、等级证等证书的"迷信"，让他们成为知识的奴隶，而不是主人。

29. 号哭族

"号哭族"，也叫"周末号哭族"，是周末一个人待在家里，拉上窗帘，放一张催人泪下的CD，找一本令人伤感的文艺作品，借着悲惨的音乐或故事情节号啕大哭的人。号哭族最早从日本兴起。研究显示，哭泣能够缓解紧张、焦虑的情绪，随着现代人生活压力增大，很多白领特别是职业女性主动选择了加入号哭族，他们借大哭一场来释放心中的压力。

哭，是人类最本能的自我防护，也是一种效果很好的减压方法。有个研究所做过一项研究，研究人员让接受测试者观看悲剧电影，以此来测定焦虑的程度。结果表明，当眼泪流下来时，焦虑便得以消除，而故意忍住眼泪，则焦虑会变得更加深重。显然，哭泣能够缓解紧张、焦虑的情绪，有益于身体健康。

号哭族特征：压力无处宣泄或情感冷漠，不得不在周末靠看肥皂剧或朗诵诗歌去抱头痛哭。

30. LOMO族

LOMO，四个字母排列组合成一种相机的牌子，不尖端，却制造惊喜；一种生活方式，不高档，却风光无限；一种"don't think, just shot"的拍摄态度，不高傲，却随心所欲。仿佛又一次从简单到复杂的轮回，LOMO滋生了城市时尚的触角，一群活跃而感性的年轻人为之疯狂。他们说："LOMO就是Let our life be magic and open。"

LOMO是一种精神，一种随心所欲的精神。不用局限于相机，不一定非要有一部LOMO。简单，随意，拍我所拍，想我所想，做我所做，就是潮流，不管你手上拿的是什么。

你永远想不到你所预想的、你所看到的和你的随心所欲的结果有什么意想不到的特别。这就是惊喜，这就是生活。

现在普及的数码相机恰好给我们提供了巨大方便，不用去担心胶片不够，不用冲洗。抛开对焦、构图、光线，让随机性给我们惊喜，让你眼中最惊喜的事物和朋友最原始的生活给你意想不到的奇迹。

LOMO族特征：表面上只是选了与众不同的LOMO相机去拍自己，实际上却在选择与众不同的视角去过日子。

31. 候鸟族

"候鸟族"，是指那些收入很高，但是工作地点并不固定的职场人士。这部分人在一个城市往往不会工作太长时间，少则一两年，多则三五年，由于总公司另有安排，一纸调令会让他们暂时离开，而后又回来，如此这般。候鸟族也指白天乘坐公交车、地铁或私家车奔波几十千米从郊外赶到市中心上班，然后在晚上一脸疲惫地赶回去休息的人。另外一方面，为了躲避不喜欢的季节而东奔西走的年轻人，也被称为候鸟族。

候鸟族特征：就像是一群不断迁徙的候鸟，在工作、生活过程中不断变换时空环境，既快乐，又疲惫。

32. 跳蚤族

跳蚤族是指工作不满一年甚至未满半年的职场新人,"永远都在寻找更好的机会",换工作像换牛仔裤,履历表密密麻麻到三张纸也写不完。许多跳蚤族的学历、经历令人叹为观止,卖相很好,然而,真正的工作能力却没有经过考验——因为他们无法在一个企业待到让人家知道他们真正的实力。运气好的一路往上混,一不小心换错企业,就兵败如山倒。他们的口头禅是:"下一家公司一定会好的。"

跳蚤族特征:跳槽是家常便饭,工作履历如一首十四行诗,永远都在寻找更好的机会,但好机会通常不喜欢他们。

33. 草莓族

"草莓族"多用来形容1981年后出生的年轻人,指其像草莓一样,尽管表面上看起来光鲜亮丽,但却承受不了挫折,一碰即烂,不善于团队合作,主动性及积极性均较上一代差。开始投入职场的草莓族,最大的特色之一,就是工作时往往没什么定性,只要有更好玩的工作,或是较高的薪水,就会见异思迁。

草莓族特征:抗压性低(承受催促、压力的能力低);受挫性低(承受挫折、打击的能力低);稳定度低;服从性低;重视外表、物质与享乐;个人权益优先于群体权益;外表光鲜成熟而内心幼稚;不善于自我批评,需要别人的呵护。

34. 伪族

对某样东西没有达到专长叫"伪族",如伪动漫,指对动漫没有达到专长,只是停留在理解的程度或层次。

伪族特征:达人的反义词,饭桌上夸夸其谈的话题发起者,自以为精通电影、棒球甚至航天技术,其实是不懂装懂。

35. 蛋壳族

"蛋壳族"是这样一批人:即使已长大成人,在职场上打拼,依然对动画卡通依依不舍。他们是动画卡通的超级发烧友。

他们有的已是社会中坚力量，但是举手投足间还像个大孩子，借着给孩子买玩具的名义，给自己也买了不少可爱好玩的东西，家里的梳妆台、沙发上摆满了各式hellokitty、多啦A梦等玩具。工作之余，他们还是某论坛动漫版块的版主，和一群志同道合的朋友一起聊天、幻想。

蛋壳族特征：动画的超级发烧友，对"咸蛋超人（奥特曼）"的迷恋超过常人，是童年被无限延长的人。

36. 烧包族

"烧包族"泛指那些出手阔绰，喜欢个性消费、超前消费的人。"烧包"是中国东北方言词汇，意思是"有点钱总想花出去"。例如："这几天他正烧包哪！午饭刚吃了烤鸭，晚饭又要吃涮羊肉。"北京话的"烧包"也可以说成"烧"，"讽刺人因有钱而不知所措"，含贬义。

就是这么一个方言词汇，成了全中国的高频流行语。

烧包族以年轻人为主，他们已从有钱、花钱的层级上升到个性、时尚的层级，成为一支生机勃勃的消费大军。这些人唯恐别人说自己没有个性，巴不得别人把自己称为烧包。在他们这里，烧包的词义已经由贬转褒。

烧包族特征：口头禅是"我不是想买这件东西，我只是想买我想买这件东西时的心情"。

37. 99族

他们本来已经拥有很多，但从不会满足；为了那个额外的"1"，他们苦苦努力，渴望实现"100"。原本生活中有那么多值得高兴和满足的事，因为出现了凑足"100"的可能性，一切都被打破了。他们竭力去追那个并无实质意义的"1"，不惜付出失去快乐的代价，这就是"99"一族。

99族特征：可悲的完美主义者——拥有再多从来不满足，拼命工作只为了在获得"99"后，再获得额外的那个"1"。

38. 装嫩族

"装嫩族"（grups）这个词来自一部叫《星际旅行》的电影，片中一群野孩子统治着一个星球，他们永远无法长大，也抗拒长大。年近不惑的男性女性一开口习惯称自己"我们男孩子"、"我们女孩子"。

粉蓝粉红已不是少男少女的专利。现实中的装嫩族则是一群实际年龄超过30岁，穿着打扮、行为举止却始终像少男少女的人。他们爱看动画片，爱穿显嫩的衣服，爱和年轻人打成一片。有人"嫩"得够真够可爱，有人则"嫩"得装模作样。他们"装嫩"并非死抱着青春回忆不放，而是以自己的方式定义年龄。

装嫩族特征：年龄超过30岁，爱穿显嫩的衣服，爱穿球鞋，爱泡夜店。他们以为自己是年轻人，于是真成了年轻人。

39. 捧车族

所谓"捧车族"的大致意思就是买了车之后很少开，只在周末或长假的时候才用车，平时让车长期在停车场休息的一类人群。随着油价上涨，汽车附加费增多，越来越多的人感觉到买得起车用不起车。买得起车却添不起"料"的有车族越来越多，所以，有些已经买了车的人不用车，宁可把车"捧"起来闲置，而只在周末或者节假日才开车出行。

捧车族特征：石油能源危机、城市交通拥堵、停车场收费昂贵的受害者。停车场里的私家车从星期一放到星期五，星期六才去郊外遛遛。

40. 毕婚族

"毕婚族"（英文翻译：marry-upon-graduation，注意：所有词都用横线连在一起），指一毕业就结婚的大学生。目前一部分大学生选择当毕婚族，许多女生把结婚当出路，缓解即将面临的就业压力。

毕婚族特征：认为婚姻是职业规划的一部分，大学毕业的出路之一就是结婚——对方工作的稳定性、收入情况都是爱情之前的标准。

41. 慢活族

"慢活族"倡导放慢生活节奏,从慢吃到慢疗、从慢慢购物到慢慢休闲应有尽有。近年来,从英国刮起了"慢活"风。慢活运动劝导人们放慢生活节奏,让身心都得到放松。慢活族提倡慢工作,慢运动,慢阅读。慢活并不是蜗牛化,而是追求平衡,该快则快,能慢则慢,放慢速度,关注心灵成长,动手劳动,注意环保。做个慢活族首先要关掉手机,关上电视,空闲的时间可以做很多有意义的事;步行上下班,改掉性急的毛病,远离喧嚣的人群,同时也有益健康。

慢活族特征:快生活的反对者。他们可能无故辞职、忽然隐居、拒绝上网或一直在长途旅行,生活节奏缓慢,观念却快人一步。

42. 蜗蜗族

"蜗蜗族"是一个勇于追求、能干能玩的群体。网络是蜗蜗族最重要的人际交流手段,他们对工作、健康都非常重视,同时又充满着个性的主张。

蜗蜗族被称为"当前中国社会中最重要的青春力量",同时也是目前中国社会压力最大、玩命工作但最热爱玩乐、喜爱户外运动的族群。他们既为工作奔波,又标榜生活方式的自由不羁和浪漫主义风格。他们甘当草根、为网络而生,他们玩命工作,痛快享乐,却容易在户外的快乐中得到满足。

蜗蜗族特征:社会压力的最佳适应者,特征是玩命和玩乐——工作日顶住压力、拿下高薪,休息日自由自我、痛快享乐。

43. 隐婚族

"隐婚族",指已经办好结婚手续,但在公共场合却隐瞒已婚的事实,以单身身份出现的人,因此也称为"伪单身"。隐婚族以白领女性居多,年龄为25岁~35岁,男性较少。隐婚族并非想象中的为了要在外风流快活而刻意隐藏婚姻身份或回避婚姻责任。相反,大部分隐婚族都是因为社会与职场上的压力,而回避婚姻话题。

隐婚族特征:真正明白办公室社交的人——隐藏已婚事实,可以和同事

泡夜场、玩通宵，反正不会和同事谈恋爱或者结婚。

44. 酷抠族

"酷抠族"是指拥有较高学历、较高收入的中国中产阶级人群，这类人群擅长精打细算过日子，通过转移消费重点，更好地配置"有数"的金钱，追求简单的生活、自然的幸福，摒弃奢侈消费，并在不影响生活质量的前提下，用最少的金钱获取最大的物质和心理满足感。他们诠释的是"抠"的另一种含义，追求的是理性的"质优价廉"的消费。

酷抠族特征：节约所得不是金钱，而是更简单的生活——不打的不血拼，不下馆子不剩饭，家务坚持自己干，上班记得爬楼梯。

六、50种对待生活的态度

我们每一个人活着不是就为了吃，吃不是就为了活着。我们要做一个让人感到温暖的人，做一个爱笑的人。我们要快乐并懂得如何快乐，要用快乐感染身边的人，尽力做到最好。可以偶尔任性，却不犀利；可以偶尔敏感，却不神经质。乐意和大家分享所有开心和不开心的事情。偶尔，只需要一个鼓励的微笑，就可以说服自己继续坚强下去。

1. 简单生活

其实我们真正需要的不是那么多，而我们多出来的任何一样东西对别人都有用，我们可以将它们送出去，或是捐出去义卖，让真正需要的人使用。简单生活，生命自然不再累赘。

2. 拥有爱心

爱心是一片冬日的阳光，使饥寒交迫的人感到人间的温暖；爱心是沙漠中的一泓清泉，使濒临绝境的人重新看到生活的希望；爱心是一首飘荡在夜空里的歌谣，使孤苦无依的人获得心灵的慰藉；爱心是一场洒落在久旱的土地上的甘霖，使心灵枯萎的人感到情感的滋润。

3. 做自己的心灵捕手

善待住在自己心里面的那个"孩子"，给他勇气、信心和生命，喜爱自己，做你自己，宽恕自己，对自己负责，善用感觉，热情行动，活出真正的自己。

4. 拥抱别人，让人拥抱

拥抱是一件完美的礼物，老少咸宜，而且拿它和别人交换，没有人会拒绝的。练习用拥抱代替说话，表达内心最深刻的感受，即时的拥抱能传送安慰与支持，传递生命活力。

5. 家庭优先

家庭关系应是我们这辈子最有意义的投资，试着每天用15分钟，和配偶、孩子，甚至宠物，共同分享回忆、经验、想法和梦想。

6. 别为小事抓狂

我们为什么生气？可能因为塞车，遇到买票插队，与同事争执，在餐馆用餐时服务生态度恶劣……生气之前，思考哪些才是真正值得生气的情况，相较之下，就可以知道这些事是多不值得生气。将怒气转向值得生气的事上，并且想想自己可以为这些情况做什么。

7. 勿忘老友

爱情常来来去去，朋友总是越陈越香。曾经同甘共苦的朋友是生活给我们的礼物，花点时间列出老朋友清单，拨个电话聊聊或访友，寻回那曾有的感动与契合吧。

8. 环保生活

别让一成不变的生活腐蚀生命的热力，试着吃半饱、花一半，使用比平时少一半的资源。试试看即使有样东西不够用了，是否能够找到替代品，既可以发挥创意，也能为环保尽一份心力。

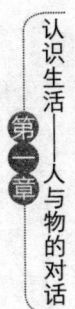

9. 练习冒险

无数的第一次造就了我们，生命就像一辆十段变速的单车，大部分的人只用到低速挡。我们应该勇于尝试新事物，先从小冒险做起，充分发挥自己的潜能，同时不忘赞美自己的勇气。

10. 说谢谢

一日平安，一日感谢。培养强烈的感恩心，每天至少谢谢一个人，告诉他们我们喜欢、仰慕或欣赏他们的地方。

11. 别对你的人生说没空

日常生活需要良性循环，人生只有一次，休息是为了走更远的路。每个月定出可以彻底休息的一天，放自己一天假。

12. 活到老学到老

学习不一定只在学生时代，学习是更好生活的开始。无论是自修一门课程，还是向同事学习某些工作技能，甚至随身携带书籍，试着从不同方向找出兴趣，生命会更开阔。

13. 奉献给予

奉献能让你花小钱拥有极大快乐。助人渡难关的方式很多，给予食物、衣物、工作、金钱、时间，你可以由简单的方式开始，仔细考虑哪些是真正需要你帮助的人，把有限的资源放在最需要帮助的人身上，最能产生无限的功效。

14. 宽容对人

保持宽容态度，以倾听来代替争吵，让自己变得更温柔与仁慈。不要把问题过度放大，试着问自己：一年后，我还会在意这件事吗？

15. 活出健康对味的人生

分析自己的饮食习惯，找出需要改进的地方，让营养更均衡。每周至少三次运动，持之以恒，建议至少上一种恢复精力的课程（如瑜伽），让身心健康，精力充沛。

16. 让快乐贴身相随

快乐的人会微笑或哼唱,甚至吹口哨,有快乐的想法,就会飞起来。专注地想快乐的事,让自己产生向上飞跃的力量。日积月累,快乐会变成一种习惯。

17. 年轻不老心

忘记身份证上的年龄,找出自己觉得重要的,以及会让自己心跳加速的事物,让这些点点滴滴充满我们的生活,就能让心态变年轻。

18. 磨亮想象力

要更有创意,就要像孩子般地思考,比如重看一本最喜欢的童话书,学习小孩子的思考方式;或者读一首诗,在心里想象它的意境;一边听古典音乐、爵士乐或新世纪音乐,一边想象音乐所传达的景致……

19. 笑纹比皱纹重要

儿童平均一天笑500次,成人只笑15次,任何小事都可以让小孩乐不可支,鼓励自己在笑声中享受人生吧。

20. 救救地球

减少物品使用量,减少用水,减少用纸,减少开车,减少包装,少用清洁剂,避免用过即丢,减少用量,重复使用,环保回收,自然就在我们心中。

21. 乐善好施

善良是人天生的禀性,我们可以努力做到"日行一善"。乐善好施,是一种自觉的真心付出,是一种自然的真情流露。去真诚地帮助别人,自己也会获得快乐,正所谓"赠人玫瑰,手有余香"。

22. 让内心静如止水

"水静极则影现,心静极则慧生。"心静是内心祥和的显现,是笑看风云的舒畅,是洗心革面的超然。让内心静如止水,表现出的是一种博大精深的人生境界。

23. 记得多玩玩

利用余暇时间享受游玩的乐趣，重新学习游乐技巧，彻底享受自由的快乐。

24. 三人行必有我师

和各方面的人保持联系，增加从他人身上获得信息的机会。结交会批评的朋友，因为对方拥有你缺乏的部分；学习接受建设性的批评，忽略琐碎的批评。

25. 始终保持积极的心态

拿破仑·希尔曾经说过："人与人之间没有太多区别，只有积极的心态与消极的心态这一细微的区别，但正是这一点点区别决定了20年后两个人生活的巨大差异。"只要我们在生活中以积极的态度面对困难，不被困难吓倒，就一定能够战胜困难，拥有"健康和快乐"这最珍贵的财富。

26. 不要生气

要控制好自己的情绪，不要生气。俗话说："天下本无事，庸人自扰之。"生气非但于事无补，还危害到自己的健康。要知道自己为什么而生气。大部分时候，你可能也不知道生气的确切原因。俗话说："当局者迷，旁观者清。"试着从旁人的角度考虑你所处的情形，然后再下结论不迟。生气的时候，问问自己这么做是否值得，生活中还有很多重要的事情需要你去做。

27. 要学会放弃

人之所以会心累，是因为常常徘徊在坚持和放弃之间，举棋不定。生活中总会有一些值得我们坚持的东西，也有一些必须要放弃的东西。该放弃的，一定要放弃，只有这样，我们才能轻装前进。勇于放弃是一种大气，敢于放弃是一种勇气，我们要懂得取舍，放弃该放弃的，这样才是明智的人生。

28. 向自然学习

自然中蕴含生活哲学，是生命的指示灯，能帮助我们发现自己的定位与热情所在。四季的替换，让我们学会从悲伤中复原，因为生命是周而复始、生生不息的。而自然的多样化风貌，让我们学会释放压力，教我们学会表达真实的自我。

29. 心灵慢跑

心灵激励可以预防精神疾病，让心灵保持思考，也会减慢老化的速度。编一本梦想书，偶尔做做白日梦都是可行的。

30. 活出热情

支离破碎的灵魂得到的往往是乏味的成功，对生活的兴趣应高于购物，用最少的时间工作，将大部分的时间留给自己感兴趣的事情，做自己爱做的事，做你想做的，说你想说的，学习享受生活，享受你做的任何事情。

31. 可以不完美

每个人天生不同，接受自己的不完美，也同样接受别人的不完美，用慈悲心训练自己接受缺憾的美丽。

32. 勇闯生命难关

有人为工作而生活，有人因梦想而生活，有人因为要找出究竟为什么要活着而生活。生是上天赋予的权利，活则需要自我的智慧与勇气。

33. 打开地图去旅行

到任何让自己有兴趣或好奇的城市旅行。旅行，潜藏着一份改变自己和生活的渴求，在旅行中可以得到不可思议的收获，变得不容易害怕，遇到问题时较能从容应付，知道自己离家在外时最想念、牵挂的是什么，最可有可无的是什么。

34. 简单干净就是品位

不论是扫地擦桌子，晾衣服晒被单，都要特别仔细，特别用心，让延长使用年限的心，取代用过即丢的习惯；用全新的恋旧心情，与日常生活建立恒久感情。用材质好、式样大方的家具取代三五年就必须淘汰更换的三合板；用设计简单、质地宜人，可以一穿再穿的服装取代当前流行的服饰。

35. 在家做义工

慈善事业可以先从家里做起，可以先把服务心用在家里，把家里整理好，花些时间和家人相处，为别人做些事情让生活更添乐趣与价值，也会让你的人生更有成就感。

36. 再试一下

人生最大的压力来源是怕压力，当你相信自己能面对事情时，这已是一个好的开端，一切的多虑都将消失，你终会发现：事情并不棘手难办，别人能、你也能。

37. 不要有虚荣心

为什么我们会经常感到痛苦？就是因为我们有着太多的虚荣心。我们痛苦，不是因为拥有的东西太少，而是想要的东西太多。抛开虚荣心，自然就减少了许多压力与诱惑。

38. 一定要喜欢自己

不论在任何条件下，自己不能看不起自己，哪怕全世界都不相信你，都看不起你，你也一定要相信你自己，看重你自己。如果你喜欢上了你自己，那么就会有更多的人喜欢你。

39. 为生命加油

你此生最大的恐惧是什么？最担心最害怕的是什么？是害怕应该表达的心意来不及表达？还是害怕心愿不能实现？把今天当作最后一天来活，知道此生担忧会常在，恐惧就已不足惧。

40. 多为别人想一想

爱有多深，包容与体谅就有多深，敢爱的人才敢去包容和体谅他所爱的人。做个善于体谅的人，多给对方时间与空间，做个有智慧与爱心的人。

41. 随时等着被"利用"

让服务变成生命中的一部分，用生命服务、肯定自己。

42. 化不幸为助力

自己是态度的主宰，而态度决定未来，从跌倒中站起来，化悲痛为力量，每种不幸都蕴含同等或更大利益的种子。

43. 优点轰炸

每个人都有优点，但习惯看别人缺点，试着做用心赞美别人的人，勇于表白。要去掉别人身上的刺，最好的方法是拍拍他的背。

44. 和自己赛跑

学习和自己比，忘记曾经拥有的分数，现在要关注的是，如何让今天过得比昨天好，用心去发现，能看到生命更宽广的蓝天。

45. 换个角度，心中一片天

别人也许是对的，不要让自己受执着的困惑，便能了解万物，欣赏及认同世间一切。

46. 乐观

感到痛苦时，最有效的治疗方法就是乐观。凡事往好处想，乐观的人可以发明飞机，悲观的人就只能发明降落伞。

47. 真心聆听

通往内心深处的是耳朵，专心聆听并适当回应，对别人是一种很大的鼓舞。

48. 好奇心不打烊

世界上只有愚人，没有愚问。对所有的事物保持一颗敏感的心，适当的好奇是所有人类文明进步的开始。

49. 情绪急转弯

事情没有变，变的是你的观念。改变想法，就能改变情绪，带来完全不同的结果。

50. 坚信自己真的很不错

每个人都是一座宝藏，凡人也有超人力量，成功在于唤醒心中的巨人，开发自己的宝藏。

七、幸福源泉在哪里

我们来到这个世界上,到底追求什么才是最重要的?一位朋友,放弃了稳定的铁饭碗,专心经营仅有三人的工作室,他说,他觉得很幸福。

他真的幸福吗?幸福到底是什么?

"幸福应该是快乐与意义的结合,一个幸福的人,必须有一个明确的、可以带来快乐和意义的目标,然后努力地去追求。真正快乐的人,会在自己觉得有意义的生活方式里,享受它的点点滴滴。"有人这样说。

哈佛大学最受欢迎的幸福课教授坚持认为,幸福感是衡量人生的唯一标准,是所有目标的最终目标。他说,人们衡量商业成就时,标准是钱。用钱去评估资产和债务、利润和亏损,所有与钱无关的,都不会被考虑,金钱是最高财富。他比喻道,人生与商业一样,也有盈利和亏损。可以把负面情绪当支出,把正面情绪当收入。当正面情绪多于负面情绪时,我们在幸福这一"至高财富"上就赢利了。

所以幸福应该是快乐与意义的结合,是能够把自己的自我价值实现出来。很多人的灵魂都处于焦虑状态,每个人都在寻求快乐的真谛,金钱和权力并不能填补这个巨大空白……

有分析认为,中国正进入"全民焦虑"或说"公民焦虑"时期,一些人正面临如何快乐的大问题。从都市到农村,从普通民众到达官巨富,焦虑如同挥之不去的空气,蔓延至社会各个阶层。急剧的社会变化给人们带来了巨大的外部刺激和挑战,整个社会范围内也就出现了全面的焦虑。自感不幸福的人越来越多,几乎每个人都处于不安全感、无归属感的忐忑中。

为什么我们那么焦虑,为什么我们不幸福?

有人认为，幸福是一种能力，并不是谁都能幸福的，我们自己要具备幸福的能力，然后我们才能幸福。而幸福源泉主要来自三个层面：物质、情感、精神。美国的心理学家马斯洛的需求层次理论认为，一个人的需要分几个层次：最低的层次就是生理需要和安全的需要，第二个层次是社交的需要和受尊重的需要，最高的层次就是自我实现的需要。只有较低的层次得到满足以后，较高的层次才会显现出来。也就是说最低层次的需求不能满足，更高的精神需求——自我实现也就不会显现出来。没有物质的保证，人没有肉体上的生存、快乐，也就没有办法获得自我实现的快乐。

虽说幸福源泉来自物质，但不代表无节制地信奉物质。如果一味信奉有钱就是幸福，为了挣钱可以不择手段，那么欲望和市场理性会屏蔽心灵和精神，人们就都浸入挣钱纵欲的狂欢中。现代社会中很多人便是如此，他们对物质有着无止境的渴望，认为有钱就了不起，有钱就是一切，有钱就是快乐。事实上他们忽略了情感和精神，在狂欢后只剩下空虚。

人不能仅仅满足于物质带来的快乐。情感、精神的需要是一种更加重要、更加丰富的需要，能给人带来强烈的、更大的快乐。一个内心丰富的人，他内心的快乐，是自我能够满足的，它是不依赖于外在条件的。一个人要思考、听音乐是不需要多少物质条件的，但是他有了这种能力以后，他实际上就在自己的身上挖掘出一个快乐的最大源泉，一个幸福的最大源泉。

幸福是物质、情感、精神的统一。三者是融合在一起的，我们只有在综合了物质、情感和精神之后，才会得到真正的幸福。

第二章　简约——让心灵自由呼吸

一、简约是一种心态

有人说:"小时候幸福是很简单的事,长大后才发现简单是很幸福的事。"其实,生活就是一种心态,谁能停止匆忙的脚步静心享受生活?谁能超脱地看清世上的混浊?幸福生活不是哇啦哇啦地渲染,而应该像啜一杯好茶一样,静静地喝下肚,慢慢品味。当然,不一定人人都有耐性那么做,但是心境是可以自己左右的。

简约也是一种生活态度,是用最少的东西承载最多的精神内核。当我们在现代生活中,承受过太多的压力,我们开始渴望拥有自由的感觉、优雅的姿态和不凡的品位。我们需要让浮躁的心境趋向平和,于是我们呼唤简约。

简约是一种在喧嚣都市里,让我们的生活空间更自然、纯净、简洁、清新并且宁静的态度。简约是一种较高层次的生活品质,而不是简化、吝啬、敷衍等对生活质量缺乏重视的生活态度。

简约的生活是一道平淡却不失雅致的风景,淡淡的宛如白水对于生命的意味。简约的思想没有多少额外的欲望,不似那些季节里烂漫的情感在风中的沉醉,却总是能够轻松地走进心中那些愿望的景色里。它悄然地沉睡在每一个月起月落的时分，伴随着远方那一盏清灯的光明，唤醒心底所有希望的光芒，让人生明确地朝着正确的方向前行。简约的韵味形似那轻轻的一回眸的深沉，总是默默无声地在季节里播下那些春的种子，自由自在地生长出那些春意盎然的枝叶和枝叶上伸展的春意。

简约的生活是一种智慧的思想理念。事实上，当我们对生命的体验真正达到了一定的层次，我们就会感受到生活中的简约是一种轻松之美，一种灵动之美，就像刘禹锡在《陋室铭》中写的那样，"无丝竹之乱耳，无案牍之劳形"。每个人只要适当地随性而为，而不去看着别人怎样活着，像美国著名诗人惠特曼那样能够"为自己举杯庆贺"，我们必将在简约的生活中获得轻松和愉悦。

简约应该成为我们每一个人生活的准则。因为在人生道路上，唯有奉行简约的准则，才有可能避免误入阻碍我们成熟的岔路，从而避免困于歧途。

就目前的潮流来看，无论是人际关系、社会结构或家庭关系，都同样有复杂化的趋势。然而，人们又不约而同地用一种简化的公式来处理这些关系。所以用"简单"的态度来处理事务，不仅能得到事半功倍的效果，同时也能将生活带入一种节奏明快的韵律之中。

其实，使事物变得复杂是很容易的，但若想将事物简化成有条不紊的情况就要动动脑筋了。

当我们迎着早晨的阳光走出家门，开始一天的工作和生活时，秉持什么样的心情和生活态度，决定了我们工作效率的高低，左右着我们生活质量的好坏。只要我们清醒地看待工作，理智地感受生活，我们的心情就会放松，从而轻松自如地完成工作，自由自在地享受生活。其实，我们的生活环境丰富多彩，生活目的也很简单，无须大富大贵，大起大落。身体健康，家庭幸福，工作顺利，环境和谐，就足够了。

简约是一种境界，更是一种追求。把简单的事情复杂化是愚钝，将复杂的东西简单化是聪明。每当我们盘点收获的时候，用简约的心境看收获，这种收获是难以衡量的：用最小的代价换来了无价的成果，我们是赢家。生活中的我们，拥有了这种生活态度，才真的是达到了一种生活水平。所以，简约是一种积极、乐观、向上的生活态度。对就对了，错就错了；爱就爱了，恨就恨了；笑就笑了，哭就哭了。哪有那么多麻烦、计较和周折，又哪容你翻来覆去地随意更改。

简约就是要学会舍弃。这也要那也想，须知我们的双肩载不动那么多的金钱、名誉、地位、情感、哀愁和怨恨。干脆地舍弃吧，轻轻松松地上路，多一些时间来听花开花谢，多一些时间来关照日升日落，多一些时间来走向你心中的远方。

简约是一种速度。丢开一切束缚我们心灵和思维的约束，莫让世俗的网于无形中把你拉扯得身心俱惫，憔悴不堪。以一种快刀斩乱麻的方式，三下五除二地去做吧。

二、简约而不简单

每个人都有选择怎样生活的权利和自由，这种权利和自由取决于一个人对待生活的认识和态度。如果你想让生活开心顺遂，让自己心平气和，如果你想平静地远观天上云卷云舒、近看庭前花开花落，那就选择简约的生活方式吧。

简约的生活，就是要活得简单一些。简约的生活，是一种豁达的人生状态，一种理智的生活态度，也是一种向上的健康心理。换句话说，简约的生活，就是不为名扰、不为物扰，就是要做到心胸豁达、宠辱不惊。

我们的生活原本很简单。日出而作，日落而息，人类就这样度过了几十万年的沧桑岁月。而现今社会的人们，却让生活由简约走向了繁复，生活程序变得繁复，生活态度也变得繁复。而无论是家庭、工作、人际关系还是对财富、健康、快乐的追求，都让很多人感到事情复杂、压力重重、身心疲惫，于是每天接踵而来的挑战使我们乱了方寸，不自觉地就陷入困境。其实，生活是可以更简单自在的，只要转换思维，做出小小的改变，人人都能让人生来个华丽的转身，让心情豁然开朗，工作得心应手，生活左右逢源。

简约并不单纯是简单的意思，它涵盖的内容更加充实，更加形象，也更有动感。

（一）主宰人生，加减有道

1. 人生只需顺其自然

有时，我们会禁不住这样感叹：活着真累。因为总有那么多的不顺心的日子，让我们感到人生的烦恼。可是，人有悲欢离合，月有阴晴圆缺，生命中注定了会有些悲伤与烦恼不请而至，依着自然的牵引姗姗前行，最终又依着自然的引领，化作一缕青烟，回到自然中去。

要知道，在人生中，许多的成败与得失，并不是我们都能预料到的，很多的事情也并不是我们都能够承担得起的，但是只要我们努力去做，求得一份付出后的自然，就是对顺其自然最好的诠释。

生命的路程就是将无数个或欢乐或悲伤的时光串联，来也匆匆，去也匆匆，是宇宙间任何力量都无法改变的客观存在。因此，人来到这个世界上，应该活得轻松一些。有时，对于一筹莫展的事，我们需要的只是一点点的小聪明；有时，对于令人绝望的事，我们需要的只是的一点点的理智而已。当注视到别人一个不经意的眼神，当听到一个顺口随意的评价，我们大可不必浪费半天的时间去猜测和揣摩。否则，我们的心灵便会被折磨得千疮百孔，甚至会使我们失去对人生与生活的热情。

其实生活赐予我们的，与别人并没有多大的不同，每个人都有自己的位置，太阳照着国王的宫殿，也同样照着农夫的寒舍，不同的仅仅是我们的胸襟中是否拥有一份"顺其自然"的心境。有了这样的心境，就等于拥有了对

待人生、对待生活的真正智慧，哪怕生活给予我们的是一次又一次的挫折，一次又一次的失败，我们也会以感恩的心态来看待这一切，因为那只是命运剥夺了我们活得高贵的资格，但并没有夺走我们活得快乐和自由的权利。让人生顺其自然，并非平庸之举，而是一种超然的人生境界。没有天空的蔚蓝，我们可以有白云的飘逸；没有大海的壮阔，我们可以有小溪的悠然；没有鲜花的芬芳，我们可以有小草的青翠……如此去做，我们就是重视自己生命的价值，便能够在滚滚红尘中独享那份恬静，得意而不忘形，失意而不萎靡。

2. 跨越自己设定的藩篱

所谓的极限，多是自己给自己制造的藩篱而已，只要换一种思考方式，就会发现原来事情可以这么简单。

曾几何时，我们为自己设置了这样那样的限制。"我数学不好，学经济能行吗？""很多事情我不合适做。""某某事情很复杂，我能做好吗？"不尝试，你永远不会做好。去做了，尝试了，就有一半的概率做好！

其实，任何人都不是生下来什么都会做，只有不断地努力，不断地学习，我们才能获取丰富的知识，提高自身的能力。唯有知识，才能改变我们的命运。

很多事情看起来很难，想起来更难，但当你真正开始做了之后，你会发现事情变得简单了。成功通常不是由你的能力决定的，而要看你的决心有多大。成功是靠不断的实践得来的，而不是想出来的。

"如果不给自己设定限制，那么人生中就没有不能够跨越的藩篱。"这句话算不上至理名言，但也不无道理。在这个张扬个性的时代，至少我们在心理上不能给自己设限，虽会有"害怕做不到的时刻"，但也不能因此不去做。轻装上阵，尽己所能，追求更好，这才是我们应该持有的正确心态。

3. 熬制一份"孟婆汤"

传说中有一种"孟婆汤"，喝下它，你就会忘掉一切。尽管现实中这种汤并不存在，但从中我们不难看出人们对于"忘记"的期待与渴望，也不难看出"忘记"的难度。虽然"孟婆汤"永远只存在于传说中，但为了能有一份轻松的心情继续未来的日子，我们必须成为一个具有"魔力"的大厨，为自己熬制一份能够帮助我们学会忘记的"孟婆汤"。

印度诗人泰戈尔说过："如果你为失去太阳而哭泣，你也将失去星星。"我们为曾经的不如意耿耿于怀，只怕心灵之船不堪重负，记忆之舟承载不下，会让痛苦的过去牵制未来。

过去发生的事情已经无法改变了，就算再念念不忘再沉湎于痛苦中也已经无济于事。那么就不如忘记过去，从痛苦中解脱出来，把握好今天；或者重新开始，尽量挽回曾经的损失。

其实生活中类似的事情并不少见，过去的人和事都已经过去，生活仍将继续前进，要紧的是现在和将来如何。一味地沉浸在过去的遭遇中而贻误现在的时光，一蹶不振，自暴自弃，等于将未来也一并浪费在那些已经过去且无法挽回的岁月上了，这样的代价未免太大。不要沉浸在回忆中，忘记过去的痛苦忧愁，现在这一刻活得真实、活得充实、活得自在才是最重要的。

有时候回想过去，那些令人振奋的事情，那些悲伤落寞的旧景，一幕一幕，落泪偷笑虽然让人心潮起伏，但是又有什么用呢？痛苦的回忆会让人失去内心的自信，磨掉对生活的热情和希望，最终只会让自己的生活更加无望且痛苦。

学会忘记吧，忘记过去，就让往事随风。无法忘记过去的人，常常会在不经意间连今天也失去；沉迷于昨日的人，很可能也会错过了人生当下的美丽和未来的辉煌。活在昨天里的人不愿意面对今天的各种变化，茫然不知所措，变得烦躁不安，进而陷入更深的生活沼泽之中。

俗话说，"人生不如意事常十之八九"。我们需要学会忘记。只要忘记过去的忧愁，我们就可以尽情享受生活赋予的乐趣；只要忘记过去的痛苦，我们就可以摆脱阴霾的纠缠，让整个身心沉浸在悠闲无虑的宁静中，体味人生多姿多彩的缤纷。忘记这一切，我们就会发现原来生活也有美好的一面，就会体会到原来心情舒畅会让人如此轻松愉悦，就能掌握住自己的生活，从而

更加主动，充满信心和力量地去开始全新的生活。

4. 越简单越快乐

每个人都有追求快乐的美好愿望，无论是物质上的还是精神上的，可是在如今这个纷繁浮华的世界，人们常常变得浮躁，于是很多人认为生活越丰富越好，丰富的生活能填补自己心灵的空虚，能让自己享受到快乐。诚然，丰富是一种美，在很多时候丰富的生活可以带来愉悦和满足；而简单却是另一种美，是摒弃复杂，还原生活本质，在最单纯的时间做最实在的事情。这样的生活又何尝不是一种快乐呢？

其实，简单本身就是一种生活的艺术，是一种复杂之后的简约，华贵之后的淡雅。"简单生活"的倡导者、被誉为"21世纪新生活的导师"的珍妮特·吕尔斯认为，简单生活并不意味着清苦与贫困。"它是人们深思熟虑后选择的生活，是一种表现真实自我的生活，是一种丰富、健康、平凡、和谐、悠闲的生活，是一种让自然沐浴身心，在静与动之间寻求平衡的生活，是一种无私、无畏、超凡脱俗的崇高生活。"

简单并不是无所作为。现实中，有很多成功人士的生活非常简单就说明了这一点。其实他们只是省却了复杂无谓的事情，来做自己更喜欢的事情，就像拥有无数财富的李嘉诚先生，据说，他的午餐也只是在写字楼里吃炒粉、喝青菜汤，他觉得这种生活非常的幸福。

简单也不是心灵空虚。也许会有人觉得简单的生活会空虚无聊，但是，你要知道生活中的很多小事都可以为我们的心灵注入满足和快乐，比如听听CD、看看光碟、做做饭甚至打扫打扫卫生，这些都是生活，并且都是简单的生活。这种简单会为我们制造一个轻松的空间，使心灵得到充实。而在现实生活中，我们被太多的物欲驱使着——豪华的装修，隆重的婚礼，复杂的吃法、玩法……随波逐流使我们精疲力尽，岂不知太多追求使我们失去心灵的自由。高尔基曾经说过："一切出色的东西都是朴素的。"就好比清水出芙蓉，不需要任何的粉饰雕琢，而"莫春者，春服既成，冠者五六人，童子六七人，浴乎沂，风乎舞雩，咏而归"的生活方式，不正是从简单和朴素中酿出的一份清丽雅致吗？

其实人生万象，也不过简单和复杂之分。人生是简单好还是复杂好？不同的人回答是不一样的。从大多数人对现代社会的体验来看，人生中还是应多学会些简单。学会简单，就要多些本色回归；学会简单，把今天的幸福定格，你就会觉得每一个时刻都是一幅经典的图画，带给我们快乐的人生。

5. 只做我自己

现今的时代是一个人人都渴求成功的时代，也是一个人人都被告知只有依靠勤劳工作才可以获得成功的时代。于是，我们总会很容易让一些无谓的成功计划蒙住我们生命的欢乐和智慧的光芒。很多人就在这种对成功的追逐中落得心力交瘁、遍体鳞伤。阿甘的一句"我累了，我要回家"道出了所有现代人内心的疲惫与无助，不做自己，很可能是很多现代人"身陷囹圄"的开始。

在我们的生命长河中，诱惑无处不在，但是我们最应该珍视的应该是做自己，保持自我本色的人才是生活的智者。

遗憾的是，很多人早已忘记了自己存在的本质属性和最根本的意义，生活中，处处模仿着别人，使原本属于自己的一片自由天地变成了画地的监牢，使自己生活在别人限定的世界里。这样的结局恐怕不是模仿者最初的目的，但因模仿得太过持久，太过深入，他们自我的本色早已不知去向了。

认识自己、扮演自己、实践自己，我们也可以活得像鱼一样悠闲，像鸟一样轻快，像花一样灿烂。尽情做自己！就算是做一个毫不起眼的小人物，只要拥有了内心的快乐和满足，我们拥有的就是最美的人间天堂。

（二）少即是多的生活真谛

1. 与生活"慢"舞一曲

"最近实在是太忙了！"这几乎成了现代人的"口头禅"。在我们生活的这个"疑似现代化"的时代，到处都充满着永无休止的忙碌和浮躁。世界

就像是一个巨大的地铁车站，每个人都在心神不定地赶往下一站的路上。这样的状态让我们每个人终日沉浸在一种神经紧绷的状态里，以至于自己都无法料定哪一天这根神经会断裂。既如此，那又何不让我们的脚步"慢"下来，让我们悠闲地徜徉在生活的天地里，和它"慢"舞一曲？

的确，现在这个世界上的一切都太快了，快节奏带来的竞争压力让人几乎喘不过气来，过去形容工作是"奔忙"，现在用得更多的词是"奔命"。有太多生活在都市里的人因为快节奏的生活患上了心理甚至生理上的疾病。所以，是该让生活回归其合理的节奏的时候了，是该将脚步放慢的时候了。

有的时候，慢不仅是一种生活品位，更是一种生活品质。所以，我们应该让赶路的脚步慢下来，在工作和生活中适当放慢速度，耐心地体会生活的每一个细节、每一个过程，以欣赏的心态感受周围的人和事。融入生活的方方面面，优雅的生活、舒适的睡眠、可口的饮食，美好自在其中。

同时，慢生活还有另外一个更为重要的意义，它会让你在心灵驿站慢慢思考，既可对过去进行总结，又可思考下一步的人生方向。人的心灵像一座美丽的花园，我们可以精心照料它，也可以任其荒芜。若不播下理性的种子，非理性的杂草就会在土壤中不断繁衍，以至于整个花园都会杂草丛生。思考像一位辛勤的园丁，它帮我们精心照料心灵的花园，除去杂草，施加养料，让心灵变成理性的王国。如此，慢生活就不是浪费了，而是人性的过程，也是理性的进步。

每个生命、事件、过程甚至物品都有其与生俱来的步调，亦即有其适当的节奏。在这个已经非常匆忙的社会里，多一份急进未必能高人一等，拼命三郎的时代已经渐行渐远，懂得把握平衡、调慢生活的人才更有可能品味成功。

2. 站在天平的两端

如今，随着社会竞争的日趋激烈，大多数人明显感受到压力越来越大，无论是职场上的发展与晋升，还是家庭的建设与稳定，都使人们面临的问题越来越多，也越来越复杂。很多时候，人们感到在家庭与事业之间存在着无法逾越的鸿沟，这鸿沟就像是一架天平，一端是事业，另一端是家庭。

或许是为了求得一份平衡，或根本无法做到平衡，不少人对于自己的职场角色和家庭角色开始混淆起来，甚至在很多场合下难免将工作表现带入家庭，或是将家庭事务带到工作之中。于是，各种矛盾应运而生，难以避之。

有的人在事业上有所突破，而在家庭生活中却没有取得理想成绩，很大程度上就是因为他们混淆了职场角色和家庭角色。他们始终把工作放在第一位，不仅把工作带回家，更关键的是，在家庭之中他们依然无法退出工作状态中的角色。如此这般，与之生活在一起的家人就难以感受到体贴与关爱，难以感觉到一个家庭所需要的温馨与欢乐。长期下来，一个完整的家庭体系的平衡遭到了破坏，各种问题就应运而生。如此发展下来，他们很难保证在事业上能够全身心地投入，工作上受到影响也是在所难免的了。

其实，事业和家庭，就重要性而言，两者应该是等量的，两者也并不矛盾，要兼顾平衡。着重追逐前者很容易造成对后者的忽视，反过来看，对后者一定程度的忽视也会对前者造成一定的负面影响。因此，人们在经常站在事业角度上看家庭的同时，不妨也从家庭的角度去看看事业；同样，在设想建造一个拥有完美氛围的家庭的同时，也应当相应地用这种心态去对待事业，让家庭成为事业的后盾。

在忙于工作的同时，我们应当适当释放自己，抽出时间去享受一下家庭所带来的温馨，精神放松的同时，事业上各方面带来的压力感也会有所减退；自我的身心得到调节，将会为我们保持事业和家庭的天平的平衡提供有力的支撑。从事业的角度来讲，对家庭的信念和责任会催生出我们更强大的战斗力；从家庭的角度来讲，成功的事业会让我们有更强的自信和能力来经营家庭港湾。

我们无论是钟情事业，还是照顾家庭，抑或两者兼顾，拥有良好的心态是最重要的。因为在一定程度上，心态决定了一个人对幸福的感知和判断；

同时，良好的心态也有利于身体健康，从而为我们做事业和家庭的"双面手"打下坚实的基础。

三、不持有生活

"不持有生活"这个概念是由金子由纪子提出的，中野孝次在自己研究日本传统文化的文集《清贫思想》一书中也曾谈到过，其核心是崇尚"简朴生活，摆脱物欲的缠绕，不要因为一味追逐物质的丰富与物质文明的发达而忽视了人的心灵需要"。

不持有生活，主张以不持有的生活之道来享受一种简朴、美好、有品质的生活。"不持有"不是真的、完全绝对地"不持有"，而是一种态度，一种思想，其目的在于"缩减"，而不是完全摒弃。出于环保或节约能源的考虑而不购买不需要的东西，这也是一种"不持有"的表现形态。

不持有的含义是4个R：reduce(缩减浪费)、recycle(回收再利用)、reuse(重复使用)、repair(维修再利用)。

不持有的生活不仅提倡绿色环保、节俭、乐活，更是精神压力的释放与解脱、内省、灵修、心灵成长和达到各方面的平衡。生命本身就是一场体验，只经历，不占有。

（一）为什么不持有

不持有的真正含义，就是最大限度利用物品的价值，使之物尽其用。

不持有的生活，并不是指低标准的生活，只是不要积攒扰乱生活的物品。你嫌家里没用的东西不够多吗？

不持有的生活，不是指"节俭度日"，实际上贵一点的东西往往会更耐用，使用时舒服，使用者也心情愉悦，比买便宜东西反而更节省也更易产生快乐。

你需要一堆花花绿绿、很快过时的裙子吗？为什么不买品质好的基础单品？时尚感可以通过配饰来体现。你需要那个做工粗糙的比你还高大的玩具熊吗？你不觉得拿一次性杯子招待客人很俗气吗？你的护肤品到过期了都没用完，你需要囤积那么多吗？

你可以用心享受购物和使用的乐趣，而不是匆匆忙忙买来，用掉或者扔掉。

不持有，就可以不经意间存起钱来。而且这是种很舒服的生活方式，家里很容易清洁，心情也会变好。

你可以把钱花在旅游、听音乐会等非购物的享受中。

不持有的生活，类似于减肥的过程。减肥需要持之以恒，重要的是改变生活习惯，使日常饮食均衡而克制。"不持有"的生活也是如此。

另一个比喻是摄影，如果拍摄主体周围有很多乱七八糟的东西，主体看起来就会很不漂亮。摄影师会移走杂物或虚化背景，突出主体。

不持有的生活也一样，是为了让你的生活重点突出、清新、舒适。

不要太忙。每天早起一点。

记住，最好的东西都是免费的：雨后的蓝天、花香、父亲母亲的关怀，还有爱情。

（二）怎样做到"不持有"

超过自己管理能力的物品，不持有；

不留恋的物品，不持有；

无法回归自然或转让给其他人的物品，不持有；

和自己的生活风格不符的物品，不持有；

比起"因为便宜大量购买"的物品，选择"虽然贵但很喜欢"的物品，并慎重使用；

即使没有变化，也只穿自己喜欢的衣服；

说谢谢的时候，看着对方的双眼并微笑；

买物品时，以要使用 10 年以上为前提；

带购物袋出门，拒绝塑料袋；

减少购买需拆封或只需要微波烹调的食物；

不拿免费的物品；

购物时带着事先列好的清单同行；

用家里现有、自己喜欢的餐具吃饭；

早三十分钟起床；

早上一起床就打开窗户，呼吸新鲜空气；

尽量吃早餐；

尽量在早上洗衣服；

丢弃垃圾袋之前将其压缩，减小体积；

四楼以下，尽量爬楼梯；

每天一定看天空一次；

少吃便利商店的便当和超市里现成的熟食；

每天一定写日记，一行也可以；

每天用吸尘器打扫家里；

每三天擦一次地板和家具；

自己选择并整理毛巾和肥皂；

疲劳不堪时，看场电影放松一下；

尽可能不申请会员卡；

……

（三）七种生活习惯帮你迈进"不持有"的生活

（1）不拿。免费得到的东西，很少被人珍惜，因此往往囤积不用。"不持有"的第一步就是"不拿"，不拿免费塑料袋，以自备购物袋来代替；免费发送又用不到的赠品，也要坚持完全不拿的态度。

（2）不买。冲动购物感觉痛快，但买完东西感到后悔的状况也不在少数，因此只要是"不买也无所谓"的东西，就坚持不买，让物品"登堂入室"的门槛变高，这样家中就只会出现真正喜欢、真正必要的东西。

（3）不储存。不囤积保鲜膜和厨房用卫生纸这类消耗品，也许大减价时买了一堆，像占了便宜，却容易造成使用上的浪费。一旦停止囤积，使用时就会更谨慎，并且想出各种生活小妙招，例如以密闭容器代替保鲜膜，以抹布代替厨房用卫生纸，自然能降低消耗品的使用率，换来神清气爽的好生活。

（4）丢弃。养成丢弃的习惯，杂志或小册子超过一定数量，就丢掉，没在使用的漂亮糕饼盒子、过期的食物和调味料，也丢掉。并且确实执行丢弃前的准备工作，例如用美观的袋子作为分类垃圾的容器，让丢弃这件事变得轻松愉快。

（5）替代。添购一样物品前，先想想家里是否有其他东西可以替代。例如一年可能只用到一次的漏斗，就用现有的塑料板卷成漏斗状来代替，如此就能避免多持有一件东西。活用现有物品，不是为了弥补贫困，而是为了创造丰足。

（6）借用。不常用的东西，可以借用或租用，和其他人一起使用更多物品，每个家庭或许就会减少囤积少用物品的情况，避免压迫居住空间，以减少无谓的浪费。

（7）没有也无所谓。购物前，务必自问：这个真的是必要的吗？也许能得到"没有也无所谓"的答案。生活中这种东西，应该很多。

（四）打开"持有"的心结

"这是犒劳自己辛苦努力的礼物！""如果现在不买，以后就买不到了！"在内心编织着各种消费理由的人们很快会发现，衣服再也塞不进现有

的衣橱，看似实用或可爱的家居用品在用了两次之后就被束之高阁，犹如滚雪球一般积攒的物品逐渐堆满家中，让每一次大扫除都变成一次苦难。

你是否经常为收拾房间或买错东西而烦恼？又或者常常在收拾旧东西时无法当机立断地处理？体验一下新兴的"不持有生活"理念吧，它与过去倡导的"节俭生活"截然不同，它不以控制生活成本为目的，反而倡导以更高的品质去享受生活，从而物尽其用，最大限度地缩减物质数量。下面告诉你一些享受优质生活的准则。

（1）不需要的不买不存！你要克制冲动消费，并戒掉习惯性的"储备"习惯。

不持有方针：

罗列购物清单。在你出门购物之前，通过罗列清单可以梳理你是否真的需要某些物品，并找出自己是否已有类似物品可以替代。而当你遇到打折产品的时候，如果它们没在你的清单上，那么就不要买。因为当你被价格诱惑时，往往会忽略自己对实用性的要求。

享受购物乐趣。有些人总是抱怨根本没有时间购物，其实这容易成为爆发性的冲动消费。腾出一个集中的时间，然后充分享受购物的乐趣，由于降低了"买错、买多"的可能性，真正拥有"想要的"东西的快乐也会持续更久。

不囤积消耗品。一些家庭快速消费品，比如零食或生活用品等，不要一次性大量购入。如果囤积过多的生活用品，常常可能是你还没用完，就已经对其厌烦了。

（2）已经无用的处理掉！处理物品对任何人而言都不是一件愉悦的事，所以更多人选择"囤积"，但这种囤积只能给自己和家人增加负担。无用的物品就像是小腹上的脂肪，必须当机立断地"减掉"！

不持有方针：

分别门类地丢弃。如果无法判断是否需要丢弃某些物品，就在收拾房间时，将物品分成"怎么看都是垃圾"、"从来没有用过"、"一年以上没有用过"、"三个月以上没有用过"、"经常使用"几大类，这样你就能更有效地决定取舍。

让他人物尽其用。有人认为将物品处理掉是一种极大的浪费，但实际上，你看过的杂志、不穿的衣服以及漂亮的包装盒或一次性用品并不是因为你拥有了就不造成浪费。恰恰相反，你对它们的"放置不用"更是一种极大的浪费。你可以以馈赠或捐献的方式，让更多有需要的人用到它们。

（3）杜绝周期性反弹！就像减肥一样，"不持有"生活也面临着反弹的可能性，制胜关键就是不让物质泛滥的生活"反扑"回来。

不持有方针：

善待自己。当你让自己随时保持着高质量的生活时，你的内心会感觉到充盈，而这种状态很容易让你坚持不持有的生活。比如只选择自己喜欢的瓷器，尽管昂贵，但杜绝了你购买大量其他替代品的可能。不购买瓶装的茶水，而是精挑细选茶叶，自己沏泡，既有生活情趣，又更加美味健康。去剧场或电影院看现场的演出或电影，这样你欣赏得更投入，也无需购入DVD或书籍。

四、简的境界

简的生活孕育着一种人生境界与人格魅力。简，并非木讷，也非呆板。简，是对复杂纷繁的人生价值的提炼与升华，是对多姿多彩的社会生活的打磨和创造。简是清醒中的深刻，是明智中的理性，更是对生命真切的感悟。

其实简也是一种境界。

（一）减一半不必见的人

在我们的一生中，会遇到很多形形色色的人，他们在我们心中的地位都

是不一样的。有时候我们必须要学会拒绝见一部分不必要见的人，以此来节约出时间做更多有意义的事情。

我们必须学会合理安排自己的时间。下面介绍适用于大部分人的七个原则。

（1）不要被时间所管理，而要去管理时间。积极地对待工作，向工作发起挑战。这就是说，平素要明确认识自己的任务和自己想做些什么。

（2）要有自己的梦想（或愿望、目标）和计划。能列出具体计划去实现自己的梦想、愿望或目标的人，就是善于利用时间的人。这样的人会开动脑筋努力工作，并为实现自己的目标去充分利用和经营时间、精力和资源。

（3）做事要分清轻重缓急，要有先后顺序。善于利用时间的人，会在有限的时间内首先去做最重要的事情，取得更大的成果。这就是说，要善于安排时间和集中时间。每天要把该做的事情，按其重要程度编码排队，列出一览表，然后按顺序去做。

（4）要会利用别人的时间。要弄清什么工作应由自己来做，并把它们具体地写出来。非得自己去做的事情是什么？哪些事情可以委托下级或专家去做？自己现在所需要的时间是多少？能否由于委托下级或专家去做，而得到这些时间？

（5）要有计划地进行工作。有效利用时间的一个基本原则就是制订出好的计划来。如果计划不周密，往往会造成时间的浪费。即使战略目标正确，如果实行步骤不合理，同样会浪费时间。

（6）抓住时机。时机是有效利用时间的一大源泉。

（7）要充分创造有效利用时间的环境。如果一家公司里的高、中层干部都能以身作则，重视时间，那么，这家公司就很容易能创造出一种重视时间的良好环境。

（二）省一半不必说的话

人生的智者总是点到即止，不会说长篇大论的废话。懂得说话的人，能在山重水复中柳暗花明，又能在进退两难时左右逢源。卡耐基曾经说过，一个人的成功，约有15%取决于知识和技能，85%取决于沟通——发表自己意见的能力和激发他人热忱的能力。的确，善于沟通的人，往往令人尊敬、受人爱戴、得人拥护。

那么如何做到会说话、说好话呢？

1. 说话的时机

成事不说。就是公司或领导已经决定的事情就不要评价，不要给出自己的想法和建议，无论你自己认为这些建议和想法对公司有多大的好处都要坚持不说的原则。

遂事不谏。是说正在做的事情，也不要去一再地劝谏。如果他是错的，要等他认识到错误，再来总结和检讨。

既往不咎。是说已经发生的事情不要去追究。我们要适度地追究责任，不是什么事情都要追究到最后的责任人才罢休。

2. 不同事情，不同说法

好事情，用播新闻的方式说。人都是需要赞美的，中国人不太习惯说赞美的话，但别人有了好做法、好想法就要赞美，要夸奖，只有这样才有完美的人际关系，才有以后成功的基础。

坏事情，先说结果。先说结果，这样就有了沟通的底线，剩下的时间就可以用来讨论怎样解决问题。

3. 放话出去

很多时候说话不是要表明什么观点，而是要表明自己的态度，或者试探别人的态度。这样的说话技巧是"放话"。

通过放话来试探对方的反应，这样做出的决策才适当，才不会因为不明了对方的立场而产生偏差。

4. 不同的人说不同的话

如果对方是一个绅士，就要用绅士的方式来对待；如果对方是"流氓"，

你也要变成"流氓",只有这样才能沟通到位。

5. 提高口头表达能力

造成说话不得要领的因素有:内容上的——如说话目的不明确,把握不住话题,对突出现象缺乏应变能力;技巧上的——如说话缺乏条理,思维混乱,词不达意。

纠正的方法有:勤学苦练,树立自信心;写—背—说三步训练法;尽量把话说得简洁、明了;消除自卑感,增强自信心。

(三)压一半不必做的事

办公室工作往往烦琐,而且经常需要多个任务同时处理。如果你没有甄别工作先后次序的能力,很容易这个做一点、那个进行一半,一天下来事情做了不少,似乎忙得不可开交,却没有一件有结果,迫使你以加班来赶工。这种身心俱疲的忙,主要在于工作方法不对头。

那么怎样才能提高效率,将做事的工序简化?下面几个小方法也许可以帮到你。

1. 将工作分类

你每天所要处理的工作,如果仔细想来无非有两种:事务型和思考型。如果将你所要做的工作做如此划分,区别对待,也许你会收到事半功倍的效果。

职员王女士就是如此做的。她说,事务型的工作不用太动脑子,只要按照熟悉的流程或程序做下去就可以,而且不怕被干扰和中断,如收发 E-mail、写信、填写工作报表和备忘录等,这些例行公事、性质相近的事情可以集中在同一个时间段来处理,即使在精神状态不佳的情况下也能完成。而对于那些需要集中精力、一气呵成的思考型工作,则要谨慎对待,在做之前要进行充分的思考,不停地想,苦思之后方有灵感闪现,这时要安排精力旺盛、思路敏捷,而且不易被干扰的时间段集中去做。

王女士的这种做法不仅使她的工作效率大大提高,而且使她拥有了更多的业余时间去享受工作之外的精彩生活。

2. 为工作制订计划

在这里需要指出一种错误的理解，制订工作计划不是给自己施压，而是为了让自己记住该做的事。每天面对大量的工作，谁都不免出现"丢三落四"、忙而无序的状况；如果会工作，养成定时做计划的习惯，效果会大大不同。

某公司部门经理罗女士，就非常善于管理自己的工作，尽管每天需要应付大大小小许多的事情，但她总是显得很从容，该做什么，什么时候做，心中非常有数。她说她随身携带的必不可少之物就是一个工作本，上面密密麻麻地写着她的工作安排。每月末，她会抽出一定的时间思考一下下个月的工作重点和计划安排。她认为制订工作计划，关键是要会分解目标，把月目标分解到每个周，周目标再分解到每一天。也许一个看上去很庞大的、担心完成不了的工作目标，经过这样的层层分解后，结果发现，原来要实现这个目标并不是很难；这样工作起来才不会感到有很大的压力。

3. 学会在工作中说"No"

当你正专注于手头的工作时，突然上司让你去做一些不太重要的事情，或者同事找你帮忙处理一些文件，如果你放下手头的工作，那么思绪就会被打乱，有可能要重新再来，工作效率显然就不会高。这时你要学会巧妙地说"No"，否则整天忙于帮别人处理事情，非但自己的工作完成不了，还有可能出力不讨好。

某公司的杨女士就有这么一位同事，是做效果图的，为人比较随和，别人有事情都找他。打份文件、加个标头、做个表格……甚至电话响了，也要他接，结果他自己的一份效果图一拖再拖，上司一催再催，他迫不得已加班完成，现在已经成了公司的"加班专业户"。其实，他完全可以说"No"。在工作中维持"老好人"的形象、令所有人满意是不可能的。杨女士说，在自己的工作和别人求助之间，也许持这样的平衡技巧是比较明智的："先扫自己

门前雪，再管他人瓦上霜。"当然在说"No"的时候，可以采取婉转、迂回的方式，避免直接拒绝，造成不快。

4. 绝对不"煲电话粥"

对一位背负着沉重压力的职业人来说，能够有一些经常往来的朋友，并养成在不顺心的时候倾诉的习惯，无疑是非常有利于身心健康的。一个真诚的问候，一个聚会的邀请，都会成为繁忙工作中的小插曲，调节紧张的神经。但是如果频频接听私人电话，而且交流个没完，又会是种什么情况呢？

公司职员 Lisa 的一个同事就是一个经常"煲电话粥"的"高手"。让人浑身起鸡皮疙瘩的亲昵的称呼声，忽高忽低的讲话声，以及老公孩子的婆婆妈妈的琐碎事情，她能唠唠叨叨地讲个没完。这段时间以及之后的一段时间，她也很难干好自己的工作。

所以，Lisa 给自己的职场要求之一就是绝对不用公司的电话"煲电话粥"，有私人电话打进来，也要长话短说。她这样的目的就是要尽量不打断自己的工作进程，让自己在尽量短的时间内完成工作任务。

5. 养成利于工作的好习惯

一些好习惯的养成，常常有助于工作效率的提高。刘女士的几个工作好习惯可以拿出来与大家共同分享。

她说自己的第一个好习惯就是在工作时间里不做与工作无关的事，特别是私事。她发现周围有很多人，往往会同路过公司的朋友或认识的人聊天，而且可能是完全与工作无关的事，这样他们手头的工作就被打断了，再回到工作中来时已找不到东西南北，所以她要求自己从不闲聊。

情绪好坏往往会影响到工作状态，刘女士要求自己尽量不要把一些不好的情绪带进工作里，当然谁也不可避免遭遇气愤、低落的时刻，但要学会控制。每当这时，刘女士都会闭上眼睛几分钟，告诉自己："只要不发作，就又战胜自己一次了。"她说，一个人能够管理自己的情绪了，也就意味着在走向成熟。

此外，每天定时完成日常工作也很重要，如查看电子邮件，和同事或上级交流，浏览必须访问的网页，打扫卫生，等等，集中完成这些工作，能让你腾出更多的时间和精力处理更重要的事情。

（四）削一半不必要的东西

生活中有很多东西是没有必要的，我们必须要尽量减少这些东西，否则只会加重自己的负担。你只有卸掉自己身上的包袱才能轻装前进。家里没有秩序给一个人造成的精神负担比许多人想象的要严重得多。人们表面上对混乱的柜子和装满了杂品的房间熟视无睹，但在潜意识里却遭受着折磨，形成心理负担。一旦把这些碍事的东西扔出去，人们立刻会感到获得了自由。

如果你周围的东西多得超过了你的承受能力，你就会产生一种无能为力的感觉，这种感觉还会影响到你的其他生活领域，本来在这些领域你是可以有所作为的。旧家什妨碍了你的发展，因为那些堆放的旧东西会分散你的注意力，让你无法集中、专注。

我们的忠告是：对那些曾经与自己周围的旧家什有关的人要心存感激，保留他们每人一件特别漂亮和珍贵的纪念品，然后把多余的扔掉。比如怀念已逝姑姑的纪念品最好是一条贵重的珍珠项链，而不是装满了过时的，不适用的餐具的柜子。如果你能够为自己的家具腾出空间，也会为自己生活的未来开辟空间。

在杂乱无章的环境和你的工作情绪之间有一种类似的内在联系，没有秩序助长了你的拖延习惯，束缚了你的能力的发挥。

我们的忠告是：在工作压力特别大的时候，首先清理你的办公桌和周围的环境。为此而花费的时间可以通过集中精力、心情愉快和高效率的工作得到补偿。你应该把自己的办公桌视做大脑的真实写照，办公桌上的一切都在你的脑子里，一个整洁的办公桌就是一串条理清楚的思路。经过果断的清理行动后，大多数人都会吃惊于新的发现，他们不仅是在"尽义务"，而且是在

"继续深造",寻求新的职业发展空间,理顺各种关系,或者说是在做一次恢复健康和信心的"休假"。

清理可以从小处着手。一般人们宁可每天收拾一个抽屉,或者是衣柜中的一层,而不愿意进行一次非常大的行动(全面清理储藏室或者是整理所有的衣柜)。所以你可以把这些工作分成几个阶段进行,否则你一旦对清理丧失兴趣,混乱仍然依旧。

你可以选择一个独立的单元开始清理,可以是一个抽屉,一层架子,一个文件筐,一个箱子,或者是一个容器,但你绝对不要只是把一层架子从左至右清理一下,或者是把抽屉简单地整理一下。

清理的时候你可以采用"合并同类项"的方法,可把零碎的小件物品放到一个个小盒子里,然后再集中起来放到其他大箱子中。使用那种易于书写说明的小盒子,以及可当作抽屉隔离挡板使用的东西。只有采取了这些措施,才能保证清理行动可以带来持久的效果。你现在可以把要留下的东西重新放回去了,并在新的箱子上贴上大而清楚的标签。

你一定为自己创造的整洁的小小天地而感到高兴吧,请相信,就像混乱是在你的家里和办公桌上逐渐蔓延的一样,新创造的整洁也会让秩序传播开来。

五、心中有禅

禅,是人间的奇葩,是智慧、幽默、练达的真心,般若智慧虽然无相,却可遍历一切缘起时空之实相,是人生的一道光明。世间辩聪是二,在分别攀缘中迷失觉性;而禅是不二的,就是扫荡出心中那个飘荡生灭的零点基准,佛陀叫它俱生我执。因此,禅就是让我们学会调服自心的方法,就是向自己的内心打量,即从观心开始;玄奘法师把这个具体过程翻译为:有寻有伺、无寻有伺、无寻无伺。

禅，质朴幽远，却能给当代人指引圆满的生活，注入智慧的源泉。因为禅可以让人胸量大、毅力坚、智慧开、神情合、疾病少、陋习除、耐力久、习气改、心地润、悟性起、记忆增。禅，不只是书本上的调侃，更是一种智慧的生活方式。当觉性日益清明觉照，我们对事物的看法就不会颠倒，因此烦恼就会减少，很多不能贯通的地方，也会一以贯之。

禅定即放下，即止；般若即看破，即观；止观即是禅之味。《摄大乘论》云："能消除所有散动，及能引得内心安住，故名静虑。"禅定与散乱是对立的，如同水火，有散乱就不得禅定，成就禅定就能消除散乱。禅定又能使心境处于寂静状态中。《摩诃般若波罗蜜经》云："不乱不味故，应具足禅波罗蜜。"般若引导禅定，照见诸法如幻如化，心不随境转，则不乱。

宋代的大文豪苏东坡，是一位潜心修禅的人。有一次，他来到金山寺和一位禅师一起坐禅。苏东坡觉得通体舒畅，心里一高兴，就问禅师："你看我坐的姿态如何？"禅师对他说："好庄严！就像一尊佛一样。"苏东坡听了异常高兴。禅师反问东坡："你看我坐的姿态如何呢？"苏东坡在兴奋之中，戏谑的心态表现出来了，于是嘲弄地对禅师说："就像一堆牛屎！"禅师听了并不以为忤，仍乐呵呵地与苏东坡参禅。苏东坡自以为占了上风，逢人就说他赢了禅师，他成了佛，禅师反而成了牛屎。苏东坡的妹妹苏小妹听到这个消息，连忙把哥哥叫去，对他说："你千万不要再说你赢了，你实际是大大的输家。"苏东坡很惊讶，问苏小妹："我讲赢了禅师，弄得他无话可答，怎么是输了呢？"苏小妹说："哥哥，正因为禅师心中有佛，所以他才看你像佛；而你心中有牛屎，所以看禅师才如牛屎！"苏东坡恍然大悟。

心中有禅的人，会全力发挥自己的潜能，当他意识到自己的能力限度时，他亦并不苛求；他会全力地改造环境，当他发现改造环境变得不可能时，他会顺应环境，接受环境；他会依照自己的本性，好好地生活，去成就自己独一无二的生命意义。这才是心中有佛的本来意义。

"身在红尘中，心如明月纯。慈善处人事，周围处处春。"禅在心中，心中有禅，我们应该主张这样的修身养性的禅意人生。

（一）禅修的益处

透过禅修，我们就可以得到无量的欢喜与利益。首先，让我们不安定的心安定下来；其次，让安定的心稳固；最后，让稳固的心发挥功用；这就是禅修的基本技巧。第一步，关于心性如何安定下来，认识烦恼，方能心安得初止。止的基本问题就是平等觉性、心智的恢复，即不要延长过去，不要招引未来，保持当下的觉性；只有在平等觉性、心智的基础之上，才能实际切入初止，进而起观。佛陀恰恰就是从认识烦恼的真相开始步入觉悟的归途的。

噶玛巴·德新谢巴建议人们：不要看别的地方，就看着自己的心，当你看着自心的时候，看不到任何能见的相，所谓的见地，就是了解真的没有"能修"和"所修"。

1. 禅修可以消弭压力

生活的压力感源自于内心的散乱，以及对人生的错误认识。初学者，可以先通过禅坐，暂且放下万缘，静心息虑，回归清寂自性海，透过般若的觉照来认识身心皆是缘起合和的真相。当我们发现那些念头生灭无常的真相，自然也就不会心随念转，自然就懂得放下的真意，压力本是一个念头，自然无影无踪了。

2. 禅修可以促进健康

《黄帝内经》云："上古之人，其知道者，法于阴阳，和于术数，食饮有节，起居有常，不妄作劳，故能形与神俱，而尽终其天年，度百岁乃去。今时之人不然也，以酒为浆，以妄为常，醉以入房，以欲竭其精，以耗散其真，不知持满，不时御神，务快其心，逆于生乐，起居无节，故半百而衰也。"

《华严经》云："心生则种种法生，心灭则种种法灭。"当代医学证明了，人的疾病大多源自内心的焦虑、贪婪、瞋恚等情绪，以及心地错误认识所引发的行为。禅坐可以让人们性情恬静，气息安宁，感受清凉，并且可以畅通气血脉络，促进新陈代谢，使机能不易退化，心不颠倒，则人们就不会随贪嗔痴三念而行动，进而使得身体保持恰当的行为，促进身心健康。

3. 禅修可以提升涵养

科学的发达，拓展了人类的视野，使得社会物资丰裕。而人们日益迷失在名利福禄当中，心被物转，智随念昏。老子也曾于《道德经》中感言："五色，令人目盲。五音，令人耳聋。五味，令人口爽。驰骋畋猎，令人心发狂。难得之物，令人行妨。是以圣人，为腹不为目，故去彼取此。"

我们倘若能与禅坐为友，则内有主宰，不为物役；相由心生，自能提升我们内在的涵养，而形之于外，则能变化我们的气质。智慧不仅可以使我们生活和谐，更能改变身心，正所谓顺者凡，逆则仙。《金刚经》云："心能转物，即同如来。"可见，真正的庄严是般若智慧的成就。

4. 禅修可以体验禅悦

佛陀曾说："坐禅能得现法乐住。"他告诫弟子们，凡人以贪嗔痴为乐，吾辈当以智慧法喜为乐。所谓现法乐即禅定之乐，这是一种从寂静心中所产生的美妙快乐，绝非世间五欲之乐可比，勤于禅坐之人，可得此禅悦之乐。但大智慧者，不会只在此地享受，而会把这份觉悟与大众分享，可见，古人说的没错，独乐乐，不如众乐乐。

5. 禅修可以启发智慧

达摩禅师云：正觉心也，以觉明了，喻之为灯；是故一切求解脱者，以身为灯台，心为灯炷，增诸戒行，以为添油；智慧明达，喻如灯火。当燃如是真正觉灯，照破一切无明痴暗，能以此法，转相开示，即是一灯燃百千灯，以灯续燃，燃灯无尽，故号长明。过去有佛，名曰燃灯，义亦如是。

"止"的修习将开展出安详、稳定且一心专注之心。"观"的禅定是止的稳健修习的结果。"观"意指"洞见更多"，比我们平常所见更多。而取代出于迷惑所见之事物的是，我们洞见了事物的真实面。经由一种更安详之心的体验，我们就具有一个更安定、坚固的前景。

大德开示，以灯为喻。灯的目的在于给予光明，如果灯不断地闪烁不定，它将难以清楚地照见东西；这种动摇将无法使灯火表达它给予光明的能力。为了要给予光明，灯火必须要稳定，因此它才能够将光明全部的表露出来。同样的，要想体验到真正的无分别智慧，与一切现象的真实本质，我们便需要一颗宁静且专一的心。而止的修习是一切禅修的根本。

佛陀曾在《楞严经》中对阿傩开示："摄心为戒，依戒生定，依定发慧。"禅修能令人形神安定，心地明净，不但能开发本身智慧，而且能获得众人爱敬，办事易成，这是增长福慧之道，回归自性之途。

（二）多听禅语多悟禅

1. 乞丐与禅

云溪桃水是日本有名的禅师，曾经在好几个寺院丛林里住过，饱参饱学。

他所驻锡的寺院吸引了许多学僧，可是学僧们多数做不到吃苦耐劳，总是半途而废，这令他非常灰心。于是，他向众人辞去教席，劝他们解散，各奔前程。此后，他的行踪便再也无人知晓。

三年后，有位学僧见桃水禅师出现在京都一座桥下，与乞丐生活在一起。学僧立即上前恳求开示，桃水禅师不客气地告诉他："你没有资格接受我的指导。"

学僧问："那要怎样才有资格呢？"

桃水禅师说："如果你能像我一样，在桥下生活个三五天，我或许可以教你。"

于是，学僧打扮成乞丐的模样，与桃水禅师共同度过了第一天的乞丐生活。第二天，乞丐群中死了一个人，桃水禅师叫学僧和他一起把尸体搬到山边去埋，两人忙到半夜才回桥下休息。禅师倒身便睡，学僧躺在臭气冲天的乞丐群里，怎样也无法安然入眠。

天亮后，桃水禅师说："今天不必出去乞食了，那位死了的同伴还剩有一些食物，可以拿来吃。"禅师吃得香甜可口，可是学僧看着脏碗脏食，一口都吞不下。

桃水禅师说："这里的天堂是你无法享受的，你还是回到你的人间去吧！请不要将我的住处告诉别人，住在天堂净土的人，不希望被打扰。"

在真正禅者的眼中，天堂净土在哪里？卑贱的工作中有天堂净土，境随心转中有天堂净土，爱人利物里有天堂净土。天堂净土在真正禅者的心中，而不在心外。

2. 谁输谁赢

日本一名武士久闻一休宗纯禅师的盛名，决定去试探他的禅法高下。

某天，他带着一条鱼来到一休禅师的寺院，说："禅师，久仰您的大名！我今天来的目的，是想和您打个赌，如果我输了，随您开条件，如果您输了，请把大门的招牌摘下来。"

一休禅师知道武士来意不善，又不好拒绝，于是点头说："好，你要怎么赌？"武士扬起手："禅师，请您猜猜看，现在我手中握着的这条鱼，究竟是死的？还是活的？"

一休禅师想：如果我照实说它是活的，这个莽夫一定会把它捏死；如果我说是死的，鱼或许还有活命的机会。于是他摇摇头："鱼是死的，还有什么疑问吗？"武士仰天大笑，说："您输了，这条鱼是活的！"他把鱼放进一旁的池子里，鱼一入水，马上就游开了。

一休禅师微微一笑："可惜，鱼成了打赌的工具。鱼离开水，当然是死的；鱼入了水，当然是活的。总之，我输了。"

武士顿时愣住，他为自己先前卑陋的心态感到惭愧，伏首说："禅师，您赢了，我输了。"

他们两个最后都承认自己是输家。其实，世间一切利害纠葛，谁是真正的赢家呢？除了开悟成道，人人都是输家。然而，武人好斗，总想赌个输赢，就如日本的宫本武藏和佐佐木小次郎，两人互不相干，却要决斗。社会中的

人,本来可以各行其是,却总是见不得别人好。

一休禅师不愧是个智者,说出鱼是水中的生物,还谦虚地先说"我输了",让好斗的武士心生惭愧,承认是自己输了。世间之人,赢家未必赢,输家未必输;输赢,不是一时的,是长远的。

3. 禅即生活

日本的峨山慈棹禅师在月船禅慧禅师处得到印可。月船对他说:"你堪为法器,现今也有了初步成就,以后应该发心再去亲近善知识,不要忘记行脚云游,这是禅者的任务和修行。"

有一年,峨山听说白隐慧鹤禅师在江户开讲《碧岩录》,于是前往参访,并呈上自己的见解。谁知白隐禅师看了后却说:"你从恶知识处得来的见解,大多臭气熏人。"将峨山赶了出去。峨山不服,再三请求,但都被拒绝。峨山心想:我是被印可的人,难道我和白隐禅师没有缘吗?他看不出我已对禅有心得了吗?或许禅师在考验我吧!

这样一想,他又鼓起勇气去叩见白隐禅师,并说:"前几次都因为弟子无知触犯了禅师,愿垂慈悲,我一定虚心纳受。"

白隐禅师说:"你虽担了一肚皮的禅,到了生死岸头,总无着力;如果你要痛快平生,须听我'只手之声'。你去参一只手所发出来的声音。"

峨山便在白隐禅师座下随侍4年,在30岁那年终于开悟。他成为白隐禅师晚年的高足,后来大振白隐的门风。

峨山年老时在庭院里整理自己的被单,信徒看了觉得可怜,便说:"禅师啊!您这么老了,门下有那么多的弟子,为何还要这么辛苦,亲自做这些杂务呢?"

峨山说:"老年人不做杂务,那要做什么呢?"

信徒回答:"老年人可以修行啊!"

峨山反问道:"你以为处理杂务就不是修行吗?那么,佛陀为弟子穿针,为弟子煎药,又算什么呢?"

信徒终于了解到生活中的禅。

一般人最大的误解就是把做事与修行分开，其实如同黄檗希运的开田耕种、沩山灵佑的合酱采茶、石霜庆诸的推磨筛米、临济义玄的栽松锄地、雪峰义存的砍柴担水、仰山慧寂的牧牛、洞山良价的芸园、云门文偃的担米、玄沙师备的植林，在在说明了禅即是生活。

4. 不复再画

日本的月船禅慧禅师是绘画高手，每次作画前，必定要求买画者先行付酬，否则绝不动笔。他这种做法不免让大众颇有微词，说："他的禅很有名，要钱也很有名。"

一天，某位贵妇请月船禅师画一幅画。月船禅师一开始就问："你能付多少酬劳？"贵妇说："你要多少就付多少，但要去我家当众挥毫。"

月船禅师答应了，随贵妇到她府上。

贵妇家中正在宴客，月船禅师正要开口谈酬劳，贵妇对大家说："你们看，这位禅师只知道要钱，他的画虽然好，但他的心被金钱污染了。他的作品不宜挂在客厅里，只能装饰我的裙子。"说着便拿出她穿过的一条裙子，要月船禅师在上头作画。

月船禅师问："你出多少钱？"贵妇说："你开个价，我付得起！"于是禅师开了个很高的价钱，依照她的要求画了画，拿了钱就即刻离去。

很多人不明白为什么月船禅师只要有钱拿就好，即使受到侮辱也无所谓；后来才知道，月船禅师住的地方常发生灾荒，当地富人不肯出钱救助穷人，因此他建了一座仓库贮存稻谷以供赈济之需。另外他师父生前发愿建寺，可惜志业未成不幸身亡，月船禅师也想完成他师父的遗愿。

当这两个愿望达成之后，月船禅师即刻抛弃画笔，不复再画，并说："画虎画皮难画骨，画人画面难画心。"

钱是丑陋的，心是清净的。有禅心的人，不计人间毁誉，像月船禅师以艺术素养求取净财，救人救世，他的画不能以一般的画来论，应称为禅画。

禅师不是贪财，他是舍财，可是世间有多少人能懂得这种禅心呢？

5. 把门关好

有一个小偷悄悄溜进寺院想偷东西。但他翻箱倒柜地搜寻了一阵子都找不到值钱的东西。小偷正准备离去时，睡在床上的无相禅师忽然开口叫住了他："这位朋友，既然要走，请顺便帮我把门关好！"

小偷先是一愣，随即说："原来你这么懒，连门都要别人来帮你关，难怪寺里一点值钱的东西都没有。"

无相禅师慢条斯理地说："你这样说就太过分了，难道要我老人家每天辛辛苦苦地赚钱买东西来给你偷吗？"

无相禅师不是没有东西，他所拥有的，是偷不去的无尽宝藏。世间的人只知聚敛，所谓："人为财死，心为物累。"拥有多到用不完的东西之后，只会增加挂念，增加负担；一旦东西多了、钱多了，小偷也不放过你，不如拥有自家本性的无限智慧、无限宝藏，这是没有人能偷得去的。

白天太阳普照大地，太阳是没有人偷得去的；夜晚月亮供众生欣赏，月亮也没有人偷得去。同样的，人心中的宝藏也是没有人偷得去的，但很少有人知道这是我们的宝藏，所以心才会一味地向外求，每天汲汲于功名富贵。

不能感受到自己拥有全宇宙的人，都是贫穷的。

禅就是万物，禅就是生活，禅就是宇宙。宇宙在哪里？就在我们的方寸之间；禅在哪里？就在我们的心里，就在宇宙万物中！

六、去粗取精，远离纷争

去粗存精，指的是除去杂质，留取精华。远离纷争，指的是远离尘世间的喧嚣和纷纷扰扰。这种我们在生活中应该秉持的态度意味着摆脱纠缠不清的种种琐事，把这些时间用来陪伴自己心爱的人和做自己喜欢做的事情。避开一些琐事，你的生活将变得更加有价值。

（一）为何远离

（1）世间种种纷争，或是为了财富，或是为了理念，不外乎利益之争和观念之争。当我们身在其中时，不免把这些看得很重。但是，我们每一个人都迟早要离开这个世界，并且绝对没有返回的希望。在这个意义上，我们不妨也用鲁滨孙的眼光来看一看世界，这会帮助我们分清本末。我们将发现，我们真正需要的物质产品和真正值得我们坚持的精神原则都是十分有限的，在单纯的生活中包含着人生的真谛。

（2）我们平时斤斤计较于事情的对错、道理的多寡、感情的厚薄，在智者的眼里，这种认真必定是很可笑的。

（3）在大海边，在高山上，在大自然之中，远离世俗，方知一切世俗功利的渺小，包括"文章千秋事"和"生前身后名"。

（4）外在遭遇受制于外在因素，非自己所能支配，所以不应成为人生的主要态度。内在生活充实的人仿佛有另一个更高的自我，能与身外遭遇保持距离，对变故和挫折持适当态度，心境不受尘世祸福沉浮的扰乱。

（5）事情对人的影响是与距离成反比的，离得越近，就越能支配我们的心情。因此，减轻和摆脱其影响的办法就是寻找一个立足点，那个立足点可以使我们拉开与事情之间的距离。如果那个立足点与事情拉开了一个有限的距离，我们便会获得一种明智的态度；如果那个立足点与事情隔开了一个无限的距离，我们便会获得一种超脱的态度。

（6）"距离说"对艺术家和哲学家是同样适用的。理解与欣赏一样，必须同对象保持相当的距离，然后才能观其大体。不在某种程度上超脱，就绝不能对人生有深刻见解。

（7）物质的、社会的、世俗的苦恼太多，人就无暇有存在的、哲学的、宗教的苦恼。日常生活中的琐屑限制太多，人就不易感觉到人生的大限制。

不知道这些是值得庆幸，还是值得哀怜。

（8）纷纷扰扰，全是身外事。看清此点，一个人便能够站在一定的距离外来看待他的遭遇了。他是他，遭遇是遭遇。惊涛拍岸，卷起千堆雪。可是，岸仍然是岸，它淡然观望着变幻不定的波澜。

（9）无论你多么热爱自己的事业，也无论你的事业是什么，你都要为自己保留一个开阔的心灵空间、一种内在的从容。

（二）如何远离

当今时代，社会发展为人们提供了很多拓展人生和事业的机遇，人们拥有了更多自由的选择。但是受社会影响，在工作的层面上，许多人开始滋生出了自由散漫、不受约束、不负责任的毛病。他们认为，在这个时代里，谋求自我实现、自我发展、自己创业当老板是件天经地义的事，却忽视了：只有秉持积极负责的心态才能够让个人的价值得到实现，也只有具备尽职尽责的精神，才会受到重视和提拔。

所以我们必须改掉浮躁和虚夸的旧习，摆正心态做人做事。不要太过于计较，要学会放弃和释然。多看看下面81条经典格言，可以帮助你放宽心态，修身养性。

（1）心外无物，闲看庭前花开花落；去留无意，漫随天外云卷云舒。

（2）静以修身，俭以养德，非淡泊无以明志，非宁静无以致远。

（3）古之立大事者，不唯有超世之才，亦必有坚忍不拔之志。

（4）开悟是我们与生俱有的权利，一切痛苦源于我们拒绝接受这一宝物。

（5）放下自己的小我，自然变得伟大。

（6）一心定而万物服，一心定而王天下。

（7）当我们把关爱、仁慈、宽容和体谅扩及别人时，我们就创造了天堂。

（8）最好的改变方式，是我们跟内在力量沟通，然后它会改变我们。

（9）要净化自己的意念、言语和行动。心有多清静，思想的触角就能伸多远。

（10）修改自己就是修改世界，要相信自己的潜力，天生我材必有用。

（11）找到自己内在的爱的力量之后，才能真正地爱人。知足方能幸福，知心方能宁静。

（12）发现他、引导他、鼓励他、给他自在，才是真正高雅的爱。

（13）道是从里而外的了悟。再多的知识也无济于事。真传一句话，假传万卷书。

（14）开悟不是将情绪消灭，而是知道如何运用情绪。

（15）看破红尘，不是至境；看破红尘而归于红尘才是至境。

（16）我们必须先得到内在和平，才能将和平带入世界。

（17）千里之行，始于足下。改变未来，从现在开始。改变现在，就是改变未来。

（18）君子坦荡荡，小人常戚戚。不能贪求任何东西，一旦贪求就执着在那里，应该心无挂碍。

（19）在这无常的世上唯一可获得真正快乐的方法，就是经由开悟来改善身心的平衡。

（20）内心如果平静，外在就不会有风波。你看世界很复杂，是因为你自己也不简单。

（21）对人诚信是保护自己尊严、良知的最好方法。尊重他人才能赢得尊重。无私是最大的自私。

（22）选择勇敢，做一个轰轰烈烈的英雄，不能低下高贵的头，甘心投降在小小的障碍里。

（23）爱心、谦卑心是我们沟通别人的最佳利器，它会让我们天下无敌，用爱可以感动一切、打赢一切。

（24）要感谢痛苦与挫折，它们是我们的功课，我们要从中训练，然后突破，这样才能真正解脱。

（25）如果认为自己很弱小，我们就成为弱小；如果认为自己很伟大，我们就变成伟大。

（26）心要跟小孩一样，很单纯、很简单，才能很快进步。要简单，但不要简陋。

（27）修改自己就是修改世界，每个人都改变，世界自然会改变。

（28）单纯的生活是随遇而安，有什么享受什么。笑着接受一切。

（29）祸中之福如同玫瑰带刺，我们不能一直在乎刺，应该看花。一切痛苦不是来自外在的情况，而是源自我们的态度。

（30）学习主动的精神，决定出手的最佳时机，要果断，用自己已被开发的智慧。

（31）真正的爱是理解和接受，别人感觉不到我们的存在，不占用他的空间，不绑他，越靠近我们越舒服。

（32）忏悔心、谦卑心很重要，不过对自己的爱心更重要。

（33）挑战越大，我们灵性的领悟和成长也越多。

（34）我们应该放下对金钱与权力的执着，而不是其本身。

（35）解脱自己执着的概念、黑暗的思想和绑住的感情，才叫真正的解脱。不要以为天上云间有个地方可以去——那样跑到哪里都没用。当我们面对着太阳，黑暗永远在我们身后。

（36）当我们往内心静观时，会发现什么都没有，没有身体，没有物质，只有真实的思想能量存在，那就是我们的源头。

（37）最怕的东西，最应该去突破。哪里痛，就更要打通哪里。面对和逃避只是转身的距离，却有不同的人生结局。

（38）一旦开悟，任何事都变得简单，我们自然想得快，做得快，没有包袱，在适当时机会做出正确反应。

（39）不要让世俗问题和个人习惯阻碍你回归真我。每当你无条件地爱别人，扩展自己爱的品质，那就是你的真我在扩展。每次这样做，你都在开阔自己的世界，开阔自己的真我，你会变得越来越伟大。

（40）一旦开悟，爱的力量会经由你扩散到你的朋友、爱人、任何你想到或关心的人那里去。

（41）把学习的功课变成刑罚，我们才感到痛苦，不妨愉快地接受，笑着去应对它——那它就只是我们的功课。学好就行了。

（42）我们付出爱心，就会感到满足，而不是等待别人的爱。

（43）我们的本质不是这个身体，不是自己这个人，而是智慧和爱的力量，是极为神圣的品质。

（44）真正的快乐不是来自世俗的崇高地位、书本知识或财产多少，真正的快乐只有从开悟中获得。

（45）静心，不是泯灭头脑与思想，而是于灵魂深处耕耘；静心的最高境界在于心境合一。

（46）我们应该发展任何方面的才能，应该将事业照顾好，同时内心具有智慧和圣洁。只有这样我们才能真正完成人生的目的——了悟自我并且美化世界，不管此生有多短暂。

（47）如果我们静心，唤醒内在的意识，我们会知道自己的伟大，知道自己和宇宙源头有沟通，而且是其中一分子，我们和整个宇宙是一体的，因此我们会更有耐心、更坚强、更有智慧，可以做更多神奇的事。

（48）开悟之后，我们不再渴望任何东西，因为我们拥有了整个宇宙。虽然我们仍然工作，仍然赚钱养家，不过那是为了与世人分享，为了尽自己的责任。我们不求回报，不计较成败得失，只是尽力完成自己的事业。

（49）无欲不是厌恶生活中的事情，我们尽力做好每件事，但是不执着，即使结果不如所料，我们也不在意，那就是无欲的境界。

（50）真正的智慧不是预知未来，而是知道现在，享受现在的一切，不必担心现在和未来。

（51）凡心灵的空间被占据，往往是出于逼迫。如果说穷人和悲惨的人是受了贫穷和苦难的逼迫,那么,忙人则是受了名利和责任的逼迫。所以一个忙人很可能是一个心灵上的穷人和悲惨的人。心灵的自由空间是一个快乐领域——其中包括创造的快乐,阅读的快乐,欣赏大自然和艺术的快乐,无所事事的闲适和遐想的快乐。

(52)痛苦和不幸,譬如一场梦、一场戏,都会过去,没什么好担心的。

(53)智慧的种子在我们内心,认识它,我们会比历史上任何一位英雄都无所畏惧;不认识它,每件事都会令我们不安,即使拥有全世界也不会快乐。贪婪和欲望因此产生,因为我们从来没有真正快乐过。

(54)每个人的人生质量首先取决于他的灵魂生活的质量。一个经常在阅读和沉思中与古今哲人及文豪倾心交谈的人,和一个沉湎在歌厅、肥皂剧以及庸俗小报中的人,他们肯定生活在两个绝对不同的世界里。

(55)真正的快乐唯有从自我了悟中获得,我们笑是真心的快乐,哭是由衷的感动,我们所有的情绪都变得和谐、自然而完美。那些造成疾病还有精神混乱的负担、压力,都会从身心里边解除。

(56)开悟之后,我们才能洞悉事物的真相,才能深入地看透一切,真正了解快乐,即使生活中还会遭遇许多困难和逆境,但我们内心不会动摇。

(57)我们拥有自由意志,拥有各种资源,可以自由掌握人生的方向盘,把我们的生命导向正确的方向。

(58)我们不需要为寻找"天国"而逃避世俗生活,而是要把"天国"带进我们的生活中。要找到真正的快乐与成功的方法,只有往内心寻找更高层次的意识,收集更多资料,并运用在日常生活中。

(59)浮躁一分,到处便招忧悔。因循二字,从来误尽英雄。富贵三代,自古流于庶民。急慢四方,结果殃及自身。不谙五行,未知谁是使者。惑困六欲,何时方可定神。放纵七情,终归难以超尘。玲珑八面,如何抱朴存真。混事九流,何期平反世路。追求十全,遇事难免过分。

(60)用坚强的意志,可以维持好习惯,与高尚的人在一起,可以改掉很多坏习惯。

（61）一些先入为主的观念、偏见会使我们忘记了本性，丧失了判断力。我们不应忘记自己的判断力，必须找出自己内心的智慧。

（62）为了批评世界及指正他人，我们的生活才过得繁忙，我们才会筋疲力尽。我们什么都怀疑，就是不怀疑自己的无知与无明，麻烦就在这里。

（63）任何不好的习惯都要尽量改掉；任何对自己有益，更理想、更高雅的事，都尽量做好。靠自己的才能、自己的时间、自己的诚心和努力来达成目标，不要过于依赖外在条件，自己却忘记成长。

（64）不执着的意思是我们可以控制自己的感情，欣赏自己的喜怒哀乐，但不会被它冲昏头，使自己被其操控。

（65）萧伯纳说人生有两大痛苦：一是欲望没有被满足，二是它得到了满足。

（66）心放松，不这么争名夺利，我们的聪明才智会自然跑出来，我们越轻松工作才会做得越好。

（67）雨果说："我们都是罪人；我们都被判了死刑，但是都有一个不定期的缓刑期；我们只有一个短暂的期间，然后我们所待的这块地方就不再会有我们了。"

（68）言论自由不是你想说什么就说什么，而是你是否知道你在说什么；思想自由不是你爱想什么就想什么，而是你是否知道你的思想是自由的、正确的；行动自由不是为所欲为，而是你知道自己在做什么。

（69）大喜失言，大怒失礼，大惊失态，大哀失颜，大乐失察，大惧失节，大思失爱，大醉失德，大话失信，大欲失命。

（70）在接受荣誉、甜头和光环的同时，要问一下自己，这种生存的空间适合不适合灵魂的自由生长。灵魂需要一片适合它的土壤，播耕于其上，人生才能仓廪实且华彩灿然。生存空间挤压灵魂空间，让人深受其害，连手机都让人生活在焦虑之中。想挣扎着离开，最终还是陷于心灵的罗网。

（71）当陶醉在爱里，我们就会变得像诗人、音乐家一样，像在天上飘，走路不用脚；用灵魂呼吸，而不是用心智；用心灵思考，而不是用头脑；用爱的语言交流，而不用开口说话。

（72）有的人沉迷于欲望的游戏中，感觉受到苦痛折磨。"受苦"是因为他们"弄假成真"；"受苦"是因为他们已"离家太远"；"受苦"是因为他们"与生命本源真实的自己失去联系"。

（73）自卑心最伤害自己，是最大的恐惧，是向内缩小的能量，最终让你"窒息而亡"；爱己及人是向外放大的能量，最终让你拥有世界。命运在你手中，你可以创造自己的命运，只要你坚持。

（74）有时环境会向我们施加压力，这时我们要学习无畏的精神和勇敢的功课，唯有乐观地看事情，运用肯定的力量，才能胜过否定的力量。

（75）以"正心"建立自我，以"本心"维护诚信，以"安心"平衡心态，以"清净心"获得宁静健康；以"感恩心"回报他人，以"忍耐心"应对困难，以"精进心"追求进步，以"觉悟心"看待人生得失。

（76）试着做个个性坚强的人，只要相信是好的，就坚持下去，不要让别人动摇我们。既然这世界罕有好的典范，就让我们成为好的典范吧！

（77）头脑不下班腾出位置，生活不可能有什么灵感，也更谈不上有什么智慧，因为心灵没有机会为你指引方向。心里装满琐事就再也容不下智慧，心中全是自我哪里容得下别人？

（78）我们应该隔一段时间就给自己办一个"葬礼"！"葬礼"上让亲朋好友们发表一些我们的小小逸事。离开"葬礼"，记忆里留下个人品格里美好的一面，带走的是正面积极的东西。

（79）雄鹰到40岁就要经历一次痛苦的巨变，否则就会老死；毛毛虫在改变的过程中会变成蛹；当人类真正改变时，有一瞬间会停止活动，就像是进入"蛹"的状态——你蜕变了吗？

（80）一个精神胚胎得到良好发育的人，会有极好的感受能力，他充分信任自己的感觉,对任何事情都要寻求自己的判断和理解。最终,他将成为一个极具独立判断能力和丰富的创造力的人。

(81)一个人追求生命的成功要有自己的标准,否则就只是人云亦云的成功。

七、简单生活的70条观念

杰西·桑普特说:"文明的极致是返璞归真。"

简单的生活意味着去粗取精,避开纷争去追求内心的平和,以及把时间花在真正对自己重要的事情上。

然而,让生活变得简单并不像说起来那么容易。简单的生活是生命的过程,而不是目的。

如果你想让生活变得轻松而简单,请接着读下去。

(一)最重要的两条原则

如果你觉得下面的70条观念过于冗长,那么它们可以被简短地概括成以下两条:

(1)定义对你而言最重要的事情。

(2)专注于对你最重要的事情。

当然,如果你想通过这些建议获得奇效的话,建议你接着读以下的所有内容。

(二)简单生活的70条观念

简单生活大可不必循序渐进。以下是我们收集到的一些不完全的观点,也许并不是每条对你都管用,你只需取走那些最适合你的。

（1）找出对你而言最重要的4~5件事。什么事情对你来说最重要，什么让你最为看重？你穷尽一生都想完成的4~5件事情又是什么？简单生活的开始，要以以上问题的答案作为基准点。

（2）审视你的追求。回顾过往的一切，工作，家庭，作为公民的权利，孩子，业余爱好，你的第二职业，等等一切项目，哪些是最令你看重的，又有哪些是你最喜欢的，哪些属于你毕生追求的4~5件事情之一？舍去那些与上述问题格格不入的答案。

（3）审视你的时间。你怎么度过你的一天？从你早晨睁开双眼的那一刻到你睡下，你的一天都做了哪些事情？列张清单，看清单上的这些事情是否与你终极的生活目标相一致。如果不一致，赶快停止做这些杂事。重新设计你一天的时间，把注意力集中在你终极的生活目标上。

（4）减少你的工作任务。我们的工作日总是被无穷无尽的任务所填满。但如果你将所有任务都从你的日程里划去，你终将一无所获，连对你重要的事情也无法达成。正确的做法是：把精力集中在关键且重要的事情上，其他的暂且推后。

（5）减少你的家务。细心地梳理出你需要在家中处理的每一件事，看是不是也和工作任务一样无穷无尽。对于过多的"家庭作业"，我们同样感到无能为力。专注于最重要的事情，尝试减少繁冗的家务（可以通过使用自动设备，删减任务，委托帮助，以及雇佣服务等方式实现）。

（6）学会拒绝。拒绝是简单生活的关键习惯。如果你不懂如何拒绝，你的负担将会过重。

（7）控制你的通信。我们的日常生活被各种各样的通信方式所占据：E-mail、即时通信工具、手机、手写信件、skype、微博、各式各样的论坛，等等。如果你不刻意控制，这些通信方式就要占尽你一天的时间。因此，要控制你的通信，比如只在一天中的某一固定时刻查收E-mail（推荐频率保持在每天两次，因人而异），至于即时通信工具，每天一次就足够了。对于电话交流，也要注意接听时间的控制。对其他的通信工具也一样，设定一个时间限制，然后严格地去遵守。

（8）控制媒体消遣。这条建议并不是对每个人都管用。如果媒体消遣对你真的很重要，请跳过这条建议。但我们还是要说，不要被日常生活中充斥着的大量电视、广播、互联网、杂志所支配。要想生活简单化，就要限制这些媒体消遣。

（9）清理杂物。如果你花上一个周末的时间用来清理杂物，感觉一定会很棒。把不再需要的东西打包起来送给别人或者扔掉。

（10）放弃庞大的工程。生活中有太多繁杂的事情需要你去放手，如果你选择首先放弃大工程，你将会发现，生活又会简单很多。

（11）收拾你的房间。每次收拾一间屋子，收拾完后再环顾四周看看房间内是不是还有不需要的东西可以扔掉。要向编辑们学习，留下精华的部分，把多余的都扔掉。

（12）收拾壁橱和抽屉。在你收拾完房间之后，开始收拾壁橱和抽屉，可以每次收拾一个抽屉。

（13）清理你的衣柜。你的衣柜是不是满到要爆炸了？清理你的衣柜吧，把那些你从来不穿的衣服统统送人或扔掉。打造一个用最简单的款式和颜色搭配出的衣物组成的衣柜。

（14）改变你的文件处理方式。如果你需要处理大量的文件，尝试利用电脑帮你处理，这可以大大节省你的时间。

（15）少使用各种数码产品。

（16）写下你简单生活的声明。

（17）控制你的购买欲。你大可避免沦落为一个物质主义者和消费主义者。如果你能摆脱一个物质主义者的消费习惯，你会很少对某些东西感到狂热，花更少的钱，买更少的东西。

（18）释放你的时间。多抽出时间做重要的事情，少做一些没用的杂事。

（19）做你喜欢做的事情。把腾出来的时间用来做你喜欢做的事情，用来做对你来说最为重要的4~5件事情，其他的一概不要做。

（20）花时间和自己爱的人相处。你最重要的4~5件事可能就包含和这些你爱的人在一起（如果没有这条，你可要重新思考对你最重要的4~5件事情了），这些人可能是你的配偶、你的伴侣、你的孩子、你的父母、你的家庭或是你的好朋友。花时间和他们一同做一件事，或是向他们敞开心扉。

（21）找出时间独处。独处对人有好处，尽管有些人并不习惯这样做。独处使你内心平和，也使你倾听自己发自内心的声音——虽然这种说法听起来很新奇，但是它绝对可以使你平静下来。

（22）细嚼慢咽。如果你总是狼吞虎咽地进食，那你不仅错过了美味，同时也吃坏了身体。细嚼慢咽可以帮你减肥，并有助于消化，让你充分享受生活。

（23）驾车慢行。人们在驾车时总是气急败坏地按着喇叭，损人又不利己。把车速放慢不仅可以使你出行更安全，为你节省汽油钱，还可以使你的内心平静下来。

（24）活在当下。这句话对简化你的生活意义非凡。活在当下可以保持你对生活的敏感度，让你知道你的周围和你的内心正在发生什么样的变化，使你身心受益匪浅。

（25）条理化你的生活。很多时候我们的生活毫无条理是由于我们对生活从不加以思索。正确的做法是，每次只做一类事情，试着提高效率，从而去简化这些事情，然后坚持这样做。

（26）简化你的邮件系统。如果你不这么做，那么你的邮件很快就会堆积如山。一个简易的邮件系统可以帮到你。

（27）简化你的家务。要做到随手清理。

（28）清理你的桌子。凌乱不堪的桌子只能分散你的注意力，加重你的焦躁。其实你只需要十几分钟便可以使你的桌子保持整洁。

（29）养成规律生活。简单规律的生活节奏是简化生活的关键。

（30）清空你的收件箱。你的 E-mail 收件箱是不是被无数的新邮件和已读邮件所堆满？如果是这样，那你跟大家碰到的情形一样。但你可以用几步简单的操作使自己的工作变得更加有效率。

（31）节俭。节俭意味着更少的购物、更少的购买欲和更少的资源消耗。这些都与简单的生活息息相关。

（32）简化你的房间布置。简单的房间布置仅包括生活的必需品，不多也不少，绝对的安静。

（33）寻找成为极俭主义者的其他方式。成为极俭主义者的方法有很多，你可以在生活的各个领域都成为极俭主义者。

（34）考虑选择较小的居所。清理完房间你是不是会发现，其实你并不需要很大的居住空间？这并不是建议你搬到一艘小船上去住，但如果你愿意选择小的居所，它不仅可以让你节省开支，还更容易打理。

（35）选择排量小的汽车。这至关重要。你或许并不需要一辆大排量的汽车或者SUV，它们不仅更昂贵，更耗油，更难保养，也更不容易找到停车位。你不必去选择一辆小型汽车，尤其是当你还有家人时，但你总可以选择一辆足够使你和家人坐进去的车，也许你眼下并不能马上做到，但以后买车时请考虑到这些。

（36）知足常乐。物质社会使我们的欲望越来越多：你可以买到最新流行的各种小玩意，各色衣服，各式鞋子……但这什么时候是个尽头呢？谁都不知道，于是大家又开始反复地买入。知足常乐可以使你摆脱欲望的怪圈，只买自己需要的。

（37）制定每周菜谱。如果决定每天的膳食使你和家人伤透了脑筋，那就准备一份每周的菜谱。从一周的角度考虑每天的晚餐都应该吃些什么，然后去买这一周内需要的食物，这样你就会清楚晚餐应该吃些什么了。抛弃复杂的烹饪方法，选择简单并且容易操作的方法。

（38）健康饮食。你也许会觉得健康的饮食习惯和简单生活之间关联并不大，但想想看，如果你每天都吃得过于油腻，吃含盐和含糖量过高的食品和油炸食品，你患病的风险将提高很多。不断地生病，住院治疗，进出药房，接受手术，注射胰岛素……不健康的身体是个累赘，健康的饮食可以让你避免背负这个累赘。

（39）锻炼身体。和健康饮食一样，锻炼身体从长远的角度使你的生活简化，甚至更加有益——它能帮助缓解你的忧虑。

（40）先清理后整理。人们总是习惯先把东西塞到抽屉或壁橱里再去处理，这样使得抽屉或壁橱更加凌乱。先扔掉不用的东西再去做整理，如果清理得好，你完全可以不必做整理了。

（41）凡事打个提前量。这虽然是个老生常谈的话题，但确实是让一切有条不紊进行的最好建议。

（42）寻找内心的简单世界。我们虽不大信奉神灵，但我们觉得花一些时间去发现内心的简单世界远比让自己置身于嘈杂的环境中感觉要好。花一些时间去冥想，记日记，去了解你自己，或置身于自然之中。总之，花一些时间去发现内心的自己。

（43）学会释放压力。人人都有压力，不管你多大程度地简化了自己的生活，你仍会感觉到压力。所以，学会释放你的压力。

（44）不要依赖开车。事实上已经有很多人做到了。选择步行、骑车或使用公共交通工具，这样做不仅可以减少开支，还使你有更多的时间用来思考。开车是很麻烦的：账单，车险，年检，安检，维护和维修，汽油等统统是需要你考虑的。

（45）找到属于自己的情感宣泄方式。无论是写作、诗歌、绘画、拍电影、设计网页、跳舞、滑冰，还是其他什么爱好，我们需要情感的宣泄，找到这样一种方式会使你的生活变得更加充实，让这些去代替那些杂事。

（46）简化你的目标。与其同时定下很多目标，还不如只定一个目标。

这样不仅会减轻你的压力，还会使你更容易成功。你将集中全部精力在这唯一的目标上，从而增加你成功的砝码。

（47）一次只做一件事。同时完成很多事情只能让人变得更加紧张焦虑，从而变得没有效率。因此，每次只尝试完成一件事情。

（48）简化你的文件系统。把文件一堆一堆地叠起来并不会起到什么作用，真正奏效的文件系统才会帮到你。

（49）保持镇静。如果一件小事就使你倍感恼怒和压力，你的生活就不会越来越简单了。学会释放，保持平和的心态。

（50）少读些广告。广告的本质就是激起人们消费的欲望。减少接触广告的机会，不管是印刷品，还是网页上的，抑或是电视、广播里的，这样你才能减少购物的冲动。

（51）仔细地去生活。仔细地做每一件事情，放慢生活的节奏。

（52）每天列一个重要事情的清单。每天完成三件当天最重要的事情。不要让清单上的事情多到你一天都完不成。

（53）规律的作息。规律的作息会在很大程度上简化你的生活。

（54）早间写作。如果你热爱写作，把它变成你平静而丰富的一种生活仪式吧。

（55）赋闲。赋闲是一门艺术，亦是生命不可或缺的一部分。

（56）阅读《瓦尔登湖》。这本书讲出了简单生活的精髓。

（57）讲求品质，而不是数量。不要让无关紧要的杂事充斥你的生活。与其这样，不如创造属于你自己的一片净土，一旦拥有，别无所求。

（58）阅读《读懂简单生活》。这本书描绘了简单生活的方方面面。

（59）让你的每一天都充满简单的乐趣。为简单的乐趣列一个清单，让你的一天被这些事情所充满。

（60）清理你的RSS阅读器。如果你有很多Feeds，你迟早会被与它们保持同步的压力压得喘不过气来。

（61）订阅 Unclutterer。这个会让你受益匪浅。

（62）轻装上阵。如果你总是把口袋弄得鼓鼓囊囊的，请考虑只随身携带最重要的东西。

（63）减少上网时间。

（64）合理分配你的收入。虽然这并不容易，但我们应该朝这个目标努力。

（65）简化你的预算。很多人逃避预算是因为预算是很复杂的一件事情，实际上它很重要。

（66）简化你的收支。

（67）少带些行李出行。谁都不希望他的旅程被大包小包所牵绊。

（68）留足空余时间。不管是约会还是其他什么事情，不要一件事又一件安排得满满当当，凡事留个空隙，你会活得更加放松。

（69）使工作单位靠近住处。这意味着你要就近工作，或选择离工作地点近的住处，这两种选择的任一个都可以简化你的生活。

（70）时常问自己：这么做会使我的生活变得更加简约么？如果答案是否定的，考虑重新来过吧！

八、旅行的意义

（一）去旅行的理由

当你启程前往伊萨卡，
但愿你的道路漫长，
充满奇迹，充满发现。
莱斯特律戈涅斯巨人，独眼巨人，
愤怒的波塞冬海神——不要怕他们，

你将不会在途中碰到诸如此类的怪物，

只要你高扬你的思想，

只要有一种特殊的感觉，接触你的精神和肉体。

但愿你的道路漫长。

但愿那里有很多夏天的早晨，

当你无比快乐和兴奋地进入你第一次见到的海港，

但愿你在腓尼基人的贸易市场停步，

购买精美的物件，

珍珠母和珊瑚，琥珀和黑檀，

各式各样销魂的香水——你要多销魂就有多销魂。

——《伊萨卡岛》，卡瓦菲斯

旅行最普遍的理由，远方有故事。小时候，我们都喜欢听故事。"在很久很久以前，在很远很远的地方……"我们瞪大了眼睛，随着颤抖的声音，幼稚的头脑被故事勾引着，插上翅膀，飞向远方。在我们懵懂的小心灵里，第一次产生了惆怅。为什么好玩的事情都发生在远方？为什么有趣的人都生活在很久之前？时间和地点的不确定性，是为了留有更多发挥想象和虚构的空间。如果说故事就发生在前两年，地点就在邻村，所有的光环就都被巨大的现实感湮没了。于是从幼年时代起，我们就对远方充满了期待。如果我们没能满足愿望，总会觉得原因是自己走的还不够远。就算把整个世界都走了一圈，我们还会把目光投向遥远的宇宙。这可是一个没有边际的空间，我们渺小的生命，穷尽永世也走不到头……

旅行的第二个理由，为了看到不同的风景，激发自己的荷尔蒙。远方是魔术师。人在熟悉的地方，很少能产生新奇的思想。尽管有很多人说，他们经常在昏睡的时候，在半梦半醒中有灵感来拜访，但我们还是顽固地认为，那些灵感的胚胎，还是来自走动的步伐、驰骋的飞马、腾云驾雾的机器等快

速移动的事物。这时我们的身体在变化，却又不需要太费力（走得不要太快，如果气喘吁吁，自然没希望遐想），最有利于荷尔蒙的分泌，分泌出来又无需补充到身体的肌肉里发动兴奋，那就只有兴奋大脑了。大的思考需要大的舞台，大的背景。旅行会逼着我们看名山大川，看万米高空上的雄阔景致，看奔涌不息的大海……这都将强有力地刺激我们的思维。在我们的身体里，栖息着一个奇怪的悖论。身体是属于自己的，这一点毫无疑问。可是身体里寄居着一个我们不认识、不能控制的陌生人，他大模大样地反客为主，操控着我们的方方面面。他不高兴了，我们就会生病；他昏聩了，免疫系统就敌我不分，乱杀乱砍自己人；他擅离职守，免疫系统就无法识别入侵的毒菌和伤害，反倒认敌为友，养虎为患，酿出大祸；他若是一发脾气开始捣乱，人体的各种机能就会开始崩溃。反过来说，他若是勤勤恳恳坚守岗位，我们就可以颐养天年万事顺遂……这就是荷尔蒙。它包括但并不仅仅指性腺的分泌。古往今来，我们对自己躯壳内的这位霸主，急不得恼不得，只能匍匐听命。

　　荷尔蒙当然不是妖怪，可它确实有"妖性"。科学家和医学家们认为，抑郁症就是人体内的荷尔蒙的平衡受到了破坏：原本让我们感知快乐的荷尔蒙，消极怠工分泌减少，而让我们深感忧郁的荷尔蒙，被加班加点地制造出来，大行其道。

　　怎么办呢？专家们开出的方子五花八门。如吃某些食物，可能让人比较容易兴奋，或者是参加运动，强迫自己的快乐荷尔蒙加速分泌，还有用药物调整人体内的荷尔蒙比例，期望它快快回归正轨……这些想法和方法都是不错的，但不要忘记，人体是一个非常精妙复杂的体系，人类对机体内部环境的调整和控制，迄今为止，远远没有成功。再加上人的体质千差百异，有的人用这个方法初见成效，有的人却一无反应，用以上这些方法进行干预，效果难以预期。

　　而旅行会让你到达一个和现实的生活有很大反差的地方，这样你的五官和所有的神经末梢就都开动起来，古老的生存法则就开始运作。你看到新的景物，听到新的声音，闻到不同的气味，连空气的冷暖都是不同的，机体就紧急动员起来，不再萎靡不振。如果说一些尚未完全进入现代化的地方，对于我们的身体来说是一声冲锋号的话，那么往常所熟悉的环境，就有点像温柔的慢板和小夜曲。这就或许能解释为什么有的人要到荒野中露宿，攀绝壁爬高山，在沙漠中徒步……他们是想用这种返璞归真的方式，重新调动起生命的激情。

旅行的第三个理由，食物，特别是各地的特产小吃。一个爱吃的人和一个不爱吃的人，旅行的感受是完全不同的。如果你不爱吃当地的特色美食，你就起码浪费了50%以上的旅游资源。更有人说，如果你不爱吃当地的特色美食，你看到的风景，就是不真实的。

旅行的第四个理由，看不同的文化。"千里不同风，百里不同俗。"旅行，可以让我们感受到各种不同的文化。比如不同的住宿酒店的文化，每个地方都有不同的建筑特色，很多酒店都是相当具有当地特色建筑文化的，比如日本的榻榻米，我们国内福建的土楼，海边的海景房，内蒙古的蒙古包。在旅行中我们也可以感受到不同的交通文化，比如说江南一带会有一些手摇船，如绍兴的乌篷船；北方会有一些冰上交通，如漠河北极村的狗拉爬犁、马拉爬犁等。此外，每个景点都有它自己独特的自然和文化的双重特色。每个城市、每个乡镇、每个景点都有具有地方特色的特产，而这在旅游途中，我们也是可以感受到的，并且还可以感受购物的乐趣，云南缅甸一带的玉器，北京烤鸭，江南一带的丝绸，宁夏的枸杞，西藏的天珠、藏药，等等。

第五个理由，有人说旅行能使人脱离凡俗。估计要实现这个意图可能是越来越不容易了。世界上没有什么固定的法子，能让一个人脱离凡俗，况且凡俗自有凡俗的魅力。不必把凡俗想得那样不堪，我们本来就是凡俗中人，天天想着与众不同的人，实有自恋之嫌。

第六个理由，旅行可以让人从原来的窠臼中跳脱而出。表面上看，这种观点是很有道理的。固定的时间和地点，像两支颀长而执拗的臂膀，合围、包裹着我们的生活。它们组成了近似铁环的一个圈子，我们在这个固定的圈子里活动，在固定的时间遇到一些固定的人，这就是我们的窠臼。有人说，我的工作让我每天遇到的是不同的人。比如医生遇到不同的病人，推销员遇到不同的主顾，交通警察遇到不同的违章司机……是的，他们遇到的这些人表面上看起来年龄悬殊，男女各异，背景也不同，可是他们骨子里仍是极为相似的。所有的病人都渴望康复，伴以愁眉苦脸；所有的主顾都拒绝推销，同时捂紧自己的钱包；所有的违章司机都有自己的理由……这种不同中的相同，是让我们疲倦的根本原因。更不用说如果你是生产线上的熟练工，那种刻板和单调，从卓别林时代就"生生不息"。

　　跳脱窠臼固然没有错，但你跳脱之后干什么呢？是永远的自由，再也不会回到窠臼中去，还是从一个窠臼跳到另外一个窠臼中呢？这个问题，有点像"娜拉出走以后又怎样了呢？"其实世界就是由一个又一个窠臼组成的，要想靠着旅行的有限时间突破窠臼，近乎沙上建塔。而且这个塔，这个沙，都不便宜。旅行回来，你怎么打发日子呢？积攒金钱和精力，期望着下一次旅行？长此以往，你的整个生活就被旅行所控制了，你就成了旅游"瘾君子"，变成了被旅游"绑架"的"人质"。

　　第七个理由，有人说，旅行是人在意志空间的行走，通过这样的意志行走，人就扩大了自身掌控的范围，最后扩大自己心理的能量。心理空间和物理空间是有联系的，这就是"行万里路"的出发点，也是"见多识广"的行为基础。但是，简单地画出等式，认为"走的路多，就一定见识多"，未免太机械了。这就如同吃的盐多就一定生活经验丰富一样，经不起推敲。

　　第八个理由，有人说，旅行是为了心情的释放。日常生活中，我们会遭遇很多负面情绪的袭击，这是不以人的意志为转移的客观规律，也就是常说的"不如意事十之八九"。有人说，时间是医治一切创伤的良药。就算这句话百分之百的正确，但现代社会节奏这么快，你要等待多久，时间这味良药才能起效呢？从这个层面上来说，旅行是加速转换心情的好法子。不过,也不要寄托太大的希望,要知道"心病还须心药医",旅行到底还是外在的因素。

第九个理由,有人说,旅行是为了追寻某种在社会里已经遗失的东西。听起来很令人神往,顺着脉络再追问下去,找到了,看见了,又怎样呢?你带得回来吗?如果只是惊鸿一瞥,那这种见与不见,又有多大区别呢?也许持这种观点的朋友会说,毕竟,我见过了,我知道了,我以为已经不存在的某种东西,在远方还延续着。对不起,我们还想继续追问,然后又怎样呢?我们很希望这个回答不仅仅是追寻,而且是重新恢复和建造,是一种复活。

第十个理由,有人说,旅行是为了忘掉自己。粗看起来有点莫名其妙,一个人一生当中时刻记着自己是谁还来不及,还做不到,还经常稀里糊涂的,哪里还需要特意忘掉?如果因为你不喜欢自己,所以要忘掉自己,基本上是痴心妄想。你会永远追随着你,不管你喜欢还是不喜欢,乐意还是不乐意,你都如吸血蚂蟥一样,死死地叮咬你。不要忘掉自己,要更清楚地明白自己。不喜欢自己的哪一部分,就要做出改变,而改变的前提,就是正视。

第十一个理由,有人说,旅行是为了跟三两好友共同度过一段美丽的时光。三两好友,结伴到外地去,在欣赏美景美味的同时,也不断增进友谊。这是我们善良的出发点。但有时我们也疑惑,倘若周围的人都是自己所熟悉的,那去外地和在家乡又有多少不同呢?不过,提出这个观点的朋友分寸掌握得很好,"三两"是个界限。不要太多,多了就显不出新鲜劲儿,就忽略了变化,就会让我们沉浸在已经习惯的氛围中,忽略了接触新的朋友,打开新的世界。

第十二个理由,有人说,旅行是圆儿时的一个梦想。早期教育对于儿童非常重要,一不留神,就有一颗种子种下,然后不知道在生命的哪一个清晨抽出芽苞,长成婆娑枝条。所以我们应该无比尊敬儿童文学家,因为他们的手指能点石成金,也能指鹿为马。

第十三个理由,为了花掉某张特价机票。这种观点不免因小失大。有的时候，我们会为了一个很小的俭省，做出很大的靡费决定，这也是一种"小不忍则乱大谋"的幼稚，被俭省牵着鼻子走，陷入到浪费的坑里。为了我们无所羁绊，必须废止一些看似是收获的东西，这也是另外一种意义上的机会成本。

  第十四个理由，为了购物。这个旅行理由，强大到让人无话可说，只是哀叹买东西有就这么大的吸引力吗？记得有一次听一位女士讲，她每天都要购物，一日不购，夜里都睡不着觉。她很显然是一个"购物狂"，把自己的快乐建筑在把钞票花出去或是把信用卡划出去的那一刹那，是用金钱购买荷尔蒙的分泌。当然了，这种消费，表面上也是付出自己的劳动所得，并不伤害他人利益，商家恨不能把"疯狂购物"培养成为一种"传染病菌"，在人群中广为传播，让"感染"这种"病菌"的"患者"越来越多，"病情"越来越重，他们就越高兴。在物质极大丰富的时代中，我们不能沦落为商品的奴隶，不能被花花绿绿的包装牵着鼻子走。购物，不但不应成为旅行的理由，也不应该成为快乐的理由。当然了，专门的"代购"除外，那不是旅行，是工作。

  第十五个理由，为了到一个没有人认识自己的地方。你为什么那么怕被人认识？为了让自己不用戴面具。那么你为什么要永远戴着面具？在心理学里，面具是一个永恒的话题。如果只能在陌生的地方摘下面具，你的一生是否总是处在桎梏中，不得解放？是你为自己选择了这种宿命，还是一种迫不得已？你愿意改变吗？你愿意在熟悉的地方也不怕被人认出来吗？你愿意每天都享有摘下面具、面对真我的轻松时刻吗？你是否有这样一个"人力资源"在身边——你在他或她的面前，不必遮掩，不必解释，不必强颜欢笑，不必文过饰非，不怕被他或她唾弃，你可以袒露心中的幽暗和萎靡，不必担心收获嘲笑和冰冷，不必忧虑被人误解和传谣，你可以哭泣，你可以忏悔，你可以一言不发……如果你有这样的一个知己，不必到远方去，你也可以神游太空；如果你没有这样的一个知己，就算你走到海角天涯，你也会在某一个瞬间，跌落回原来的世界。就算在没有一个人认识的地方，你也会挣脱不出旧日的羁绊。

第十六个理由，为了看遍世间奇事美景。世上的奇事美景无穷无尽，你注定永远也看不完。如果你把旅行的目标定在这个标尺上，那这支枪还没有击发，就偏离了靶心。一句"看遍"，是幼稚加上少许的狂妄混合而成的辛辣鸡尾酒。而且，到底什么是"奇"什么是"美"，世人并没有统一的标准。你还没有出发，目的地已经模糊不清。最要命的是当你看多了事件和景致之后，你兴奋的阈值就会越提越高，你有可能变得不耐烦和迟钝起来。有句话叫作"见怪不怪"，又说是"熟视无睹"，讲的都是这个冷酷的规律。那你可能要说，我怎么才能始终保有一颗善于发现的眼睛？怎么才能让自己的心灵敏清澈？这真是一个极好的问题，答案就是在熟悉的地方也能发现美和惊喜。

第十七个理由，为了花掉到期的年假。年假诚可贵，但也不要被它牵着鼻子走。年假除了旅行，也可以安安静静地读书和听音乐会；也可以把一年中缺的觉补一补；也可以找多年不见的同学，聊聊往日情怀；也可以和父母在一起，就在他们身边静静地坐着，如同儿时一样……这样的时光会永远地定格在你和他们的记忆中，不可磨灭。

第十八个理由，为了和心爱的人过二人世界。只要心爱，哪里都会让我们体验到爱情的甜蜜，哪里都是二人世界。当然，我们不反对在财力可以承担的情况下，两人可以有计划地出游。滋养爱情的最好的地方在哪里？就在各自的心田里。用不着辛辛苦苦到远方去寻找，因为每个人都随身携带着。况且，那些在太极端的条件下碰撞出的爱情，一旦回到絮絮叨叨松松散散琐琐碎碎的日常生活中，反倒更容易褪色。

第十九个理由，为了相遇。相遇就是相逢，可以是遭遇，可以是巧遇，也可以是奇遇……相遇会引导出丰富多彩的"后来"，包括我们想得到的和想不到的。

第二十个理由，在路上已经变成一种生活形态。除了某些特殊的职业，比如摄影师和地质勘探家，还有考古学家等之外，基本上普通人的常态是喜

欢"安居乐业"。当然总有一些人的血液里潜藏着不安分的因子，他们更容易放弃安宁的生活而四处游走。不过，我们总觉得在这种不同寻常的状态背后，有值得挖掘的前世今生。

第二十一个理由，为了找到一个更容易让灵魂安住、更像家的地方，有一天去那里养老。世界上有这样的地方吗？如果有，就在你身旁。如果没有，找遍天下也杳无踪迹。如果在家里走来走去却感受不到家，你地老天荒地寻觅也是白搭。如果你的家不像家，唯一的方法是把它建设成家。

第二十二个理由，为了可以有借口懒洋洋地坐在有阳光的躺椅上发呆。其实你想发呆，就尽情地在家里发吧。何必到远方去发呆呢？所以，想清楚你到底要从旅行中得到什么，能够用物美价廉的方式解决问题，达到目的，这才是智慧的体现。

第二十三个理由，在路上的时候可以听到脉搏的跳动，知道自己还活着！其实脉搏的跳动是听不到的，我们平常听到的是心跳。脉搏虽然有时孔武有力，但它是哑巴，只是血流随着心室的舒张收缩，间歇性涌动的感觉。理论上，只要你心情激动心跳加快，你都会感觉到一种脉动在流淌。毫无疑问，在路上，如果走得快一些，你就会感到心跳加速，平日为你所忽视的心脏的蓬勃生机，就会浮到意识的层面。人是应该常常感觉到机体的存在的，如果总是对它们视若无睹，就会出岔子。一不留神，它们的发言就是抗议，就是以自己的"怠工"甚至"罢工"引起你的重视。

第二十四个理由，为了改变命运。这种旅行的动机，完全可以理解。如果身边的机会已经消耗殆尽，那么，也许只有到远方去寻找机会了。中国有句俗话"树挪死，人挪活"，讲的就是这个意思。不过，这和一般的旅行就没有太大的关系了，属于谋生，或者叫流浪。在这个过程中，寻找归宿吃饱穿暖是最重要的出发点。就算以后发达了，把这一段描绘得十分浪漫，基本上也是属于人生经历"美容术"，和旅行不搭界。

第二十五个理由，踏遍世界每个角落。这个说法和前面的那种看尽美景的观点有异曲同工之妙，都是呓语，根本就不可能做到。

第二十六个理由，有时候不为了什么，就是想出去走走。生活过得不知所以然，乏味，又找不到振奋精神的出口，那么，到外面走走，不失为一个冠冕堂皇、顺理成章的理由。在这个过程中，很多人的内分泌机制受到了奇特环境的刺激，进入了新的应激状态，被迫地振作而阳光起来。

第二十七个理由，有朋友说，旅行是一种学习，你可以用一双婴儿般的眼睛去看世界，去看不同的社会，这让你变得更宽容，这让你理解不同的价值观，让你更好地懂得去爱、去珍惜。旅行让你以另外一种身份开始一种新的生活，进行新的尝试，让你在发现社会的同时，重新发现自己。

第二十八个理由，也是最富有诗意的旅行理由是——为了梦中的橄榄树。三毛作词的《橄榄树》，如一注曾经沸腾，又渐渐晾温的暖水，道出了淡淡乡愁和无可逃遁的孤独。《圣经》里的那只白鸽，在洪水过后衔来的代表希望的绿枝，就是来自于橄榄树。"医学之父"希波克拉底，就是那个说"医生应该永远陪伴患者"的"医圣"，也称橄榄油是伟大的治疗剂。据说橄榄油还可通神，风浪骤起时，渔夫把橄榄油倒进海里，海水就会平静。亡者的墓前，也必须插上一排橄榄枝，因为橄榄树象征着重生。

第二十九个理由，有一位朋友说，旅行就是从自己"活腻"的地方到别人"活腻"的地方去。活着，多么美好，为什么要腻呢？生命如此宝贵和短暂，每一寸光阴都细细地爬着，日子一小勺一小勺地饮着，还不够品尝呢，哪里会腻？就算自己"活腻"了，凭什么说别人也"活腻"了？

第三十个理由，迁徙乃人之本能。这是一种很有趣的说法，估计来自人类远古时代的习惯。那时候，原始人类在一地待的时间长了，附近的柴火干草都打来烧了火，能吃的果子也都摘完了。一天能走回来的路程范围内，能打到的野兽也变得比较稀少和狡猾了。更大型的动物嗅到了这里有人类的气息，也许某日会来袭击。刀耕火种的结果，造成土地贫瘠。人们只有搬家，到其他地方去谋生存。也许我们都是那些喜爱迁徙的人的后代。当你没有任何想得出来的理由，只是一味想旅行时，不妨想想这个理由。它近乎一种本能，但你可以抵抗，就像人们可以节制其他的欲望一样。

第三十一个理由，当一个朋友说，他旅行的理由是为了获取吹嘘的资本时，我们都笑了。大家笑他的坦诚，他笑自己的小算盘亮在了光天化日之下。可能有很大一部分人的旅行动机就是如此。只是我们通常不说，因为害羞，觉得不够冠冕堂皇。旅行为什么值得吹嘘呢？因为旅行者需要有钱和有闲。人们为什么认为有钱有闲值得羡慕呢？因为这是比较高一点的层次的享受。吹嘘旅行如同吹嘘钱财，不值得尊敬。真是那样的话，我们索性把一张张钱币贴在墙上，顶礼膜拜就是了。如果你想旅行，就一个人悄悄出发。你可以分享，却不必炫耀。

第三十二个理由，一个女孩说，她喜爱旅行的原因，是可以购买各国各地的特产送人。早年间，是送一个杭州的丝巾或是景德镇的瓷碗。现在就升级了，女子肩头的俏丽，要送波西米亚风格的大披肩。摆件，就要捷克的水晶花瓶了。这种旅行，太累。

第三十三个理由，死在远方。不止一个人这样说过。刚开始的时候，我们觉得这是一个幽默，一笑了之。后来，报纸上有一位名人说，他希望自己死在途中。朋友们过了很久，才会得知他已经死在了欧洲的某个小镇，或是哪一座山上……抱有这种旅行目的人，完全可以说是任性。他们所追求的，不外乎是内心的自在和外部的自由，那又何必用"性命"来做"赌注"呢？

（二）金顶下的拉萨

1984年6月，一则发自印度德里的广播消息说："布达拉宫在大火中焚毁，这座世间最美好的建筑荡然无存。"这自然是无稽之谈了。时间弹指过去，春夏秋冬的布达拉宫殿内外留下了人们行走的印痕。在我们的记忆中，这座如宫殿般的楼宇里，总是上演着与阶级、权柄或欲望相关的戏码。每去一次，都有不同的体悟。但有一点却是相同的，那就是布达拉宫是我国西藏现存古代宫庙结合建筑中的最珍贵的标本。

1994年12月17日,一位名叫马约尔的人郑重地签下了自己的名字,短短一页的英文文件中有这样的字句:为了全人类的利益,需对其予以保护。这份文件的名字叫世界遗产名录,内容是已将拉萨布达拉宫列入。

如果松赞干布泉下有知的话,他应该想不到他当年居住的名叫"吉雪"地方的红山今天会成为世界文化的一份遗产。但我们却可以发出疑问,这位生活在公元7世纪的吐蕃赞普首次居住在这里的环境到底怎样?传说松赞干布在布达拉山顶,亲眼看到天空中现出观世音菩萨的圣像和"唵嘛呢叭咪吽"六字真言。观世音菩萨的圣像闪耀着五色彩虹,照亮了六字箴言,辉映整个布达拉山。于是松赞干布从泥婆罗(今尼泊尔)请来工匠,在布达拉山上建造天宫般雄伟高贵华丽的宫殿,使西藏各地部落首领倾慕,最终使西藏得到统一。我们今天看着眼前的布达拉宫,可以想象公元7世纪时松赞干布与文成公主联姻建此宫殿并居住于此的心情。但松赞干布所建的宫殿到底和今天的布达拉宫区别有多大?

在布达拉宫白宫门廊里,可以找到松赞干布时期绘制的布达拉宫的形状。这是公元7世纪初的作品,顶部均饰有旗帜和长矛,今天看来很有些类似避雷针的特征。壁画还绘有建于此的王宫和后宫图,共有999间房。楼群一侧为吐蕃赞普的寝宫,中间宫殿的顶部建有佛塔,另一侧是后宫。在后宫与中间宫殿之间架有四层楼高的铁索桥。那时的布达拉宫外有三道围墙,最外一堵围墙直到今天北京路上的白塔处。

建造第一座宫殿时,人们就看中了石头。重建布达拉宫时,打凿石料的工艺有了很大的提高,至今千年的墙体依然坚硬如初,可以想象如果使用用土烧制的砖瓦,也许早已重归于土。遗憾的是,后来布达拉宫遭遇雷火烧毁了一部分,再后来吐蕃王朝灭亡时,宫殿几乎全部被毁,只留下了两座佛堂法王洞和帕巴拉康幸免于战火,一度被纳入大昭寺作为其分支机构进行管理。此后随着西藏的政治中心移至萨迦,布达拉宫之后的700多年一直处于破败

中。很多人在参观完布达拉宫后，都有一种感慨，就是看不懂、看不明白，只是经历买票艰辛后如愿以偿地到此一游。西藏流传着这样一句话：不到布达拉宫就不算来过拉萨，也不算来过西藏。但参观完后，问他们得到了什么知识，很多人都遗憾地摇摇头。

其实参观布达拉宫最重要的一项是看壁画，那是以画记史、以画作传的传承。在东大殿和西大殿的《有寂圆满殿》壁画中，可以看到藏族原始的先民图均为裸体；看到藏族的先祖菩提神猴与岩石罗刹女成婚生下六个食肉的红脸小孩的情景；看到1652年五世达赖喇嘛经蒙古赴祖国内地，拜见清顺治皇帝时，举行盛大宴会并亲切交谈的场面。就拿藏族的先祖菩提神猴来讲，知道这段历史的人并不多，这是藏族人类起源神话中最富有代表性的《神猴变人》，在远古还曾自称为猴裔。这个神话带有最朴素的唯物色彩，因为这与达尔文的进化论有着惊人的相似，不能不说这是藏族对人类自身起源奥秘的最"解读"。

遗憾的是，数以万计的壁画，缺乏历史知识的观光客和本地的僧众大多从它们旁边一走而过。壁画的一些地方还有糅合了内地汉族画风的倾向，如画中石头的描绘就依照了汉地山水画简练的皴法。在一些壁画中，还明显糅进了内地木版年画的画法。最有特点的是在十三世达赖喇嘛灵塔殿的壁画中，两地结合的画法更加明显，出现了寿星、八仙的形象，甚至福禄寿喜、平安福康等象征吉祥的变形汉字也搬上了画面，作为图案的装饰。

1642年，五世达赖喇嘛洛桑嘉措建立了噶丹颇章地方政权，拉萨在800年后再度成为青藏高原的政治中心。1645年，他开始重建布达拉宫，三年后竣工，是为"白宫"。1653年，五世达赖喇嘛入住宫中，从这时起，历代达赖喇嘛冬季都居住在此，俗称"冬宫"。重大的宗教和政治仪式也都在这里举行，布达拉宫由此成为西藏政教合一的统治中心。五世达赖喇嘛圆寂后，为安放灵塔，宫廷总管第巴·桑结嘉措继续扩建宫殿，形成"红宫"。在红宫修建时，除了本地工匠，尼泊尔也派出匠师参与，清康熙皇帝特派汉族工人总工头顿奇和工匠老魏等114人参与，每天的施工者多达7700余人。整个布达拉宫到1693年基本完工，历时48年，耗资白银213万两。在布达拉宫参观，很多朋友会问红宫的红色和整个建筑的女儿墙是用什么建造的，这其实是西藏特有的建筑材料白玛草。这种草是一种怪柳枝，秋天晒干，去皮，再用皮条辫扎成小捆整齐地压在檐下外侧，近看像毛绒织就，造价极其昂贵。因此这种草还是权势的象征，在普通百姓的建筑物中绝对不允许有。它还有一个重要的作用，那就是减轻建筑物的重量。

站在布达拉宫前的广场，静静地看着这个不求整齐划一，而是错落有致的宫殿建筑，它好像一尊占地10余万平方米的巨大浮雕，体现了西藏建筑工匠的高超技艺。很多人都不知道布达拉宫的万间建筑间间都是自成一体，各建筑之间，是接而不连。西藏宫殿建筑有一个最大的特点正好跟汉式建筑相反，高原干燥的气候是允许房屋变形的，这给维修即"偷梁换柱"带来极大的方便，不必担心牵一发而动全身。

不断地感慨工匠们的大智慧的同时，我们还可以看到修建布达拉宫的壁画，总共有几十幅，可以说是今天意义上的连环画。在壁画中，可以看到木工首领领着数百名木工"披星戴月"劳动的场面；看到为建造布达拉宫用皮筏经拉萨河运送石头的场面；看到280人正在修建布达拉宫辛勤劳作时，因猫跳墙震落大石头，砸伤正在做工的工匠的场面；看到红宫落成后，根据贡献大小，对工程管理人员、石匠、木匠、画匠、铁匠等正副首领及民工们按等级予以重赏的场面。

白宫因外墙为白色而得名。它是历世达赖喇嘛生活、起居的场所，共有七层。最顶层是达赖喇嘛的寝宫"日光殿"。说到这个殿堂，需要多说一句：西藏虽属高寒，但却有绝好的光照，房子几乎都是建筑在向阳面。布达拉宫错落的布局，完全解决了房间的采光问题。像日光殿，殿内有一部分开天窗，阳光可以直接射入，晚上再用篷布遮住，因此得名。布达拉宫各殿堂等级极其森严，只有高级僧俗官员才被允许按官阶依次进入。白宫的第五层和第六层都是生活和办公用房。第四层有白宫最大的殿宇措钦厦，面积为717平方米，内有34根柱，上悬清同治皇帝书写的"振锡绥疆"匾额。布达拉宫的重大活动如达赖喇嘛坐床典礼、亲政典礼等都在此举行。白宫在红宫的下方与扎厦相连。扎厦位于红宫西侧，是为布达拉宫服务的喇嘛们的居所，最多时居住着僧众25000多人。它的外墙都是白色的，因此通常也被看作是白宫的一部分。

在半山腰上，有一处约1600平方米的平台，这是历代达赖喇嘛观赏歌舞的场所，名为"德阳厦"。这个平台是用一种特殊的藏语叫"阿嘎"的土锤打地面，打实后加油防护而成。僧人特别注意对这种地面的保护，平日里脚下垫两块羊皮，擦地而行，日久天长，阿嘎地如水磨石般的光亮。

很多朋友参观布达拉宫，其实都是奔着历代达赖喇嘛的灵塔殿而去，并在灵塔前感慨满眼的黄金。在大多数观光客眼中，大都是第一次如此近距离地观看如此多的黄金，离开时不断充满啧啧的感慨。红宫中供奉的达赖喇嘛灵塔大小有别，形制相同，规模不等。从五世到十三世，除了被革除教职的六世外，其余八位都建造了奢华的灵塔。塔顶端镶以日月和火焰轮，塔瓶存放遗体，分成内外两间，外间设佛龛，供千手千眼观音像，内间一床一桌，床上安放达赖喇嘛灵柩，书桌上放置达赖喇嘛生前用过的一套法器和文房用品。所有灵塔都以金皮包裹、宝玉镶嵌。

五世达赖喇嘛灵塔殿高三层，是红宫中最大的殿堂，由16根大方柱支撑，高14.85米，中央安放五世达赖喇嘛灵塔，殿内悬挂清乾隆皇帝亲书的"涌莲初地"匾额，下置达赖喇嘛宝座。整个殿堂有壁画698幅，内容多与五世达赖喇嘛生平有关，为建造它共花费白银104万两，用去近12万两黄金和15000多颗珍珠、玛瑙、宝石、猫眼石。此塔葬是西藏古今任何一座塔葬所不及的，被称为"世界一饰"。

在红宫的西部是十三世达赖喇嘛灵塔殿，建于1936年，灵塔高14米，是布达拉宫最晚的建筑。其规模之大可与五世达赖喇嘛灵塔殿相媲美，殿内除了灵塔用去19000两黄金外，还供奉一尊银造的十三世达赖喇嘛像。值得一提的是清慈禧太后还将一尊用20万颗珍珠、珊瑚珠编成的珍珠塔送给了十三世达赖喇嘛。红宫中最古老的建筑是法王洞，非常有代表性。9世纪时，布达拉宫因吐蕃内乱遭到破坏，仅存法王洞，因此布达拉宫最古老的建筑便是法王洞。法王洞为松赞干布当年的修行洞，洞内还有吐蕃时期的遗物，如炉灶、石锅、石臼等。洞内供着据传为松赞干布生前所造的他自己和文成公主、尼泊尔尺尊公主等人并列的塑像。

布达拉宫具有良好的避雷能力，是因为它周围群山环抱，特别是北面的山离它很近，又比它高；在布达拉宫西南不远的地方还有一座尖形的药王山。一旦布达拉宫上空出现雷云时，其周围山峰的感应电就比布达拉宫高，于是无形中起了保护布达拉宫的作用。另外布达拉宫与内地许多古代的大宫殿一样，在它的屋顶上有许多金属性的针状建筑物，这些金属尖针构成消散阵列，起到避雷针的作用，于是布达拉宫基本就会安然无恙。

宫墙内的山前部分叫作"雪城"，分布着原西藏地方政府噶厦的办事机构，如法院、印经院和藏军司令部等。此外还有作坊、马厩、供水处、仓库、监狱等宫廷辅助设施也都设在这里，已经对外正式开放。

宫墙内的山后部分称作"林卡"，主要是一组以龙王潭为中心的园林建筑，是布达拉宫的后花园。五世达赖喇嘛重建布达拉宫时在此取土，形成深潭。后来六世达赖喇嘛在湖心建造了三层八角形的琉璃亭，内供龙王像，故此称为"龙王潭"。

重建布达拉宫时，五世达赖喇嘛因年高将政务委托摄政第巴处理，为树立第巴威望，五世达赖喇嘛以按手印而使众人听命于第巴。1682年五世达赖喇嘛圆寂后，第巴为了让工程顺利进行，将五世达赖喇嘛圆寂的消息秘不发丧长达13年。1693年布达拉宫重建工程正式结束后，第巴将落成的纪念碑用无字碑的形式出现，可能是他有意让此段历史由后人评说。

今天人们到布达拉宫朝拜、参观，大多会从这通无字碑开始令人神往的一段探索之旅，但很少有人知道这通碑背后那极其复杂的一段史实，因此连停留一下的想法都没有。但历史并不是任人打扮的小女孩，无字碑的历史亦如此。

（三）邂逅幸福，去台湾吧

去台湾，会是你最幸福的邂逅。

幸福，在悠久的人文文化中得到延续——历史上，台湾这块土地，不断地发生不同族群的抗争，地域观念引发的械斗，地方官员多半腐败无能，无助的百姓只好仰赖神明的保佑。

台湾庙宇林立、神佛众多，伴之而来各种祭祀活动，如王船祭、抢头香、放天灯、放蜂炮、妈祖绕境、中元普度，等等，这些因信仰而创造的庆典，有其文化上的意义，还有约束人性的无形力量。北港朝天宫建庙至今有300多年，是台湾妈祖庙中香火最为旺盛的一座。100多年前，北港曾发生大火，许多民房烧毁，但朝天宫大部分安然无恙，传有神迹之说。在台湾，很多这样的老庙，除了是当地老百姓宗教上的寄托，更是一座活的艺术博物馆。其庙宇建筑，大都融合了美术、雕刻、文学等艺术气息，像一件艺术精品，而台湾的民间表演，如传统戏曲、杂耍特技、民俗艺阵，都在庙宇进行。这庙宇平时是老人下棋、小孩嬉戏活动的地方，也是邻里沟通、传播信息的重要空间，因此周围发展出许多商店、小吃摊、卖金纸的阿婆、走唱的街头艺人、各种民俗工艺、童玩，统统聚集在这里，使得庙宇成为地方上的商业中心。可以说，台湾文化本身就植根于庙宇文化之中，台湾人无论年纪、信仰，都能在这些文化中找到属于自己的快乐与幸福，就是在这浓浓的文化氛围中，台湾一直在将幸福延续着，以后也依然会传承下去。

幸福，在秀丽的自然风光中得到升华——不说阿里山的壮丽，也不谈日月潭的瑰奇，台湾即使不出名的风景同样有让人感到幸福的暖意。在恒春半岛的东部海岸，从佳乐水向北延伸，有部分崎岖山路，是落差颇大的悬崖地貌，其中出风谷大草原，是这海岸线上少数的登山路线。

在这里，走好几个小时的山路，一直穿梭在树林中，如果正值炎炎夏日，林中一点风都没有，特别让人烦躁。走出树林空气开始变得清爽，约几分钟路程后视野开阔，前方即出风谷大草原一望无际俯视着山与海洋，尤其是那浩瀚的太平洋，让人心里特别激动。这是地理课本上所讲的，世界第一大洋，那么近，就在你眼前。你尽可以一直坐在草原上，听着海浪拍岸的声音，融入到潮来潮往的永不间断的节奏中。

幸福，从满载感情的台湾小吃开始——这种味道与风味无关，只关乎情感。在台湾，有个地方叫作新竹，其贡丸历史悠久，虽然沾了个"贡"字，但这种东西和皇室毫不相干。关于它有这么个美丽故事：相传有个老人家，年事已高，牙齿动摇，无法咀嚼过硬的东西，可又偏好肉食，于是他的儿媳妇就将猪肉剁碎，再用木棒捶打成肉酱，捏成一粒粒丸状烹煮，吃起来意外的鲜美爽口，老人家每餐必以佐食。儿媳妇孝行传了开来，用木棒击打猪肉的动作，当地发音叫作"贡"，于是贡丸便流行起来。

幸福，在浓浓的温情中得到寄托——最让人感到幸福的，还是台湾人，热情、大度、温暖构成了有关温情的幸福。台湾的小孩子喜欢在放学后，到黑轮伯那吃"黑轮"。这是阿伯亲手打出的一种用鱼浆做成的台湾小吃。他总是推着车，在小市场摆摊，远远的，就闻到那一大锅香喷喷的味道，吃黑轮免费喝汤；黑轮伯总是不计较，一碗接一碗地舀汤给孩子们，依旧笑脸盈盈。上班族喜欢在闲暇时，到清境农场找乐趣，那儿除了给人一种净空的感觉，还可以听那些老兵说说他们老家的故事。与这些白发苍苍的老伯聊天，浓厚的家乡口音总会令人不自觉地想起那些已故的灵魂。随着时间的流逝，他们安分地在这个美丽山头当起农夫，开辟出属于自己的海阔天空，聊得开心，笑得也开心。临去前，还不忘塞两颗他们亲手种的水梨，还有那一声声"再来玩啊"的呼唤。

在台北市郊的一处山上，有几个固定班次可到市区。乘客多半是山里的

居民，老太太啊，老大爷啊，都靠这班车来往市区。有趣得很，这开车师傅也是固定的，所以他几乎认识每个人，这山里大小事他都了如指掌，有时还当运输工，小到信件，大到家具，连美食都能热乎乎送上。山区有很多古道可以步行，师傅如数家珍，偶有陌生登山客出现，他会像个导游般，热情地讲解，这话匣子一打开，当地居民也加入，叽叽喳喳好不热闹。搭了几次车熟悉了，大家才知道因为工作，他一直没假期，问是否会想跟大家一样到处旅行，他憨憨地笑说：他不在，这些老人家谁陪他们聊天？谁给他们送东西？在台湾，处处可见的是有关人的温情……

对大陆朋友来说，台湾的"宝岛"来自好山好水，但还有很多值得我们去关怀的文化，还有许多值得我们用心去体会的情感，这才是真正的台湾之美。如果你来台湾的话，别忘了，回去记得带张"永保安康"的车票。这平安符是最好的礼物，送给你家乡的朋友，让他们也能感受你在台湾的幸福。

（四）背包客的心灵放纵

背包客，又称驴友，在英文中为 backpacker，是由 backpacking 一词演变而来，泛指三五成群或者单枪匹马四处游玩的人，也就是背着背包做长途自助旅行的人，现主要是以那群好登山、徒步、探险等寻找刺激的人为主，目的在于通过游历认识世界，认识自我，挑战极限。

驴友的出处说法不一，一种说法是旅行与驴行谐音，而驴又擅长负重久行，所以徒步旅行者以驴友互称，有时候数人数，以一头一头来作计量。驴友一般喜欢结伴出行，有的准备有帐篷、睡袋，露宿在山间旷野。另一种说法是，驴友取自"旅友"的谐音，即旅行之友的意思。台湾多称呼他们为自助旅行玩家或自助旅游者，香港则称为背囊友。

背包客，提倡的是花最少的钱，走最远的路，看别人难以看到的风景，实施的手段是自助，是一种体验，这种体验是贯穿于旅行全程的。一开始的时候，他们只需知道一个大致的目的地，然后寻找资料，计划线路，置办装备，估算行程时间，盘算着手里不多的银子，算计明日又将花费几许，等等。背包客出去旅行，不仅仅是去某个地方看风景，旅途本身就是很重要的体验。火车汽车毛驴车，宾馆旅社大车店，青山绿水大漠孤烟，荒郊野岭繁华都市，古道西风高速公路，醉酒高歌风餐露宿，等等，旅行的苦与乐都是冷暖自知。买不到票，住不上宾馆，前方道路塌方，临时改变线路及行程，或者山洪暴发被迫流落在旅途中的某个小镇，啃冷馍喝凉水，都可能是旅行的一个重要部分。"移舟泊烟渚，日暮客愁新。野旷天低树，江清月近人。"这首诗反映了多少旅人的思绪。

一个人，一个背包，辗转于不同土地上的文明之间。

那些来来往往的背包客们，在堆满陌生人的街头或巷尾，淹没在与己无关的热闹里，伫立在人潮中，情愿做一个旁观者，旁观着凡尘与俗世，为路过的人们作画吟诗。

踏上旅途，有多少旅行者只是想让一颗疲惫了、超载了的心得到一丝慰藉，还有短暂的憩息，置身外的烦恼压力不理，偷个懒儿，然后，便爱上了旅行。同样也不乏单纯观光游玩想要留下一些脚印的人，或只身或结伴。他们有的是心情来为路边的风景感动驻足，然后按下快门，在记忆中留住这个瞬间；他们却也不小心被定格在其他背包客捕捉的风景里，或咧着嘴扬起的笑容，或惬意站立时的背影，宛若地地道道的路人甲。

这些背包客所一直寻找的，不过是心中的"神殿"，是可以让漂泊已久的灵魂靠岸的港湾。

他们离开了家，为了一支自由的独舞，在自己的世界里前行。仿佛旅行成了他们的职业，仿佛这已然成了他们的生命不可或缺的一部分，但最可贵的是他们从未忘记回家的路。他们无时无刻不在想念家的味道，他们习惯在梦中转达平安，倾吐行走的见闻。这些背包客，很单纯很可爱，心无城府，是真正的旅行家。

他们，不过是一群逐梦的人。"其实旅行已经成了我们的信仰，我们各自

走在一条朝圣的路上。"旅行家小鹏如是说。

面对这样一个群体，我们都应或多或少有所启迪吧。

有人说装备不是万能的，但对于背包客来说，有些装备会在关键的时刻起到关键的作用。

背包。背包客的第一装备。背包的大小视路程远近而定，一般在城市周边容量25升左右即可。

帐篷。防水指数要好，建议在1500或以上。不登高山的话，防风性能可不用考虑。要注意重量，3千克以上不予以考虑，一般在2.5千克左右。

睡袋、防潮垫。如果在城市周边活动较多，适用温度不用太低；如果经常去较寒冷地方，适用温度应在零摄氏度以下。

头灯或手电。我们不能总是精确地计算自己的行程，当延误行程时就用得上了。

刀具。锋利的多功能军刀应该是首选，它的锯子和刀在户外是使用频率最高的。

指南针。野外活动必备，但前提是必须知道怎么使用它。

手机。电池一定要充满电，备用电池最好也带上，并放在防水的小袋里以防浸水。

鞋子。鞋子的重要性其实应该大于背包，因为它最直接关系到人身安全。一定要选防滑鞋或登山鞋，普通运动鞋不考虑。登山鞋最好还要高帮儿的，可以保护踝骨，人在长时间徒步时踝骨很容易受伤。

袜子。厚一些、舒适一点的棉袜，包裹性强，防硌。

外衣裤。一定要长衣长裤，无论季节，最好是防水的。在山上乱草中行走时长衣长裤会很好地保护身体。推荐有条件的穿冲锋衣裤或快干衣裤。长途徒步登山千万不可穿牛仔裤，不但严重影响两腿的活动，而且一旦打湿就会成为很大的负担。

内衣裤。贴身衣服建议不要穿全棉的，在国外登山界，全棉内衣被称为

"死人穿的衣服",原因是在高寒地带运动后,全棉内衣的吸汗性会大量消耗热量。当然,不去高寒地带的话,就没那么恐怖了。

帽子。宽檐帽比较好,不仅仅是为了遮阳,有时在山间行走时,也是为了挡住齐人高的乱草,下雨时也很管用。在高寒地带,帽子还能够减少头部的散热;人体的热量有相当大的比例都是从头部散发掉的,气温低的时候尤其如此。

手套。在乱草中和山石中行走时有很大的保护作用,但要注意一点,手套会降低手的敏感度。

墨镜。遮阳需要,但肯定会带来视觉误差,所以在危险路段时慎用。

毛巾。擦汗用的,携带很方便,在灰尘多的地方可打湿后蒙在口鼻处,抵挡灰尘。

洗漱用品。长线行程时可将洗漱用品适当带上。

拖鞋或凉鞋。如果装备不是特别多且重可带上,休息时可用。

防晒霜、护唇膏。户外日光强、风大,可少量携带,以防烈日曝晒与口唇干燥。

雨衣。不管长短线行程,途中都有可能碰上下雨,带一件雨衣便可免去淋雨之苦。当然,一次性白色塑料雨披也行。

药品。藿香正气水、红花油、清凉油/风油精、云南白药(粉剂、喷剂)、阿斯咪唑片(息斯敏)、酒精、红霉素软膏、绷带+纱布、碘酒、创可贴、蛇药、感冒药、板蓝根,等等,这些常用药品和护理用品都应适当带一些。

(五)中国最经典的24条户外徒步旅游线路

1. 峡谷柔情——墨脱(西藏)

墨脱有如孤岛一般,但山林翠竹间烟云缭绕又如世外桃源一般,默默无闻,偏远僻静;可无论如何它还是如此的名扬四海:南迦巴瓦峰、加拉白垒峰……雅鲁藏布江随意地转了一个弯,就迷醉了所有的世人。走进浩如烟海的丛林深处,体会最原始的欲望,重新认识自己的生命;走一次墨脱,体会

生与死的距离；看一眼大峡谷，惊悉大自然原来如此多情！

简介：

（1）雅鲁藏布江大峡谷。雅鲁藏布江大峡谷怀抱南迦巴瓦峰地区的高山峻岭，冰封雪冻，它劈开阻隔青藏高原与印度洋水汽交往的山地屏障，像一条长长的水道，向高原内部源源不断地输送水汽，使青藏高原东南部由此成为一片绿色的世界。大峡谷最深处5382米，长496.3千米，江水平均流量4425立方米/秒，江水流速16米/秒，水流湍急，跌水相连，大峡谷最低处海拔仅有155米。

雅鲁藏布江大峡谷是青藏高原上最大的水汽通道，受印度洋暖湿气流的影响，大峡谷南段年降水量高达4000毫米，北段也在1500～2000毫米之间。整个大峡谷地区异常湿润，布满了郁密的森林，是世界上生物种类最丰富的峡谷之一。

雅鲁藏布江大峡谷最为奇特的是它在喜马拉雅山脉东端，由东西走向突然南折，沿喜马拉雅山脉南麓夺路而下，注入印度洋，形成世界上最为奇特的马蹄形的大拐弯。

（2）墨脱县城。墨脱是雅鲁藏布江进入印度前流经我国境内的最后一个县，也是西藏东南部最为偏远的一个县。由于雅鲁藏布江大峡谷环境恶劣、灾害频繁，构成人们很难跨越的屏障和鸿沟，使墨脱成了高原上的"孤岛"，远离现代社会的"世外桃源"，更被外界传为一个神秘之地，被佛教徒们称为"白隅白马岗"，意为"隐秘的莲花圣地"。

（3）南迦巴瓦峰。南迦巴瓦峰海拔7782米，位于雅鲁藏布江大峡谷内侧，东经95.0°、北纬29.6°处，是世界第十五高峰。南迦巴瓦，藏语意为"雪电如火燃烧"，另一意为"直刺天空的长矛"。山体以片麻岩为主，主要有三条山脊，西北山脊、东北山脊和南山脊。东北山脊蜿蜒约30千米，直抵雅鲁藏布江岸边；南山脊处是海拔7043米的乃彭峰；西北山脊上突出着海拔6936米、7146米的两座雪峰。坡壁上基岩裸露，残留着道道雪崩侵蚀后的沟溜槽，峡谷之中又布满了巨大的冰川。

（4）加拉白垒峰。加拉白垒峰海拔7734米，位于雅鲁藏布江大峡谷外侧东经95.0°、北纬29.8°处，与南迦瓦峰相距20千米隔江对峙，走向为东西弧形排列，多为险壁悬崖，山谷中发育着数十条冰川。其顶部比较平展，常年被冰雪覆盖，地势陡峭，雪崩十分频繁。

2. 用身体丈量土地——冈仁波齐（西藏）

一座坚定信仰的神灵之山，在一百年或者更长的时间里，无数的信徒渴望在此得到神的眷顾。他们选择了最简单最直接的方式去接近、仰望和崇拜这块心中的圣地。转山，不需要语言，那是要用双脚付出的虔诚。你如果不是一个笃信佛教的人，但你却想了解雪域文化的精髓，来这里吧！因为这是一段要用身体丈量的土地，这是一次提供精神食粮和肉体痛苦的文化苦旅！

简介：

在藏语里，冈仁波齐是"神灵之山、雪山之宝"的意思。她坐落于西藏阿里高原上的普兰县境内，海拔6638米，是冈底斯山脉的主峰。峰形似金字塔，四壁非常对称，由南面望去可见到她著名的标志：由峰顶垂直而下的巨大冰槽与一横向岩层构成的佛教十字符号（佛教中精神力量的标志，意为佛法永存，代表着吉祥与护佑）。在她的南面，遥遥相对的是纳木那尼峰，两座雪峰之间是明镜般的玛旁雍措和风云变幻的拉昂措。冈仁波齐发育着250多条冰川，面积达150平方千米，孕育出恒河、印度河和雅鲁藏布江，是名副其实的母亲河源头。

3. 亲近藏北草原——徒步楚布寺—羊八井（西藏）

很早很早以前，藏北草原就流传过这样一句话：过了西边西亚尔、俄亚尔，过了东边的嘎尔、玛尔、占木拉，地方没有名字，人不分贫富贵贱。那里至今依然保持着浓厚的神秘色彩。进入这片土地，就会发现它的真面目——这里是一片充满生命活力的神奇世界。

简介：

（1）羌塘。通常叫藏北草原，但它在藏语中的意思更富于想象力，叫作"北方的空地"，其面积大约60万平方千米，占西藏总面积的一半。在这块大得令人难以想象的空地上，数千年来始终充满神秘的梦幻。如今，保护羌塘草原包括鸟类在内的珍稀动物，已经成为国家的重要政策。羌塘已经在1993年被西藏自治区人民政府正式批准为自然保护区，打击盗猎也成为政府的重要工作。纳木错湖畔的鸟儿们可以和藏羚羊、野牦牛、藏野驴等世界珍稀动物一样，充分享受在"北方的空地"上自由飞翔嬉戏的空间。这不仅是藏北野生动物们的幸运，也是人类文明与中华民族的幸运。

（2）楚布寺。海拔4300米，位于拉萨市堆龙德庆县西北的楚布河上游，距拉萨西郊70千米。楚布寺规模庞大的建筑群以大殿为中心进行分布，共包括经堂、佛堂、护法殿、佛学院、按宗修习院、活佛私邸、僧舍、讲经台等建筑。该寺目前有僧侣300余人。楚布寺拥有大量稀世文物，值得一提的有：江浦寺建寺碑，现位于楚布寺大殿内，高约两米半，宽约半米，上刻古藏文，该碑对研究吐蕃时期政治、经济、宗教等有重要的史料价值；空住佛，是楚布寺镇寺之宝，是第八世噶玛巴为纪念其上师而塑造的银像，传说银像塑成之后竟自动悬浮空中达七日之久，故有空住佛之说；楚布拉千，"拉千"即大佛之意，高约6米，传说为二世噶玛巴所铸；十六世噶玛巴舍利子，十六世噶玛巴于1981年于国外圆寂后火化而得舍利子，其中一腿骨舍利子由珠本仁波切活佛带回楚布寺，该舍利子几年后自现四分之一厘米高的佛像。此外，玛恰噶拉石刻塑像、米拉日巴曾用过的钵、都松钦巴的僧帽等都是楚布寺弥足珍贵的宝物。

（3）羊八井。"你初到羌塘，寂寞寒冷会使你惆怅；一旦投入她的怀抱，草原变成温暖的家。"这就是羊八井带给人们的地热资源。地热，这种存在于地球内部的巨大热能一旦从地表喷涌而出，就成了人类的宝贵财富。这是一片方圆40多平方千米的土地，早在20世纪70年代，开发利用地热资源的工作就已经开始。羊八井位于西藏拉萨市西北 91.3 千米的当雄县境内，海拔 4300 米，热田地势平坦，南北两侧的青藏、中尼两条公路干线分别从热田的东部和北部通过，交通较为方便。如今的羊八井地热区，已经从几间简陋的厂房逐渐发展成一座小镇，商店、饭店、宾馆一应俱全。随着西部大开发的深入，羊八井再度引起世人的瞩目。

4. 跨越天山——车师古道（新疆）

走进她，也就走进了历史。走在一条跨越天山南北的古道上，似乎，你的耳边会传来喃喃的低语声，仿佛历尽沧桑的老者，在给你讲述着车师王国的兴衰，当古道今日往昔的一幕幕，如画般呈现在眼前，不由自主地，你会兴奋、低落继而感伤……岁月原本无情！时间必将逝去，生命也终会消亡。徒步的行路者呀，也许，身后那一串长长的脚印，不仅留在古道上，也留在心灵深处，更留在随风往事中！

简介：

早在西汉时期，西域的车师国分为前、后两部，前部位于博格达山以南，其都城在今吐鲁番的交河故城，后部位于博格达山以北，王庭在今吉木萨尔县城北的北庭古城。当年车师前、后两部的商贸交易、信息传递、消夏越冬，通常是由吐鲁番越过天山到吉木萨尔。这是一条跨越天山的南北古道，后人称之为车师古道。

在古代丝绸之路上，商旅和军队出南疆跨越东部天山进入北疆，虽有多条可以通行的山路，但最方便的还是车师古道。据《西州图经》记载："古道出交河县界，至西北，向柳谷，通庭州四百五十里，足水草，唯通人马。"取道这条南北山道比绕道乌鲁木齐缩短里程将近一半，可少走 170 多千米路程，沿途驿站甚多，交通相当繁忙。该山道到清代仍有商贾往来。由于天山南北气候差异悬殊，小麦开镰南早北迟，故贫苦牧民往来打短工者曾络绎于途。直到今日，吐鲁番和吉木萨尔两地的小商贩，也偶尔骑着毛驴经此古道贩卖时鲜果品，吐鲁番地区牲畜转场到吉木萨尔还是经由该道。

车师古道的山地路程约 50 多千米，平均海拔均在 2500 米左右。

车师古道探奇之旅，沿途有"车师古道十景"可供重点观赏。由南向北依次出现的十景是：

（1）"石窑孔道"（指琼达坂南侧宽仅 1 米的一线天通道）；

（2）"达坂古堡"（指屹立在海拔 3200 米琼达坂上的古代军事遗址）；

（3）"突厥石人"（指挺立在五进桥附近西山坡上的草原石人）；

（4）"三丈悬瀑"（指大龙沟峡谷上游落差 10 多米的飞瀑）；

（5）"石门天险"（指位于五道桥和六道桥之间的一段 40 多米长的天险石巷）；

（6）"三桥秀色"（指三道桥一带秀美的森林草原景色）；

（7）"高山神泉"（指二道桥与头道桥之间一眼长年流淌、有奇异疗效的温泉）；

（8）"树石联姻"（指参天杨树躯干中包容着一块巨石，形成的树抱石奇观）；

（9）"头桥绝壁"（指头道桥附近的悬崖峭壁）；

（10）"龙沟古城"（指大龙沟口东汉戊己校尉耿恭当年坚守过的疏勒城遗址）。

5. 群狼守护的地方——徒步呼图壁大峡谷（新疆）

这里是野生动物的乐园，更是冒险家的天堂。徒步在呼图壁大峡谷的心脏地带，耳边是咆哮的呼图壁河水，眼前是一个接一个的达坂，大峡谷不仅仅是在考验你的气力，更多的是在锤炼你的心志。走在群狼守护的地方，需要非凡的勇气，这勇气将指引你前往精神之国的极度空间！

简介：

呼图壁大峡谷不同于一般的天山河谷，它发源于天山东段海拔 5290 米的河源峰，河谷纵深 40 余千米。河谷两侧高山耸立，森林浓密，花草奇异，遮天蔽日；谷底则地势险要，道路崎岖。由于河谷地处天山北坡，每到夏季，丰富的雨水和周围众多雪山的融水，在谷底交汇成河，顺陡峭狭窄的峡谷咆哮而下，震耳欲聋。当你站在海拔 3862 米的前后山的分水岭——白杨沟达坂上，举目南望，形如尖塔的河源峰主峰时而云雾弥漫，若隐若现，时而天高云淡，冰山毕现。在哈萨克语中，河源峰被称为"狼塔"，意即"有群狼守护的塔山"。由于进山线路极其艰难漫长，当地牧民也很少接近。在后山纵深120千米的无人区里，冰山隘口令人生畏。

6. 追随前辈足迹——探险尼雅（新疆）

她在这里静静地等待了一个多世纪，谁也不知道该如何去描绘她，这里是生命的禁区吗？你会觉得她是有生命的，是美的。是的，真美。没有什么能约束人类追求美的步伐，因此探险尼雅注定是一个孤独而痛苦的徒步历程。可是当你驻足在此的那一刻，你会发现现实世界原来是那么遥远。当洗去了现世的浮华，那一刻，每个人都很真，就像孩子，睁着一双天真的眼睛享受那丁点儿的快乐和喜悦，这就够了。或许只有尼雅这个没有生命的地方，才能让人真正地去感受生命存在的意义！

简介：

尼雅遗址位于新疆民丰县卡巴阿斯卡村（大麻扎）以北的沙漠中，是一个以东经82°43'14"、北纬37°58'35"为中心的狭长地带。东西方向宽7千米、南北方向长25千米，散布在尼雅河古河床沿线。近年的考古工作又将遗址区向北推移了几十千米。

在1700年前的公元三世纪，发源于昆仑山脉吕士塔格冰川的尼雅河经此向北延伸，那时这里还是一片繁荣的绿洲。1700年以来，由于气候和地质的变迁，河床退缩，这里已经退化成为典型的流动沙丘地貌。百年之前，谈到在茫茫的死亡之海中曾存在着这样一片古文明遗址，实属不可思议之事。但百年来的考古成果已经证明，这个"东方庞贝城"的存在是铁的事实，留给人们的仅仅是对于这个事实的来影去踪的考证。一般认为，沙漠周边居民群落的消亡总是伴随着河流的退缩、改道或其他自然条件的恶化。但对尼雅遗址的考古学、气象学、水文地质学的综合研究表明，尼雅文明的消亡极可能不是由于自然条件的变异，而是由于军事、社会或其他突变因素引发的结果。这个神奇的遗址为人类留下了千古之谜。

7. 有台阶的地方——徒步夏特山谷（新疆）

长长的古道，有很多的白骨，不光是大自然物竞天择的遗迹，还有夸父般的英雄倒下的身躯。荒凉，有时也是一种美；静默，或许是生命的另一种倾诉。走在苍茫的天地间，你的内心会告诉自己，古道选择了你，你选择了古道，这是前世的约定。

简介：

夏特，清代称沙图阿满台，又作夏塔，是根据清代此地名为"沙图阿满台"简化间译而来的。"沙图阿满"蒙语意为"台阶"，"台"意为"有"。合在一起意为"有台阶的山谷"。

夏特位于新疆昭苏县城西南70余千米处，是柯尔克孜民族乡。夏特峡谷笔直通畅，形如长廊；两岸壁立，势同屏障。中间的夏特河水时缓时急，奔流向前。沿这条长约50千米的天然通道旅行，景物万千，令人目不暇接。

距峡谷30余千米处，是名闻伊犁地区的夏特温泉，有温泉浴池6处，水温42~46℃，疗效甚佳。

沿夏特河岸上行20余千米，即是云雾缭绕的木扎尔特雪峰。沿途多见石筑阶梯，时断时续，均为当年古道之遗存。木扎尔特达坂，海拔3582米，冰川谷道长约120千米，达坂上奇异的冰川景观、四周冰峰的雄浑气势，冰塔林、冰凌柱的参差起伏，宛如童话世界。

夏特古道是天山中麓著名的丝绸之路的一段，在我国西汉时期便已凿通，一直延续到20世纪40年代，是沟通天山南北诸地经济、文化、政治、军事往来的重要隧道。

8. 翻越天山——触摸博格达峰（新疆）

当你克服重重艰难险阻，置身于博格达峰脚下时，你会欣喜地发现，在人迹罕至的博格达峰雪岭之中，人是那样的渺小，而崇山峻岭和自然是那样的博大。在博格达峰这片净土上，没有世人的瞩目，没有金钱的诱惑，只有你面对巍峨雪山，用心灵去感受她的脉搏，聆听她的呼吸……

简介：

博格达峰在新疆维吾尔自治区阜康市境内，是天山山脉东段博格达山的最高峰。博格达山的北面是准噶尔盆地，南面是吐鲁番盆地。在它的东西两端有七角井和达坂城山口，是沟通天山南北的孔道。在蒙古语中，博格达意为"天神"。这是一座充满了灵性的山峰，是新疆的象征，是乌鲁木齐的守护神。

博格达峰终年冰雪皑皑，世称"雪海"，此峰山体陡峭，山峰顶部基岩裸露，岩石壁立；中部则冰雪覆盖，常年不化；峰顶以下则为冰川陡谷，地势险要，西坡与南坡的坡度达 30～70 度，只有东北坡稍缓。

9. 东方的瑞士——贾登峪—禾木—喀纳斯湖（新疆）

去过喀纳斯的人，无论怎样极尽赞美地描述她都不过分。葱郁连绵的群山间，笼罩着薄雾的喀纳斯湖宁静神秘，秀美绝伦。春季，花草繁密，漫山遍野；秋天，层林尽染，村落静谧安详，一切如同梦幻中的仙境。而当你真正用自己的双脚走近喀纳斯时，这种感受将更加强烈……

简介：

喀纳斯是蒙古语，意为"峡谷中的湖"。喀纳斯湖位于阿尔泰地区的布尔津县北部，距县城 150 千米，是一个坐落在阿尔泰深山密林中的高山湖泊。喀纳斯湖海拔 1374 米，南北长 24 千米，平均宽约 1.9 千米，湖水最深 188.5 米，面积 45.73 平方千米，自然景观保护区总面积为 5588 平方千米。湖畔四周雪峰耸峙，绿坡墨林，艳花彩蝶，湖光山色美不胜收。

这里是我国唯一的南西伯利亚区系动植物分布区，生长有西伯利亚区系的落叶松、红松、云杉、冷杉等珍贵树种和众多的桦树。已知的动物有 83 科 298 属 798 种，哺乳类 39 种，鸟类 117 种，两栖、爬行类 4 种，湖中鱼类 7 种，昆虫类 300 多种。许多种类的花木鸟兽在全疆乃至全国都是绝无仅有的。区内森林草原相间，河流湖泊众多，自然景观艳丽，具有极高的旅游观光、自然保护、科学考察和历史文化价值。

10. 在那遥远的地方——环游青海湖（青海）

用笔墨形容青海湖，是形容不出的，只有去了，用双脚去丈量她的遥远，用眼睛去目睹她的圣洁，用心去感受她的神圣，脚起泡了，眼缭乱了，心感动了，再回过头来说一声：我还会来的。这时你将读懂青海湖的魅力所在，因为那里留下了一串勇者探索的脚印。

简介：

青海湖位于青藏高原上，距西宁 150 千米，面积 4500 平方千米，海拔 3200 米，湖水冰冷且盐分很高。青海湖蒙古语叫"库库淖尔"，藏语叫"错温布"，也就是"青色的海"的意思。

青海湖是我国最大的内陆湖泊，也是我国最大的咸水湖，这里气候凉爽，即使在烈日炎炎的盛夏，日平均温度一般都在 15℃左右，是理想的避暑胜地。

11. 原始野性的地方——穿越浙东大峡谷（浙江）

这里是一处沉睡千年的生态绿谷，是一处原始野性的处女地。两岸山岩险峻，溪中潭深流急，怪石遍布，飞瀑直垂，构成了一个童话般的仙境。到了晚上，当天上明月当空，水中月影迷离时，在迷幻的意境中，你会发现，心灵又有了可以跳舞的地方。

简介：

浙东大峡谷又名大松溪峡谷，是天河生态风景区最神奇瑰丽的景区之一，自古人烟稀少，涉险攀登者寥寥无几。大松溪峡谷是天台山脉最佳的修炼养真之处，为道家之洞天福地之一，至今仍是人迹罕至的世外桃源。李白笔下的"半壁见海日，空中闻天鸡"的景观就在峡谷内天姥峰、聚仙坪一带，其悬崖千丈，壁插青天，迎客老松，如黄山胜景。从南海观世音菩萨手中净瓶流出来的神奇的"天水"在此幻化为峡谷水景三绝——金黄色的黄板潭、碧绿色的翡翠潭和流光溢彩的七色潭。浪漫素雅的月亮谷是峡谷必到之处，狭窄悠长的峡谷两边各有一个天然的圆月形洞府，一半在水上，一半在水下。大松溪峡谷包括峡谷观光区、天姥峰游览区和峡谷探险区三大功能区，其中，峡谷观光区又分为阆风晨渡、松溪涧天、万石布阵、天水三绝、大千世界、丹崖翠谷六大分景区。

12. 圣地寻访——走进琼崖（海南）

琼崖"一大"旧址占地面积 1839.09 平方米，建筑面积 994.26 平方米。建筑为砖木结构，建于 1920 年。

1926 年 6 月中共琼崖第一次代表大会在此召开。1950 年海南解放后又先后成为部队、海口和海南机关办公和住宿的地方。1984 年市政府将旧址确定为第一批市级文物保护定位。1994 年 11 月，省政府又将其公布为第一批省级文物保护单位。

1996 年 8 月海口市政府开始修复旧址、搬迁住户以及拆除 20 年代以后的建筑。2000 年 5 月 1 日琼崖"一大"旧址作为革命传统教育基地和旅游景点，正式对外开放。

琼海市在海南岛东部、万泉河下游，北、东与定安县、文昌市接壤，南、西与万宁市、琼中县毗邻。琼海是美丽富饶的地方，把它比作海南东海岸上的一颗明珠，确实当之无愧。

琼海具有光荣的革命传统，在第二次国内革命战争时期，是琼崖革命根据地中心。革命先驱杨善集、王文明在这里点燃了革命火种，为琼崖 23 年红旗不倒建立了功勋。1931 年 5 月 1 日，中国工农红军琼崖独立支队女子特务连——红色娘子军就在这块土地上诞生，而后纷飞的战火硝烟把它染成中国妇女解放运动最悲壮、最具传奇色彩的一面旗帜。

简介：

定安县地处海南岛东北部，岛上第一大河南渡江南岸，北距省会海口 33 千米，属海南旅游发展规划中的琼北旅游区。定安历史悠久，大量的人文和自然景观构筑了定安丰富的旅游资源。其中古迹有谷溪新石器时代遗址、南建州王廷金屯兵遗址等；革命遗址有中共定安县第一支部旧址、内洞山革命根据地旧址、黄竹农民训练班旧址、母瑞山革命根据地旧址等；古代名建筑

有定安古城、见龙塔、龙恼八角殿、张岳崧故居、深田天主教堂等；自然景观有琼北最大的人工淡水湖——南丽湖、富有古老神话传说的文笔峰、海南23年革命红旗不倒的摇篮——母瑞山，此外还有白石岭、龙州河等。

13. 古道、丝路、祁连山——西宁（青海）—张掖（甘肃）

古人曰：读万卷书，行万里路。古道、丝路，是不应被遗忘的路，它们不是被刻意开通的。古道的形成就如同历史一样，随时世应运而生。行走在路上，历史重现在眼前，在这些坎坷的路上，曾经发生过无数可歌可泣的故事，最终它们在漫漫的长路上汇聚成一种相互包容、难分你我的文化，一股凝聚华夏子民改天换地的精神。

简介：

宁张公路为古代"丝绸之路"南线的一段，是青海东部通往甘肃河西走廊的一条捷径，在历代军事上发挥过重要作用。它南起青海省会西宁，横穿祁连山，到达甘肃省张掖市，全长341千米，其中青海省内全长243.41千米。宁张公路改建系国家重点工程，计划总投资28982万元，工程自1991年动工，在1999年全部竣工。

14. 神秘的峡谷——独龙江（云南）

闭上眼睛，静静想象着云在独龙江峡谷的天空中缥缈游荡。火塘边，火苗温暖着疲累的身体，远处传来独龙族孩子的声音。陌生的语言，倾诉陌生的民族，仿佛一下子就占据了每一个进入独龙江峡谷的人的心。江水奔涌而来，似在引吭高歌，又似在如泣如诉。神秘的独龙江呀！是什么让你流淌了千年、咆哮了千年、苦等了千年？

简介：

独龙江发源于西藏伯舒拉岺雪山，上游叫种罗洛河，在与麻比洛河汇合以后，就叫独龙江了。这条江在我国境内总长250多千米，从迪布里流入贡山县境内，茂顶以下转向西流，过马库流入缅甸境内，汇入恩梅开江。独龙江沿岸是著名的横断山脉，西岸是海拔4000多米的担当力卡山，东岸是海拔

5000多米的高黎贡山，两山纵横南北，绵延起伏。这一带地形多样，从山脚至山巅的气候、温差悬殊。独龙江水势汹涌湍急、落差很大，即使枯水时期，流速也在每秒三米左右，丰水期则达五六米以上，蕴藏着丰富的水力资源。两岸深山密林中，还有罕见的珍禽异兽以及名贵的山货药材，地下也蕴藏着丰富的矿产，有待人们开发利用，是云南省未开发的处女地，被外人称为神秘的峡谷。

15. 鸟不敢飞翔的地方——虎跳峡（云南）

这里曾是人类不能靠近、飞鸟不敢飞翔的地方——虎跳峡。在哈巴雪山与玉龙雪山之间，奔流曲折的金沙江会告诉你，那是怎样的一个惊天动地的奇观。在充满感动和惊异的旅途中，你不得不钦佩造物者的神奇，造就了大自然无穷的魅力。

简介：

虎跳峡位于丽江市和迪庆藏族自治州交界处。金沙江自石鼓下行，河谷较宽、江流平缓，到距石鼓30多千米的下桥头与从迪庆来的硕多岗河汇合，水从空坠，狂涛怒卷，震撼山谷，奇险万状，惊心动魄，迂回约20千米，落差213米，江面最窄处仅30余米。峡口海拔1800米，与两岸的玉龙雪山、哈巴雪山海拔高差3900米。金沙江在这个峡谷中形成瀑布10条，高达10来米的跌坎7处，18处险滩，以虎跳峡闻名于世。所谓虎跳峡，顾名思义，是因传说曾有虎从江心巨石上跃过江面而得名。虎跳峡全峡分为上虎跳、中虎跳、下虎跳三段，上虎跳最重要的景观是"峡口"和"虎跳石"，中虎跳是"满天星"和"一线天"，下虎跳是"高峡出平湖"和"大具"。

16. 天堂与地狱间的穿越——稻城亚丁（四川）—泸沽湖（云南）

这里有自由生活的动物，婉转歌唱的鸟儿，静静的放牧人，多么纯粹的生命！稻城，这里有着你能够想象到的一切，更有着出乎你想象之外的一切，仿佛是一种来自灵魂深处的引力指引你前往到此。除了笑，除了感叹，实在找不到任何言语来表达，那是一种不能诉说的美！走进泸沽湖，也就走进了

一个神秘的世界,被海水般湛蓝的湖水包围着,试着放开自己的情怀,这里是人类文明的乌托邦,是你梦中的香格里拉!

简介:

(1)稻城。稻城县海拔3750米,位于四川省西南边缘,甘孜藏族自治州南部,南北长174千米,东西宽63千米。境内最高海拔6032米,最低海拔2000米,垂直高差达4032米。稻城东南与凉山州木里县接壤,西界乡城县并与云南省香格里拉县毗邻,北连甘孜州理塘县。稻城高原由横断山系的贡嘎雪山和海子山组成。两大山脉坐落南北,约占全县面积的三分之一。地形北高南低,西高东低,群山起伏,重峦叠嶂,逶迤莽苍。稻城全县近3万人口,其中藏族占96%以上,此外有汉、纳西、回、彝等民族。

三座五世达赖赐封的护法神山,即北峰观世音菩萨仙乃日(海拔6023米)、南峰文殊菩萨央迈勇(海拔5958米)、东峰金刚手百萨夏格多吉(海拔5958米)呈品字形巍然矗立,一尘不染,俊秀雄奇,撼魂荡魄。围绕着神山散布着珍珠海、牛奶海、五色海、冲古寺、千年玛尼堆、洛绒牛场等奇异景观,雪峰、森林、草场、牛羊、溪流、湖泊相映成趣,共同组成了亚丁美妙绝伦的风光。由于其神秘厚重的宗教历史文比,三座神山成为藏区信教群众朝拜的佛教圣地,并以其独特的自然景观、神秘深邃的宗教文化而成为雪山中的极品。

(2)泸沽湖。泸沽湖素有"高原明珠"之称。湖的水域面积达58平方千米,海拔2690米,平均水深45米,最深处90余米,透明度高达11米。湖中有五个岛、三个半岛和一个海堤连岛。湖中各岛亭亭玉立,形态各异,林木葱郁,翠绿如画,身临其境则水天一色,清澈如镜,藻花点缀其间,缓缓滑行于碧波之上的猪槽船和徐徐飘浮于水天之间的摩梭民歌,使其更增添几分古朴、几分宁静。

17. 蜀中之后——四姑娘山(四川)

靠近它,你才知道温柔是美,傲气也是美。这美,物化为美的山峰,美的沟壑，美的行云，美的流水。四姑娘山，如婉约的少女，又如豪壮的勇士，伫立在天地之间。春日里银山泛射着金光；夏风中林涛翻滚着绿浪；秋雨中碧水流淌着水花；冬日时万籁无声，山水凝固，共同注视青松的庄重，仰慕雪山的纯洁。这就是蜀中之后，东方的阿尔卑斯山！

简介：

四川省级风景名胜区四姑娘山位于阿坝藏族自治州小金县与汶川县交界处的日隆乡境内，距成都约 235 千米。四姑娘山因四座海拔高度分别为 5672 米、6250 米、5664 米和 5700 米的连绵山峰而得名，山峰终年积雪，云缠雾绕，如同头披白纱、姿容俊俏的少女。四姑娘山是横断山脉东部边缘邛崃山系的最高峰，为登山运动和高山旅游的胜地。

四姑娘山东有岷江，西有大渡河，气候温和，雨量充沛。景色特点为山顶地势险峻，终年积雪，山腰冰川环绕，山谷溪流清澈。出于交通相对的不便，四姑娘山的原始状态保存完整。景区内山势陡峭、苍劲粗犷。山沟内奇山异峰、冰川飞泉，大小高山湖泊和广阔的森林、草地，各种奇花异草、珍禽异兽，构成了独具特色的高原山地风光。随着人们对它了解的深入，尤其是摄影界、登山爱好者对它的日益青睐和关注，它的名气也越来越大，现已成为一处著名的旅游胜地。

18. 雪山下的桃源之地——漫步海螺沟（四川）

神奇的土地，显露出她独有的灵性。无论你用相机或笔，都没法留住她的灵魂，也不能描述她的个性。这里就是贡嘎雪山下的桃源之地——海螺沟。

简介：

（1）贡嘎山。贡嘎山国家级风景名胜区，位于甘孜藏族自治州泸定、康定、九龙三县境内，以贡嘎山为中心，由海螺沟、木格措、五须海、贡嘎南坡等景区组成，面积 1 万平方千米。贡嘎山主峰海拔 7556 米，被誉为"蜀山之王"，主峰周围林立着 145 座海拔五六千米的冰峰，形成了群峰簇拥、雪山相接的宏伟景象。贡嘎山有现代冰川 71 条，著名的有海螺沟一号冰川、贡巴冰川、巴旺冰川、燕子沟冰川、磨子沟冰川等。

（2）海螺沟。海螺沟是贡嘎山东坡冰蚀河谷，因沟内发育着贡嘎山中最大的冰川而得名。它也是亚洲位置最东、夏季海拔最低的冰川之一，在纵向上分为粒雪盆、大冰瀑布和冰川舌三级阶梯。海螺沟冰川有三大壮丽景观，大冰瀑布、冰川弧拱和冰川城门，均位于山脚下的海螺沟风景区，近年来正被越来越多的人所认识和喜爱。海螺沟的特色之一是身处山脚，远望终年积雪不化的贡嘎雪山，气势恢宏，令人"肃然起敬"，阳光照在金山银山之上，光芒万丈，瑰丽辉煌；特色之二是世界上的冰川大都位于海拔较高处，然而在海螺沟海拔较低处就能望见冰川从高峻的峡谷铺泻而下，那举世无双的大冰瀑布，高 1000 多米，宽 1000 多米，比贵州黄果树瀑布大上 10 倍，令人过目即终生难忘；特色之三是在这冰天雪地的冰川世界里，有一股水温高达 90℃的沸泉，游人可在冰川上洗温泉浴，可称得上是世界奇观。

19. 美景天成，如在书中——悠游德天瀑布（广西）

提起广西，许多人自然会想起"桂林山水"；说到瀑布，也许你就会想到诗句"飞流直下三千尺，疑是银河落九天"。那磅礴的气势，壮观的画面，似乎已成为瀑布锁定的景观。然而位于广西中越边境中段的大新县，那里有个世界第二和亚洲第一的跨国大瀑布——德天瀑布。只有身临其境才会深感其动人心魄的魅力。悠游德天，能令你仿如置身书中，心无纤尘。

简介：

大新县位于广西中越边境上，离南宁 140 多千米，是一个奇特的旅游景区。大新德天风景区云集了国家特级景点及一、二、三级景点 40 余个。国家特级景点德天瀑布，气势磅礴，与紧邻的越南板约瀑布相连，是世界第二大跨国瀑布。还有奇峰夹峙的黑水河，绮丽多姿的两岸奇景；怪石遍布的雷平石林和水上石林，层峦叠嶂；溶洞遍布的恩城自然保护区，水平如镜；石峰玉立的乔苗平湖，鬼斧神工；造型奇特的龙宫岩，多级跌落；白练翻滚的沙屯叠瀑；具有特殊意义的 53 号界碑；无数的古迹文物和珍稀动物……其中最美的是素有"小桂林"之称的明仕田园，五百里画廊为您展开一幅又一幅宁静抒情的南国特有风光的风情画卷。

20. 行走便如赏画——用双脚感受漓江（广西）

在漓江边行走，随处可见的是碧秀的青山，疏密错落，或连绵数里，或独峰冷处于大片的田园之间，漓江山水的秀美画卷自然而然地轻轻展开。去漓江边走走吧！闭上眼睛让江风缓缓地滑过你的手，你的心，流水轻柔，一路看不完的田园美色，奇峰林立，飘着叶香的柚子园，还有山边农家冰凉爽口的白凉粉，都令人浮想联翩。

简介：

漓江风景区是世界上规模最大、风景最美的岩溶山水游览区。漓江又名桂江，古名葵水，发源于广西兴安县北部的猫儿山，流经桂林、阳朔、平乐、阳平等地方后，于梧州汇入西江。从猫儿山到梧州，漓江全长 426 千米。桂林到阳朔约 83 千米的漓江水程，是广西东北部喀斯特地形发育最典型的地段，属岩溶峰林地貌，河流依山而转，形成峡谷。漫步漓江，可见烟雨晴岚，彩崖巧石，碧水倒影，翠竹奇峰幻化的一幅幅绿色画卷，一个个生动梦幻，显示出最高境界的清丽与奇秀之美。

21. 六月有积雪——太白胜景（陕西）

太白山是秦岭山脉的主峰，位于陕西眉县城南 20 千米，东距西安 100 多千米，西距宝鸡 90 多千米，海拔 3767 米，是青藏高原以东的著名高峰。太白山峰岭陡峭，群峰林立，山间谷地原生自然景观保存良好，有典型的第四纪冰川遗迹；林木茂盛，植物种类丰富，珍稀植物 20 余种，太白山的独叶草为世界罕见；野生动物 500 余种，其中有朱鹮、黑鹳、大熊猫、金丝猴等珍稀动物。这里的气候、土壤和植被的垂直分布明显，现已被列为国家级自然保护区。

简介：

"太白积雪六月天"为著名的关中八景之一。明王昕在《三才图会》中

这样描述太白山："山巅常有雪不消，盛夏视之犹烂然。"

从拔仙台环眺四周，角峰、槽谷、冰斗、冰坎、冰阶、冰碛湖等第四纪冰川遗迹历历在目。点缀在太白山巅的6个高山湖泊，湖水清澈凛冽、洁净无杂，映日印月，蔚为壮观。

太白山重峦叠嶂，峡谷深幽，千峰竞秀，万壑藏云。茫茫云海中，峰如海岛，岭似飞舟，时隐时现，变幻无穷。

22. 行走山巅的地方——白羊峪（河北）

"远闻山下渔船声，极目远眺，不见水上打鱼人。"这就是白羊峪长城的早晨。白羊峪长城立于群山之上，水秀山青，拥有旖旎的江南秀色，也具备雄浑的北国风光，成为徒步者流连的去处，更因为这里的古长城文化深深地扎根于中华民族的血脉中，与之合为一体，充满魅力。

简介：

白羊峪位于河北省迁安市区北20千米。白羊峪口山雄关险，乃通往塞北之咽喉，自古为兵家必争之地，有"一夫当关，万夫莫开"之势。四周山高峰险，山巅之上长城蜿蜒，其中长达2000米的大理石长城堪称万里长城之一绝。建筑奇特雄伟的神威楼历尽沧桑400余载，烽火台、谎城（马圈）、水关、都察院等古代边关防御体系完整地汇集于此地。新建的嬉水池、莲花池、延年桥、望佛亭等现代景点与古代建筑融为一体，别具一格。白羊河水自北向南穿过关口，四季长流。白羊峪青山绿水，风景雄浑秀丽，素有"北国江南"之美誉。

23. 关东第一山——走进长白山（吉林）

在那漫长的地质年代，继多次火山喷发后，长白山巍然屹立在亚洲大陆的东方。在大自然的雕琢下，长白山具有雄浑的气势、瑰丽的景色，峰峦层叠，沟壑深邃；苔原上，山花开放，铺翠叠锦；山壁侧，万仞开屏，香雪迎宾；五彩云雾穿山锁谷，茫茫林海郁郁葱葱；天地湖水晶莹透碧，白山瀑布势如银河泻下千顷雪……置身于它的怀抱，犹如来到宙斯把持的天国——奥林匹斯。

简介：

长白山是我国与五岳齐名、风光秀丽、景色迷人的关东第一山，因其主峰白头山多白色浮石与积雪而得名，素有"千年积雪万看松，直上人间第一峰"的美誉。长白山位于欧亚大陆东端，吉林省东南部，地处延边朝鲜族自治州和白山市交界处，中朝两国边境上，主峰海拔 2691 米，海拔 2500 火以上的山峰有 16 座，总面积 8000 余平方千米。长白山北起吉林省安图县的松江镇，西始于抚松县，东止于和龙市境内的南岗岭，南部一直伸到朝鲜境内。长白山是东北各族人民世代繁衍生息的摇篮和东北地区的生态屏障。

24. 体验放逐的感觉——穿越神农架（湖北）

这是一条勇敢者之路，是真正的徒步探险之旅。进入了神农架核心的无人区，在不见天日的原始森林中觅路，宿营所能凭借的只有地形图、指南针、海拔表和砍刀，还有勇气、毅力与智慧。出了神农架的无人区，感觉是那么幸福，生活是那么美好，"出去是为了更好地回来"，穿越神农架会真正体验到这句话的含义。

简介：

神农架位于湖北省西部，东临荆襄，南临长江，西接重庆，北靠武当。因相传远古神农氏在此搭架采药、尝百草而得名。又因其主峰神农顶海拔 3105.4 米，实为"华中屋脊"。神农架因其特殊的地理环境和独特的地理位置，成为各种动植物的避难所，以致在第四纪冰川时许多动植物在这儿幸免于难。因此，神农架在 1990 年被联合国教科文组织纳入"人与生物圈"保护区网计划。神农架旅游资源非常丰富，动植物种类繁多，森林茂密，是探险避暑、休闲度假的好去处。同时神农架的野人之谜、白化动物等神秘现象也吸引了广大游客前来观光览胜。

第三章 健康之忧——你被生活奴役了么

一、亚健康状态

随着人们物质文化生活的改善和提高，健康已成为人们日常生活中一个热门话题。但究竟什么是健康？如何才能保证真健康？世界卫生组织给健康所下的定义是生理、心理及社会适应三个方面全部良好的一种状况，即身体、精神和交往上的完美状态，而不仅仅是指身体无病或者身体健壮。资料表明，现代社会人群中符合健康标准者约占15%，患有各种疾病者也约占15%，而处于亚健康状态者则占大多数。

这就出现了一个陌生的名词——亚健康。那么，亚健康到底是什么呢？

（一）传统医学中的"亚健康"

我们通常说患了疾病，但在古代"疾"与"病"含义不同。"疾"是在初起或浅表的时候小病（疾），如果不采取有效的措施，就会发展到可见的程度，就是加重的疾或合并的疾便称为"病"。这种患疾的状态，现代科学叫"亚健康"或"第三状态"，在中医学中称"未病"。

"未病"不是无病，也不是可见的大病，按中医观点而论是身体已经出现了阴阳、气血、脏腑营卫的不平衡状态。我们的祖先早就意识到，有了疾病除积极寻找除疾之法外，还积累了许多预防疾患的经验。《黄帝内经》有曰："圣人不治已病治未病。夫病已成而后药之，乱已成而后治之，譬犹渴而穿井，斗而铸兵，不亦晚乎？"由此可鲜明地看出我们的祖先已认识到对疾病应未雨绸缪、防患未然。

（二）现代医学中的"亚健康"

亚健康即指非病非健康状态，这是一类次等健康状态，是介乎健康与疾病之间的状态，故又有"次健康"、"第三状态"、"中间状态"、"游离（移）状态"、"灰色状态"等的称谓。

细究之，亚健康是个大概念，包含着前后衔接的几个阶段。其中，与健康紧紧相邻的可称作"轻度心身失调"，它常以疲劳、失眠、胃口差、情绪不稳定等为主症，但是这些失调容易恢复，恢复了则与健康人并无不同。

这种失调若持续发展，可进入"潜临床"状态，此时，已呈现出发展成某些疾病的高危倾向，潜伏着向某病发展的高度可能。在人群中，处于这类状态的超过三分之一，且在40岁以上的人群中比例陡增。他们的表现比较错综，可为慢性疲劳或持续的心身失调，包括前述的各种症状持续2个月以上，且常伴有慢性咽痛、反复感冒、精力不支等。从临床检测来看，城市里的这类群体比较集中地表现为"三高一低"倾向，即存在着接近临界水平的高血脂、高血糖、高血黏度和免疫功能偏低。

国内外的研究表明，现代社会符合健康标准者也不过占人群总数的15%左右。有趣的是，人群中已被确诊为患病，属于不健康状态的也占15%左右。如果把健康和疾病看作是生命过程的两端的话，那么它就像一个两头尖的橄榄，中间凸出的一大块，正是处于健康与有病两者之间的过渡状态——亚健康。

亚健康代表性症状表现为：

（1）"将军肚"早现。30～50岁的人，大腹便便，是成熟的标志，也是高血脂、脂肪肝、高血压、冠心病的伴侣。

（2）脱发、斑秃、早秃。每次洗发都有一大堆头发脱落，这是工作压力大、精神紧张所致。

（3）频频去洗手间。如果你的年龄在30～40岁之间，排泄次数超过正常人，说明消化系统和泌尿系统开始衰退。

（4）性能力下降。中年人过早地出现腰酸腿痛，性欲减退或男子阳痿、女子过早闭经，都是身体整体衰退的第一信号。

（5）记忆力减退，开始忘记熟人的名字。

（6）心算能力越来越差。

（7）做事经常后悔、易怒、烦躁、悲观，难以控制自己的情绪。

（8）注意力不集中，集中精力的能力越来越差。

（9）睡觉时间越来越短，醒来也不解乏。

（10）想做事时，不明原因地走神，脑子里想东想西，精神难以集中。

（11）看什么都不顺眼，烦躁，动辄发火。

（12）处于敏感紧张状态，惧怕并回避某人、某地、某物或某事。

（13）为自己的生命常规被扰乱而不高兴，总想恢复原状。对已做完的事，已想明白的问题，反复思考和检查，而自己又为这种反复而苦恼。

（14）身上有某种不适或疼痛，医生查不出问题，但仍不放心，总想着这件事。

（15）很恼烦，但不一定知道为何烦恼；做其他事常常不能分散对烦恼的注意，也就是说烦恼好像摆脱不了。

（16）情绪低落、心情沉重，整天不快乐，工作、学习、娱乐、生活都提不起精神和兴趣。

（17）易于疲劳，或无明显原因感到精力不足，体力不支。

（18）怕与人交往，厌恶人多，在他人面前无自信心，感到紧张或不自在。

（19）心情不好时就晕倒，控制不住情绪和行为，甚至突然说不出话、看不见东西、憋气、肌肉抽搐等。

（20）觉得别人都不好，别人都不理解你，都在嘲笑你或和你作对。事过之后能有所察觉，似乎自己太多事了，钻了牛角尖。

（三）导致亚健康状态的原因

据有关部门调查表明，现代人约有50%以上处于"亚健康状态"，这些人常感叹自己活得很"累"，并常常伴有食欲不振、头痛、失眠、心绪不宁、精神萎靡、注意力不集中、疲劳、健忘及性功能障碍等现象，在医院又检查不出器质性病变。长期处于这种状态，身体状况会走入低谷，致使某些疾病陆续发生。导致"亚健康状态"的原因，是现代生活中的环境污染、饮食结构不合理、嗜烟酗酒以及来自社会竞争的各方面压力等。具体来说，以下几个方面的因素对人体"亚健康"的影响不容忽视：

（1）交通拥挤，住房紧张，办公室桌子靠桌子，使人们生活、工作的物理空间过分窄小，独立的空间往往成为奢望。

（2）废气、垃圾、工业、噪声及辐射等污染，严重损害人们的生存环境，宁静祥和的环境往往被喧嚣和污浊所代替。

（3）在市场经济条件下，经济收入逼迫人们过分地工作，出现身心"透支"现象，金钱往往逼迫人们成为它的奴隶。

（4）社会竞争日益激烈，人们面临着被"炒鱿鱼"和下岗的威胁，为了保住工作，不得不承受越来越重的压力，陷入越来越多的矛盾中。

（5）社会发展日新月异，信息变化加速，使得终身学习成为必然的要求。因此，学习新知识，创造新思维，成为人们越来越重的压力和负担。

（6）社会人际关系变得复杂，使得人们建立和处理人际关系变得更加谨慎和困难。

（7）机械化、形式化的生活、工作和学习，占去了人们的大部分时间，使得人们的情感交流变得越来越少，越来越空泛，孤独成为人们生存的显著特征。

（8）社会生活的复杂化、多变性，给人们的恋爱、婚姻和家庭生活的稳定性带来了越来越多的冲击，使得人们之间的情感联系薄弱，情感受挫的机会增多，从而降低了人们对情感生活的信心，影响了人们情感生活的质量。

（9）人们自身的某些不足和遗憾，往往成为自我折磨的理由。

（四）警惕亚健康综合征

亚健康是人介于健康和疾病之间的一种部分生理功能下降的状态。亚健康状态的人，处理得当身体可向健康方面发展，反之则向疾病方向转变。

如果身体长期处于亚健康状态而忽视调理，就可能导致疾病的发生和恶化；而通过合理的干预和预防，往往能使机体恢复健康。因此，在日常生活当中，我们要警惕亚健康综合征，将潜在的疾病消灭在萌芽状态。

（1）计算机病：又称"反复紧张性损伤症"、"计算机键盘疲劳综合征"、"上网过多障碍症"。

（2）高楼综合征：以玻璃和混凝土为材料建成的现代高层楼房里，尽管装备着完善的空气调节器和人工照明设备，但是，在那里工作的人们的发病率却大大高于生活和工作在传统式楼房里的人们。

（3）空调病：空调病是环境因素所致的疾病。随着空调在工作场所和居室的普及，其发病率逐年增高。

（4）考试综合征：年年升学考试，年年总有一些考生，平时成绩不错，但是一上考场，头脑一片空白，一旦考试结束，头脑中的知识，又顿然跳了出来，"上场昏"现象在生理学上称为"怯场反应"，临床上称为考试综合征。

（5）甜食综合征：糖是家庭必备食品，在糖的甜蜜之中隐藏着对人体健康的威胁。日常饮食中，偏爱甜食者，常常会因过量食糖而导致"甜食综合征"。

（6）噪声病：联合国经济合作与发展组织对噪声污染的研究后得出结论，

人能忍受噪声的限度平均不得超过 65 分贝。按一般国际标准，城市室内允许的声级为 42 分贝。噪声污染会对人体健康产生严重不良影响。声级 50 分贝时，出现入睡困难；超过 85 分贝，听觉细胞受损。长期过高的家庭噪声刺激，可"病从耳入"，使人出现头痛、头晕、耳鸣、疲倦、失眠、记忆力减退等症状；长时间在噪声环境下生活，还会使人血压升高，心跳、呼吸加快，血脂升高，消化不良，大脑皮层兴奋与抑制活动失去平衡。过高的噪声还会使胎儿的正常发育受到影响，儿童的智力开发受到障碍。

（7）办公室综合征：随着我国经济的不断发展，大大小小的办公机构也越来越多。井然有序、恒温舒适、富丽气派、清洁明亮的办公室如不注意环境保护，其工作人员则很容易患上"办公室综合征"。

（8）书写痉挛：书写痉挛是由于职业因素长期从事手部精细动作，导致手部肌肉痉挛，出现以书写功能障碍为主的一种症状群。

二、白领职业病

某大型招聘网站发布的"2010 职场人压力状况调查"显示，有些大城市 93.24% 的白领有加过班经历；有 69.6% 的白领一直处于工作日晚上加班比节假日加班更频繁的状态；更有 35.1% 的受访白领表示，他们每周累计加班时间超过 10 小时，平均每个工作日加班时间在 2 小时以上。

上述调查中，48.6% 的职场人表示自己压力很大，72.5% 的职场人中表示工作压力已经影响到了他们的生活，其中近六成职场中人怀疑自己有轻微抑郁症状。

当下中国城市，尤其是一线城市的年轻白领，主要面临两大压力。一是巨大的生活成本压力。房价高昂，生活费用上涨，而收入较低，为了梦想只能"玩命地干"。二是严峻的就业压力。大学毕业生越来越多，年轻白领为了

保住难得的"饭碗",面对老板的超时加班安排,也只得忍气吞声,被迫掠夺性使用自己的人力资源,透支自己的健康和生命。

(一)扼杀白领健康的隐秘"杀手"

1. 工作时间长

此为白领工作的最大特点。对一些白领而言,一天工作八小时无异于痴人说梦,挑灯夜战、加班加点早已成为他们的必修功课。

2. 工作压力大

各行各业都不乏顶尖人才,想在激烈的竞争中立足,白领的压力可想而知。而一些企业的"挑战自我、激发潜能"的企业文化更是让他们不得喘息。

3. 睡眠时间短

由于经常性地超时工作,睡觉已成为部分白领一族生活中最大的奢侈,不少人利用周末时间猛补觉。不过这依然无法弥补他们的睡眠不足,也改变不了他们不良的生活习惯。

4. 职业病增多

长期超负荷工作让白领一族的职业病日渐增多。高血脂、脂肪肝、胃病等常见病自不必说,更有电脑综合征、空调综合征等跑来添乱。

5. 工作环境压抑

钢筋混凝土的写字楼、界限分明的格子间、严肃寡言的上司……在这样的环境中,难怪白领上趟厕所也要大跑小跬地匆匆忙忙。

6. 沟通机会少

特别是一些在科技领域工作的白领,每天所面对的都是图纸、文案、计划等,与人沟通也多半通过网络进行。久而久之,这些人习惯了跟没有表情的机器沟通,遇到活生生的人反而不知道该如何相处。

7. 性格发生改变

因为习惯通过键盘和鼠标与人沟通,许多白领在真实世界中不善表达,见到陌生人就会口吃、冒冷汗。于是，网络上热情似火，生活中冷漠如冰，摆荡在虚拟与现实世界之间的白领成为潜藏两种极端性格的"两面人"。

（二）白领常见职业病及对策

长期镇守在办公室的白领一族的身体状况岌岌可危，经常会得一些看起来简单，实际对健康有很大危害的职业病。

1. 鼠标手

鼠标手可能是最常见的白领职业病。通常发生在主要以操作电脑来完成工作的白领身上。由于鼠标形状、握鼠标的姿势、办公桌、座椅高低、质量等外在因素，手腕和鼠标之间形成紧张角度，并长期得不到舒展，有个学名叫"腕管综合征"，来自于长期重复性压力伤害。也就是说手部的骨骼、韧带等结构因为受到压力而造成机能损害，但又没有恢复，重复受损。这样长期下去的话，就会演变为"鼠标手"的升级版——腱鞘炎。

对症武器："弹奏乐器"应对鼠标手。一位手外科专家说，一个经常使用电脑的吉他手是不会患鼠标手的。从而我们知道，其实只要我们经常轻微地运动我们的手部，鼠标手就会缓解乃至痊愈。白领一族在工作之余，可以去学一门乐器，比如钢琴、吉他等，不仅可以运动手部，更可以陶冶情操、放松神经。

2. 腱鞘炎

腱鞘炎已然是一种软组织炎症了，患病者通常会在手腕或拇指根部发现长了一个包，按压有酸痛感，不动它的话，手腕处于某一个姿势时会发生关节刺痛或有使不上劲的感觉。所有的鼠标手和腱鞘炎受害者刚开始的时候都会经历手指、手腕乃至前臂的僵直酸痛，而后，这种酸痛成为常态，以致影响到日常生活，严重时有的人会因腱鞘炎握不住杯子，拿不住笔。不过，不论是鼠标手还是腱鞘炎，以至于你还听说过"键盘肘"，都不是难以挽回的健康受损状况，都可以较好地恢复而且没有后遗症，但如果你还是不当回事儿，让这种"重复性压力伤害"持续下去的话，它们就会演变成关节炎。

对症武器：转动手腕，放松手部。如果你忙得没时间和精力去学习乐器，还有一些简单的手部运动小动作可以帮你缓解手部的不适。顺时针、逆时针旋转手腕；注意要轻柔，不要让已经疲劳的手腕再次受到运动伤害。手指攥紧、放开反复10次；做完后会觉得手部很紧张很累，但做完后就达到彻底的放松。

3. 颈椎病和肩周炎

颈椎病是指颈椎间盘退行性变、颈椎肥厚增生以及颈部损伤等引起颈椎骨质增生，或椎间盘突出、韧带增厚，刺激或压迫颈脊髓、颈部神经、血管而产生一系列症状的临床综合征。主要表现为颈肩痛、头晕头痛、上肢麻木、肌肉萎缩，严重者双下肢痉挛、行走困难，甚至四肢麻痹，大小便障碍，出现瘫痪。多发在中老年人，男性发病率高于女性。

肩周炎，全称为肩关节周围炎，是以肩关节疼痛和活动不便为主要症状的常见病症。肩周炎是肩关节周围肌肉、韧带、肌腱、滑囊、关节囊等软组织损伤、退变而引起的关节囊和关节周围软组织的一种慢性无菌性炎症。它的临床表现为起病缓慢，病程较长，病程一般在1年以内，较长者可达到1～2年。

我们坐在电脑前工作的时候，经常会不自觉地凑近电脑，这个时候如果我们跳出来回头看看自己，会发现自己弓着背，耸着肩，伸长脖子，半张着嘴，目不转睛地盯着电脑。这样一个令人不舒服的紧张姿势，不久就会让我们腰酸背痛。和手肘部位的不适相似的是，肩颈部的不适和病症同样也是久坐办公室、使用电脑的白领常见的"办公室综合征"之一。

电脑屏幕的位置过高过低、过远过近都会造成头部姿势不正确，敲打键盘会让手肘悬空，肩部肌肉紧张。长此以往，我们发现自己肩颈酸痛，头颈僵直，都不会动了。而到了夏天的时候，再有空调从上往下吹着脖子，冻着腿……

对症武器：摇头晃脑。对于颈椎病和肩周炎，最好的缓解方式，就是在办公之余站起来轻轻运动一下，而且此类运动也不需要你在办公室里张牙舞爪。转动头部：低头，停一会儿，然后向左转动头部，到肩膀处再停一会儿，再向后转头，再停一会儿，再向右，再停，最后回到中间。最后再匀速转动一圈。停顿的意义在于，颈部肌肉和韧带本来就处于紧张状态，如果运动过猛、过快，反而会使肌肉拉伤。停一会儿就是让韧带和肌肉适应不同的姿势，适应以后再改变姿势。对于肩部来说，只要你时常站起来走一走，让姿势改变，就会让肩部得到放松和舒展。

4. 干眼症

对着电脑工作，每到下午的时候感觉眼部干涩，这几乎是每一个公司白领都会发生的不适症状。但长久下去，我们会发现眼部干涩以至于酸痛，短暂的休息都无法缓解，而且会转变成眼部发痒流泪，如果这个时候揉眼睛更会视物模糊，这就不再是简单的眼部干涩了，这就是我们说的干眼症。这只是眼部疲劳的症状之一，严重时会导致视觉模糊、视力下降、发痒、灼热、疼痛和畏光，从而并发电脑眼病综合征——也就是"电脑眼"。

其实干眼症说白了就是因为我们注意力太过集中，忘了眨眼造成的。这样说也许会有些可笑，眨眼居然还要"记得"？正如呼吸还会忘么？会的。过度紧张的时候我们会忘了呼吸，好比看特别精彩的电影后，会觉得头疼，正是因为我们忘了呼吸，造成大脑缺氧。而眨眼通常情况下平均每3秒1次，眼睛会铺一层泪膜在眼球上，让眼球保持湿润。如果我们留意一下，我们会发现当我们凝视电脑屏幕时，居然可以保持1分钟不眨眼，这样就失去了泪膜对眼球的保护，让眼部长期干涩，当我们发现眼睛不舒服的时候，揉眼又会使本就脆弱的眼睛发生摩擦伤害和感染。

对症武器：眨眼、闭眼、转动眼球。针对干眼症，就是要经常眨眼、闭眼、按摩眼眶。在各大药房都能买到人工泪液，那是一种人工合成的成分类似于人类自动分泌的眼泪似的液体，当人们忘了眨眼，而眼睛都忘了分泌泪水的时候，可以让人工泪液来帮助我们湿润眼球。如果我们有视力下降的情况，闭上眼睛，缓慢地转动眼球，将眼睛以顺时针或逆时针的顺序转到极限，再转回来，会使眼部肌肉放松，缓解因为长期凝视一个方向造成的眼部肌肉疲劳。

有益于眼部的最常见食物有枸杞和菊花，枸杞补肾，菊花滋阴。简单地说，肾属水，水明目，泡一杯菊花枸杞茶，补肾滋阴明目，是不错的办公室饮料。

5. 屏幕脸——色素斑和成人痘

对于很多白领一族而言，长期面对电脑办公，会导致"屏幕脸"。电脑产生的干燥环境和静电，会使大量灰尘停留在皮肤表面，堵塞毛孔，造成痤疮和色素沉淀。如果急着清掉这些痘痘，未痊愈闭合的皮肤又会被灰尘感染。即使是没有痘痘烦恼的中干性皮肤，时间长了，也会因灰尘造成色素沉淀而生色斑。

对症武器：及时补水，仔细卸妆。在办公室放一小瓶喷雾时常让面部保湿可以缓解静电伤害，而无论春夏秋冬涂抹防晒和隔离霜，可以将皮肤暂时隔离于脏空气。女性化妆也可以缓解外部污染对皮肤的损害。但是千万仔细卸妆，每晚要将毛孔中堆积一天的灰尘和油腻都揉出来才行。此外一定要养成的好习惯是，手不上脸，千万不要因为脸上长痘而不自觉地用手抠或摸脸，长期放在电脑前的手，其实很脏很脏。

6. 膀胱炎和尿路感染

一旦工作忙起来，有些白领不仅会忘了呼吸，忘了眨眼，还会忘了上厕所。俗话说人有三急，可是工作忙起来有些人真的会把这"三急"都生生压抑掉。压抑不了怎么办？憋着！憋不住怎么办？快速跑去跑回。多年前曾有传言说有公司上厕所都是跑步来回的，原来不是公司纪律，而是工作太忙自发导致。于是有的白领为了减少上厕所就不喝水，殊不知这是危及健康的大忌中的大忌。当膀胱里有了尿，产生了尿意，就应该立即排尿。如果强行忍着不去排尿，就是人们常说的憋尿，医学上称为"强制性尿液滞留"。尿液久滞于膀胱内，会造成尿液中的细菌大量繁殖。而女性的尿道比男性要短，因此细菌更容易上行导致尿路感染、膀胱炎，严重时会导致肾盂肾炎。

对症武器：不憋尿。别的职业病都有针对的"武器"，而憋尿不是病，唯一的办法就是及时排尿。而且增加排尿次数会帮助身体排出毒素，所以更加要在办公室增加水分的摄入，增加排尿次数，才能缓解症状。

7. 便秘

白领一族久坐办公室因为缺少运动而减缓肠道蠕动，从而导致便秘。再加上办公室白领日常饮食不规律，有时因加班而缺食少顿；因多外食而饮食油腻，缺少蔬菜水果的摄入；因工作忙碌而该排便时不排便，最终导致便秘。

对症武器：规律地生活。建议每天早上用白开水冲一勺蜂蜜饮用，能够滋润肠胃，但因为蜂蜜也不适合空腹服用，会加速胃酸分泌导致胃黏膜受损，所以，早餐不能忽略。晚上早睡，第二天才能爬起来吃早饭。带一个水果到公司，可在午饭前吃，也可以在下午4～5点间吃，一方面补充维生素，也能够产生饱腹感不至于让久坐一族发胖。在上下班时放弃开车，坐地铁或公交车后步行一段路。归根结底，规律地生活别人帮不了忙，只能自己强制实施。

三、办公室潜伏杀手

忙碌的都市上班族一天有大半的时间都泡在办公室里埋头工作，据调查数据显示，上班族一生有超过7万小时是在办公室中度过的，办公室就俨然成了上班族们的"第二个家"。"第二个家"中如果潜伏了隐形的健康杀手，无疑就是在我们身边放了一枚定时炸弹。

（一）办公室综合征

随着现代化的办公楼及新式办公设备不断地投入使用，一部分人在这样的环境下工作反而出现许多过去没有的不适症状：容易疲倦、头晕眼花、反应迟钝、烦躁不安、呼吸不畅、食欲减退等。医学专家们称之为"办公室综合征"。

这些异常与办公室环境中的污染因素和紧张的工作节奏密切相关。新建的办公楼一般均安装空调，空调能给人提供比较适宜的温度，同时也不可避免地带来一些弊端。如缺乏自然通风，空气流通不畅，人们呼出的大量二氧化碳、吸烟产生的烟雾、某些办公设备如复印机，散发的有害气体积聚其中。空调系统里有水分滞留，成为某些细菌、真菌和病毒的"藏污纳垢"之地。有专家以空气中负离子的含量判定空气的洁净程度，每立方厘米空气中含有1000至2000个阴离子是人体健康的基本要求，阴离子浓度低于50个/立方厘米将诱发疾病，而许多密闭的空调房间中阴离子浓度竟低于25个/立方厘米。

复印机、电脑等现代办公设备，在工作中给人们带来方便、快捷、高效等诸多好处时，也给人们带来一些不容忽视的环保问题。复印机工作时由于高压静电场作用而产生大量的苯并芘、二甲基亚硝胺等有机废气，这些有机气体都是致病、致畸、致癌的物质，对长期接触的办公室一族会产生危害。复印机产生的臭氧更是无形杀手，它强烈刺激人的呼吸道，长期吸入会引起口干舌燥、咳嗽等症状，甚至会诱发中毒性肺气肿，而电脑辐射会破坏人体的免疫机能，加速衰老，是孕妇生畸形儿的诱发因素。

总之，在办公室存在着浓度比室外高出几十倍的有害气体，是导致"办公室综合征"的直接原因。美国一家环保机构曾报道：来自居室和办公室的有害物质比周围环境的有害物质更易引发癌症。加拿大某卫生组织的一项调查显示：68%的疾病源于室内空气污染。防治办公室综合征应从改善环境因素以及自我调节、增强个人体质入手。减少办公环境中有害因素的具体措施包括改善办公室的自然通风，禁止吸烟，增加空调的防霉除湿功能，使用防电离辐射的设备（如视保屏），选用天然无害的建筑材料等。

（二）办公室潜伏杀手

1. 电话机

它可能让你：听力下降，患强直性脊柱炎，因颈椎劳损而导致高位瘫痪。

夺命理由：①虽然打电话这个动作让你看起来很专业也很忙，但是如果保持15分钟，就已经开始消耗颈椎的组织液了。②端肩姿势和不稳定的重心一样会加重腰椎负担。③50%的人曾因为工作忘我，以这种姿势接电话摔倒而碰破了头。

见招拆招：如果懒得改，可以在听筒上加一个脖子垫，感觉每次听电话就像拉小提琴。

2. 你的态度

它可能让你：得抑郁症，尝试自杀，尝试各种反社会行为。

夺命理由：①100%的办公室人群在抱怨的同时，会有焦躁、不满的情绪，但只有30%的人通过言辞完全从中解脱出来。②如果压抑许久，可能会导致很难治愈的抑郁症，从而厌世轻生。③选择爆发的人，则更喜欢用暴力解决他们在办公室里不喜欢的人。

见招拆招：有话直说，做人干脆一些，抱怨通常不是解决问题的方法。

3. 维生素

它可能让你：猝死，脱发，早衰，生物钟紊乱。

夺命理由：所有药物包括复合维生素在内，都会加重肝肾功能的负担，另外刺激新陈代谢的药物，更是给你脆弱的心脏打了记组合拳。

见招拆招：把药物变成蔬菜水果，把饮料换成白开水。早开始一天，你就能多活半小时。

4. 耳机

它可能让你：丧失听力，精神分裂，注意力下降。

夺命理由：①美国有一项调查发现很多办公室暴力的人，都有听耳机的习惯。据猜测是因为听耳机的白领通常喜欢自我封闭而不擅长和同事沟通。②连山寨耳机的包装上都会写"请不要连续使用超过3小时"……

见招拆招：可将耳机换成小音箱。避免将音量调得过高。不要轻易使用别人的耳机。

5. 座椅

它可能让你：患因肥胖而导致的高血压、腰椎间盘突出、颈椎劳损导致的高位瘫痪。

夺命理由：①忘我的工作狂，除了收获一笔加班费外，通常还会赢得突然晕倒的风险。②相信谁都不希望腿上爬满虫子一样的血管，不过很抱歉，如果经常跷二郎腿或者长时间保持一个动作，你很快就能在年度体检里获得脉管炎的评价。③其实办公椅是老板让你加班的阴谋，变胖虽然不是错，但是如果因为工作那就不必要了。

见招拆招：买一个定时器，每45分钟就离开桌子走走。权当追忆校园时光了。

6. 咖啡

它可能让你：心脏病突发，心肌梗死，骨质疏松，神经衰弱导致轻度抑郁症自杀。

夺命理由：①降低精子质量。男人每天喝一杯咖啡，新生成的那些精子活跃度就有可能下降50%。②容易患心脏病。咖啡中含有高浓度的咖啡因，可使心脏功能发生改变并可使血管中的胆固醇增高。③降低工作效率。工作效率不只是靠精神，精神和力量加起来才叫作精力，而力量的恢复，需要休息。研究发现，一个人每天喝5杯或更多咖啡，罹患心脏病的概率比不喝者高两倍，且嗜咖啡年限越长，饮量越多，患心脏病的可能性越大。

见招拆招：少喝。如果实在有嘴瘾，就喝一些果汁。

7. 恶习

（1）餐后吸烟。它可能会让你得肺癌。你应该在办公室里全面禁烟约束自己。

（2）打开太亮太多的灯。它可能会影响睡眠。你最好只在一个光源下工作。

（3）总是对着电脑。它可能会导致视神经萎缩。注意多吃红萝卜、西红柿等富含维生素 A、C 及蛋白质的食物。

（4）常用滴眼液。它可能会导致角膜结膜被防腐剂损害。购买眼药水时要注意其成分和禁忌症。注意用眼卫生，定时休息。在看书或者看电脑等需要注意力集中的工作，建议每隔50分钟就休息5～10分钟，做一下眼保健操，注意眨眼的次数。

第四章　养生——还我一个健康身

一、吃出来的健康

为什么有的人常年精力旺盛，即使再忙的工作也不会疲劳，几乎不生病，有的人却经常小病不断，离不开药？某膳食营养师的回答是："健康的身体是吃出来的，多病的身体也是吃出来的。懂吃的、会吃的人健健康康，不懂吃的、不会吃的人病病快快。"吃是一门学问。

病从口入，你今天吃什么，就决定了你明天的身体状态，你可知道吃的重要性？

（一）一日三餐的健康吃法

人一天要吃三餐饭，人吃饭不只是为了填饱肚子或是解馋，更是为了保证身体的正常发育和健康。实验证明：每日三餐，食物中的蛋白质消化吸收率为85%；如改为每日两餐，每餐各吃全天食物量的一半，则蛋白质消化吸收率仅为75%。因此，按照我国人民的生活习惯，一般来说，每日三餐还是比较合理的。同时还要注意，两餐间隔的时间要适宜，间隔太长会引起高度饥饿感，影响人的劳动和工作效率；间隔时间如果太短，上顿吃下的食物在胃里还没有排空，就接着吃下顿的食物，会使消化器官得不到适当的休息，消化功能就会逐步降低，影响食欲和消化。

一日三餐究竟选择什么食物，怎么进行调配，采用什么方法来烹调，都是有讲究的，并且因人而异。一般来说，一日三餐的主食和副食应该粗细搭配，动物食品和植物食品要有一定的比例，最好每天吃些豆类、薯类和新鲜蔬菜。一日三餐的科学分配是根据每个人的生理状况和工作需要来决定的。按食量分配，早、中、晚三餐的比例为3：4：3，如果某人每天吃500克主食，那么早晚各应该吃150克，中午吃200克比较合适。

三餐的品质各有侧重，早餐注重营养，午餐强调全面，晚餐要求清淡。

营养早餐：早餐食谱中可选择的食品有谷物面包、牛奶、酸奶、豆浆、煮鸡蛋、瘦火腿肉或牛肉、鸡肉、鲜榨蔬菜或水果汁，保证蛋白质及维生素的摄入。

丰盛午餐：午餐要求食物品种齐全，能够提供各种营养素，缓解工作压力，调整精神状态。可以多用一点时间为自己搭配出一份合理饮食。中式快餐、什锦炒饭、鸡丝炒面、牛排、猪排、汉堡包、绿色蔬菜沙拉或水果沙拉，外加一份高汤，都是不错的选择。

清淡晚餐：晚餐宜清淡，注意选择脂肪少、易消化的食物，且注意不应吃得过饱。晚餐营养过剩，消耗不掉的脂肪就会在体内堆积，造成肥胖，影响健康。晚餐最好选择：面条、米粥、鲜玉米、豆类、素馅包子、小菜、水果拼盘。偶尔在进餐的同时饮用一小杯加饭酒或红酒也很好。

特别提醒：营养专家认为，早餐是一天中最重要的一顿饭，每天吃一顿好的早餐，可使人长寿。早餐要吃好，是指早餐应吃一些营养价值高、少而精的食物。因为人经过一夜的睡眠，头一天晚上进食的营养已基本耗完，早上只有及时地补充营养，才能满足上午工作、劳动和学习的需要。早餐在设计上应以易消化、吸收，纤维质高的食物为主，如此将成为一天精力的主要来源。

（二）四季饮食各不同

养生要顺应时节的变化，饮食也是。"冬吃萝卜夏吃姜，不找医生开药方"、"早上三片姜，胜过喝参汤"，长久以来在民间一直流传着这些关于养生秘诀的谚语。这些民俗养生的小技巧其实充满了科学性："冬吃萝卜，因为冬天天气寒冷，皮肤毛孔致密不容易出汗，吃了萝卜以后，就会通气，排出毒素。夏吃姜，因为春夏养阳，生姜可以养阳，有利健康。"

事实上，这些民间谚语凝聚了中国民俗养生的智慧。一年四季，每个季节在养生饮食方面都有所侧重。饮食要遵循自然规律，在季节的变迁中注意生活规律、作息时间以及调整饮食结构。合理的饮食能够起到预防疾病的作用，这比任何的治疗都更重要。

1. 春季养生重点：养肝防旧病复发

春季养生的主要任务是养肝，这个季节是肝容易有问题的时候，要抓住这个季节进行主动调节，才能养好肝。春季最流行的就是感冒、甲型肝炎、急性气管炎，如果养好肝，这些病就能有效预防。同时，春季也容易引起旧病复发，如冠心病等。

在春季，"风邪"的入侵不能轻视，中医认为，春夏养阳，秋冬养阴。春天天气多变，"春捂秋冻"，要随时加衣减衣，多备一些衣服。作息时间上，春天要晚睡早起。而饮食结构方面，春季新陈代谢加快，因此营养物质要跟上，饮食搭配要合理，肝脏才有旺盛的机能。此时可以多吃芹菜、韭菜、春笋等时令菜，喝绿茶也是养生良方，也可以食用荠菜、藕等偏凉的食品，有利于养肝。黑米粥、红枣粥，也适合春季养生。中医认为酸入肝，可多吃酸味的时令鲜果，促进食欲，有健脾开胃之效，能增强肝脏功能。常见的酸味水果有酸枣、梅子、柠檬、菠萝等，都可适当吃一些。

2. 夏季养生重点：祛湿清热养脾胃

夏季是阳气最盛的季节，也是生命力最旺盛、人体比较少犯病的季节，但并不可因此而掉以轻心。要预防夏季容易出现的一些流行病，如腹泻、流行性感冒等，更要留心"空调病"。在开着空调的房间里，皮肤的汗孔是打开的，冷风直接吹进去容易伤及脾胃。而夏季起居时间也应"晚睡早起"。

在饮食上，夏天要"吃苦"，饮食清淡温和，一些有苦味的食物可以清热，如苦瓜等。苦入心，夏天吃苦味的食物，不仅清心火还可以养心，刺激脾胃的消化能力，增进食欲。夏季出汗比较多，也需要经常补充盐分，少吃油炸燥热的食品，不要吃狗肉羊肉。在这个时间吃点田七，可以预防高血压和高血脂，喝绿茶、绞股蓝、决明子等，可以起到清肝明目、疏肝理气的作用，冬瓜老鸭汤等也是夏季佳选。

对应中医的五行、五脏而言，四季还要加上一个"长夏"成为五季，"长夏"包括了小暑、大暑和立秋，这个季节的特点是湿热、暑热，养生重在养脾胃。在广东，这个季节湿气特别重，尤为需要祛湿。一款绿豆陈皮老鸭汤，就有清暑热的功能。这时还是"冬病夏治"的好时机，"冬病夏治"就是借助阳气打开的时候，热力容易渗透，疏通经络，直达病灶，对慢性支气管炎、支气管哮喘、慢性肺疾病、过敏性鼻炎等疾病，也就是中医所说的阳虚的病进行医治，能够让病患顺利度过秋冬季节。

3. 秋季养生重点：滋阴润肺勤锻炼

接下来的秋季，对于养生而言，防止秋燥是最重要的。在这个季节，阳气渐渐收敛，空气干燥，如果养肺不当，就容易得肺结核、食物中毒、大肠杆菌肠炎、感冒、流行性脑炎等疾病，因此秋季重在养肺。要保护肺这个屏障，就要注意多补充水分。与春夏有别，这个季节要早睡早起，也不要一降温就加上最厚的衣服，到最冷的时候反而没有抗冻能力了。而在饮食方面，"白色系"食物是秋天的养肺佳品。例如银耳、冬瓜汤、排骨汤、鱼汤等，都是滋阴润肺的一些饮食。一些富含维生素A的食品，比如鸡肉、猪肉、猪肝、牛肉以及川贝，也都是适合秋天吃的食品。

中医认为辛入肺，辛味食物可以养肺。很多人认为辛就是辣，其实在中

医中，除了辣，腥膻、味冲的食物都算"辛"，比如羊肉、大葱、韭菜等。秋天，肺气虚的人可多吃点辛味的食物，以增强肺气。适量的辛味食品能刺激胃肠蠕动，增加消化液的分泌，并可促进血液循环、祛风散寒、舒筋活血。

4. 冬季养生重点：进补养肾正当时

冬季要养肾，否则春天一来又会引发疾病。在冬天，要避寒，注意饮食结构上热量的补充，多吃一些豆类，补充一些维生素。在冬季，羊肉、鸭肉以及黑米、芝麻、海藻、海带、紫菜等都是适合的食物。

咸入肾，咸味具有养肾的功效。但这里所说的咸并不是指多吃盐，而是多吃天然咸的食物，比如海带、紫菜、海参、牡蛎等。如果过量吃盐，不但起不到护肾的作用，反而会加重肾脏负担，导致血压升高。针对身体比较虚弱的人，冬天则可以选择人参、淮山药、茯苓、阿胶、何首乌等物进补。

（三）常吃水果身体好

水果对身体好处多多。苹果、香蕉、猕猴桃、柑橘、葡萄，都对皮肤有着不同的保护作用。

水果能美容养颜。水果所含的维生素C和果胶可以使人美白、消除人体黑斑和雀斑，还有滋润肌肤、除皱养颜的功效。

水果能保健养生。水果所含不同的营养素对很多疾病都有着不同的功效，如水果中的膳食纤维和果胶经吸收之后可防止便秘、大肠癌、血管硬化等病症的发生。

水果能瘦身减肥。水果基本上属低蛋白、低脂肪、高水分食物，符合减肥人群需要。

水果能有效排毒。

下面介绍一些常见水果：

1. 苹果

苹果营养丰富，是一种广泛使用的天然美容水果。苹果中所含的大量水分和各种保湿因子对皮肤有保湿作用，维生素 C 能抑制皮肤中黑色素的沉着，常食苹果可淡化面部雀斑及黄褐斑。另外，苹果中所含的丰富果酸成分可以使毛孔通畅，有祛痘作用。

每天吃少量的苹果就能预防多种疾病，还让人有饱腹感，不愧是水果中最务实的。美国癌症研究中心特别建议人们常吃苹果来预防癌症，因为其中含量丰富的天然抗氧化剂能够有效消除自由基，降低癌症发生率。

2. 猕猴桃

猕猴桃含有丰富的维生素 C 和维生素 E，不仅能美白肌肤，还能提高肌肤的抗氧化能力，在有效增白皮肤，消除雀斑和暗疮的同时增强皮肤的抗衰老能力。此外猕猴桃还含有大量的可溶性纤维和矿物质，对肌肤健康很有好处。

3. 柿子

柿子果味甘涩、性寒，入肺、脾、胃、大肠经，清热润肺。

4. 柑橘

柑橘类温和的个性让它成为秋天的水果之王，虽然现在每个季节都能找到柑橘，但秋天成熟的才是最多吸收天地精华的良品。它的好处不用多说，单单是想到它的清新味道，就够除燥、提神醒脑的了。

哈佛医学院的专家们建议经常情绪激动的人们常吃橘子来降低心脏病、高血压和中风患病概率。但注意每天不要吃超过 4 个，否则可能出现中医所说的"上火"表现，如长口疮等。

5. 甘蔗

归肺、胃经，味甘而性凉的青皮甘蔗，是清肺热的最佳食品之一。除了丰富的糖分和水分外，还含有大量对人体新陈代谢非常有益的维生素等物质，在南方人们习惯用它来煲制各种糖水，汁水清甜并带有花香味。

6. 荸荠

且不管荸荠是水果还是蔬菜的争论结果到底如何，我们只关心它给我们

带来什么样的健康。清肺热和解毒就是它最大的功效，而清脆多汁的时令荸荠不论是入菜，还是做甜品都一样受欢迎。

7. 石榴

石榴身上有着浓浓的异域风情，性温、味甘酸涩的它入肺、肾、大肠经，生津止渴，收敛固涩，是适合保养身体的好食材。况且石榴不同于其他水果的地方在于，它需要我们用心地去对待那一颗颗珊瑚红般的果实，让这一刻充满了童心。

8. 葡萄

葡萄补气养血，健脾养胃，营养价值高，清甜的味道很让人喜欢，而且一直以果实累累的样子作为吉祥的象征。秋天的葡萄虽然糖分含量高，但却是容易被人体吸收的葡萄糖，适当食用不会造成太大的负担。此外，葡萄籽成分频频在各大顶级品牌的护肤品中出现，它的抗氧化性和保养功效可见一斑。

9. 香蕉

香蕉既是一种美味的四季果，更是能改善肌肤毛病的好帮手，全因香蕉由内至外都有着非常丰富的营养：香蕉的果肉具有降低胆固醇的作用，最神奇的是蕉皮素还可抑制真菌和细菌，治疗皮肤瘙痒症，常吃香蕉更可滋润肌肤，防止肌肤干燥。

吃香蕉有助于内心软弱、多愁善感的人驱散悲观、烦躁的情绪，保持平和、快乐的心情。这主要是因为它能增加大脑中使人愉悦的脑中羟色胺物质的含量。研究发现，抑郁症患者脑中羟色胺的含量就比常人要少。

10. 柚子

柚子是有益于心血管系统健康运转的水果。它含有的果胶能降低低密度脂蛋白，减轻动脉血管壁的损伤，维护血管功能，预防动脉硬化和心脏病。研究者还发现吃柚子能明显促进运动中受伤的组织器官恢复健康。

11. 樱桃

樱桃中铁含量很高，是特别适合女性吃的水果，有补虚养血的功效。美国研究人员还发现吃樱桃能明显减轻疼痛感。冬季干燥，口中容易出现异味，挤出樱桃汁，加水稀释后漱口，就能帮你消除这个烦恼。

（四）吃出健康长寿的原则

（1）多喝水喝汤，不喝或少喝含糖饮料、碳酸饮料和酒（少量红葡萄酒例外）。

（2）不要节食，但也不要暴食。最好吃七八成饱，不要不吃早餐，晚上七八点后少吃。

（3）能蒸煮，不煎炒；能煎炒，不炸烤；少放盐和味精。

（4）经常吃水果、蔬菜、坚果、种子、植物油、豆类、蛋类和鱼类，以补充维生素、矿物质、氨基酸和必需脂肪酸。

（5）少吃"酸性的"，含饱和脂肪酸过高的或雌激素过多的食品，如牛奶、肉类和包装食品。酸奶比牛奶营养，豆浆比酸奶营养。有小的，不吃大的；鸡肉比羊肉营养，羊肉比猪肉营养，猪肉比牛肉营养。

（6）严格控制糖和淀粉。最好戒糖，不吃或少吃细粮，少吃血糖指数高的食物，如土豆。要吃吃粗粮。吃饭时最好先吃含膳食纤维多的、血糖指数低的食物。

（7）增补必需抗氧化剂，包括维生素A、C、E，以及含原花青素高的食物，如可可、红葡萄和绿茶。增补矿物质，包括钙、镁、铁、锌、硒、铬等。

（五）七大必须吃的健康食物

1. 奶制品

以低脂酸奶最佳，它富含钙质、多种维生素、蛋白质和钾元素。

除此之外，酸奶中的益生菌更有助于保持体内菌群平衡。如果你不喜欢酸奶，脱脂牛奶和奶酪也是不错的选择。奶制品几乎包含了人体所需要的所有营养素，各种营养素之间的比例配搭也平衡。

2. 鸡蛋

研究显示，每天早晨吃一个鸡蛋，不仅不会增加胆固醇，还会让人在一整天内摄入更少的热量，不知不觉减轻体重。鸡蛋提供了高质量的蛋白质，此外还含有12种维生素和矿物质，其中B族维生素对改善记忆有帮助。

3. 坚果

高纤维、高蛋白、有益心脏且抗老化，这些都是坚果类食物的优点。但由于过高的脂肪含量，适量食用是关键。专家认为，不论是杏仁、花生，还是核桃、榛子，每天不超过半两最佳。

4. 猕猴桃

被称为"水果之冠"的猕猴桃含有高密度的营养素。一个猕猴桃就能保证你全天所需的维生素C，此外它还提供了丰富的维生素A，以及植物纤维和钾。猕猴桃食用起来也很方便，用刀切成两半，拿勺子像舀冰淇淋一样，就能尽情享用了。

5. 豆类

多吃豆类对心脏有好处，它所含有的不可溶性纤维能够有效降低胆固醇，另一些可溶解性纤维则可以帮助排除体内垃圾。此外，豆类食物还含有蛋白质、碳水化合物、镁和钾。专家建议，每周食用豆类食物要在3次以上。

6. 西蓝花

这种蔬菜既好吃又常见，含有维生素A、C以及有益于骨骼生长的维生素K。就连一般情况下只存在于胡萝卜、橙子等黄色植物中的胡萝卜素，在西蓝花中也大量存在。

7. 水果干

菠萝干、杏干等很多水果干只是在制作过程中滤去了水分而已，水果中所含的维生素等有益元素都被大量地保留了下来。除了丰富的维生素之外，水果干里还含有大量的铁、钾等矿物质，而水果干中含有的糖分也比普通水果中的糖分低，不易发胖，是一种很好的零食。

二、睡出来的美丽

西方人传说，美丽是上帝送给女人的第一件礼物，也是第一件收回的东西；但看见女人失去美丽后那痛苦悲凉的表情，上帝心软了，又给了她们另一件法宝，那就是睡眠——他让女人们通过睡眠来找回失去的美丽容颜。

睡眠好会让你神采奕奕，肌肤紧致，眼睛澄亮，那是因为熟睡时的皮肤细胞格外活跃，皮肤表面的新陈代谢使皮肤能够吸收更多的营养，清除表皮的多余物质，保证肌肤细胞的再生。虽然睡眠的美容道理如此简单，却不是每一个人都可以做到的。一夜的辗转反侧会让你精神不振，挥之不去的压力和各类事务缠心绕脑，使你欲睡难眠。经常睡眠不足不仅会破坏人体的正常代谢，还会使肌肤反应迟钝，丧失抵抗外界刺激的能力，使干性皮肤更干涩，油性皮肤更油腻，甚至发炎长痘。

世界卫生组织将"睡得香"定为人类健康的标准之一，并从2001年开始，把每年的3月21日定为"世界睡眠日"。可见，睡眠对每一个人来说是何等的重要。那么，睡眠与美容究竟有哪些关系呢？现代研究结果表明，大致有三个方面：

首先，睡眠时皮肤血管更开放，补充皮肤营养和氧气，带走各种排泄物；

其次，睡眠时生长激素分泌增加，促进皮肤新生和修复，保持皮肤细嫩和弹性；

再次，睡眠时，人体抗氧化酶活性更高，能更有效清除体内的自由基，保持皮肤的年轻态。

（一）地磁线对睡眠的影响

常言道"春困秋乏夏打盹，睡不醒的冬三月"，一年 365 天，人们哪天都无法少了睡眠。民间有更通俗的说法"骑马坐轿赶不上睡觉"，良好的睡眠带给人的舒畅感觉是任何事情都不能取代的。但是有人却长期遭受不良睡眠的困扰，每天翻来覆去难以入睡，有时就算睡着了也会不停地做梦，早晨醒来整个人都十分疲惫，实际上这有可能是床的摆放有问题。

地球是一个大磁场，我们人类和所有的生命都在这个大磁场中生存，人们睡眠的方向要与地球磁场的磁力线保持平衡，如此才能感觉舒服。地球磁力线的方向是从南到北，因此我们最好的睡眠方向应该是头朝北、脚向南，这样人体内细胞的电流方向正好能够与地球磁力线方向成平行状态，人体内的生物大分子排列则为定向排列，如此一来，气血运行便能够通畅，代谢降低，能量消耗较少，睡眠中的慢波、快波即可协调进行，加深睡眠深度，我们从而可以拥有良好的睡眠质量，人也会感觉很舒服。

若你经常保持东西向的睡眠方向，睡眠时人体的生物电流通道就会与地球磁力线方向相互垂直，那么地球磁场的磁力就会对人体生物电流产生强大的阻力，人体为恢复正常运行达到新的平衡状态，就必须要消耗大量能量，以此来提高代谢能力，从而导致体温升高，气血运行失常，出现病态，通常会引起头昏、烦躁、失眠、颈椎酸疼等症状。所以，如果你想要拥有良好睡眠，最好还是选择头朝北、脚朝南的睡眠方向。

（二）摆个舒服的睡眠姿势

人一生大约有三分之一的时间是在睡眠中度过的，在这漫长的时间里，睡眠姿势是否合理与睡眠质量和健康有着非常紧密的关系。

1. 侧卧最适宜

侧卧能够使人体内脏器官受压较小，胸廓活动自如，有利于呼吸，心脏也可以避免受到手臂、被子的压迫，两腿屈伸方便，身体能随意地翻转。

侧卧以右侧卧为最佳，以左侧卧及适当的仰卧配合。右侧卧时，心脏受压小，有利于血液的自由循环。左侧卧会压迫胃，使胃内的食物不易进入小肠，不仅对食物消化和吸收很不利，而且还会压迫心脏，对患有心脏病的人尤为不利。

对于那些血液循环差、防寒机能弱、睡觉时怕冷的人而言，侧卧能够使全身肌肉得到最大限度的松弛，又不致压迫心脏，会让心、肝、肺、胃、肠处于自然位置，呼吸畅通，还会有助于胃中食物向十二指肠输送。

如果右侧卧时间过长，可以调换为仰卧。将双手伸直，自然地放在身体两侧，千万不要将手压在胸部，也不应抱头枕肘，下肢避免交叉或是弯曲，全身肌肉要尽可能放松，保持气血通畅，呼吸自然平和。

2. 仰卧也可保健

除了侧卧，有些人还喜欢仰卧，仰卧也有一定的保健功效。首先，仰卧能够促使全身大部分肌肉处于最放松的状态，对老年背痛、腰痛患者而言十分适宜。其次，仰卧不会加重心脏负担。再次，仰卧的时候，面部肌肉全部松弛，所以不易生成皱纹，已有的皱纹也不易加深，而且还不易出现双下巴。

3. 切忌高抬手臂

睡觉时手臂上抬，肩部和上臂的肌肉无法获得及时的放松和恢复，时间久了会引起肩臂酸痛。睡觉时高抬双臂，会因为肌肉的牵拉，横膈膜发生移位，使腹压增高。尤其是睡前进食过饱者、老年人，还有妊娠后期的妇女，这种现象更为明显。长时间双手高举过头睡眠，会导致对"反流防止机构"的刺激，一旦这种机构的功能被削弱或破坏，就会诱发食物连同消化液反流入食管，促使管道黏膜充血、水肿、糜烂、溃疡，导致反流性食管炎。所以，睡觉时不宜高抬手臂。

当然，人在睡眠时的姿势不可能是一成不变的，一夜之间，总会翻几次身，以求得舒适的体位，其实不管什么样的睡眠姿势，能放松身心，舒适而眠就好。

（三）裸睡，体验超然感受

有些人有裸体睡觉的习惯，但还有些人认为裸睡不文明。那么裸睡到底是否可取呢？裸睡究竟有哪些好处呢？

（1）裸睡带给人无拘无束的自由快感，对于增强皮腺和汗腺的分泌非常有利，而且还有利于皮肤的排泄和再生，有利于神经的调节，有利于提高人体的适应和免疫能力。

（2）裸睡对治疗紧张性疾病很有效果，尤其是腹部内脏神经系统方面的紧张状态很容易获得消除，还可以促进血液循环，使慢性便秘、慢性腹泻以及腰痛、头痛等疾病获得较大程度的改善。裸睡对失眠的人也会有一定的安抚作用。

（3）裸睡不仅能够使人感到温暖和舒适，甚至还能使妇科常见的腰痛及生理性月经痛得到减轻，由于手脚冰凉而久久无法入睡的妇女，采取裸睡方式后，大多很快就能入睡了。

专家明确指出：穿着紧身内衣裤睡觉有损健康。所以，作为健康的生活方式，你不如尝试一下裸睡。

（四）温馨的卧室能够带给你一个完美的自然醒

卧室应该清洁卫生，卧室的湿度、温度要保持在适当范围内。被窝温度宜在32～35℃。被窝温度过低，就会需要用体温来暖热，如此一来，不但耗损人体的能量，而且人体会因为受到冷空气的刺激，使大脑兴奋，从而推迟入睡或导致睡眠不深。被窝的温度过高，人入睡时容易出汗，同样也会大量消耗人体能量，使睡眠不稳定，起床时还极易感冒。一个温馨的卧室应该具有下面几个条件：

1. 卧室面积适中

卧室面积必须要适中，太大会显得空旷，不易保暖；太小则会显得过于压抑，氧气含量也不足。所以，卧室面积应该在 15 平方米左右。

卧室的朝向最好朝南。这样的卧室白天采光会比较好，空气也会很流通，最有利于晚上睡眠。

卧室的陈设尽量要简洁、整齐、实用，不要拥挤杂乱，应该留有一定的空间。具体布置可按照自己的喜好，淡雅温馨的卧室能够使人感到轻松。

卧室必须要定期开窗通风，降低室内二氧化碳等有害气体的浓度，减少灰尘、微生物、病原体数量，从而使人感觉心情舒畅，有利于睡眠。

2. 舒适的床

一般来说，床的高度应该以略高于寝者的膝盖为最佳，这样既方便上下床，也不会由于床体过低而使人体受到地面潮气，而且室内空气越近地面越浑浊，各种细菌、病毒附着在灰尘上，会不断向地面沉积。《遵生八笺》中有这样的记载："凡人卧，床常令高，高则地气不及，鬼邪不干。"但需要注意的是，床位的高低一般保持在 0.4～0.5 米为宜，并不是越高越好。

床的软硬对睡眠也有很大影响。因为硬板床有硬度，人睡上去，会有利于全身放松，有助于维持脊椎生理弯曲度，有助于舒展筋骨，有助于血液循环。尤其是患有腰部、脊椎、骨骼病变的人，睡硬板床有的时候会比吃药的效果还好。而软床或铺海绵过厚的床，会使人体重心凹入床内，不容易保持生理性的弯曲度，还会使气血流通不畅，对于脊椎、腰背、臀部有伤残或病变的人而言，不仅不易恢复，有时还会加重病情。

此外，床垫对睡眠起着非常重要的作用，质量低劣、感觉不适的床垫会令人辗转反侧，引起失眠。选择床垫的首要原则就是应该适合自己，要从身高、体重、床垫类型各方面综合考虑。身材高、体重重者，应选择硬的床垫，相反则应该偏软些。床垫的长度要比身高长 20～25 厘米。单人床垫宽度以人体肩宽的 2.5 倍为最佳。

在选择床垫的时候，必须要躺下试试，还要依照习惯的睡姿躺下。喜欢侧卧的人应该选择偏软的床垫，喜欢仰卧者可以挑选较硬的床垫。人体侧卧时，软硬适中的床垫能够使脊柱保持水平，让人得到全身心的放松。仰卧时，将一只手平插到肩部、腰部和臀部下面，若是感觉这三处压力相当，这个床垫就适合仰卧者。

3. 合适的枕头

一般情况下，枕头的高低，应与人的一侧肩膀的宽度相仿，成人大约10～15厘米，儿童随着肩膀宽度的不同而增减。枕头的高低一定要适合颈椎的弯曲度，才能使颈部肌肉松弛，肺部呼吸通畅，脑部血液供应正常，这样有利于睡眠的生理需要并有舒适感。如枕头过高，会影响呼吸，引起打鼾，诱发落枕，时间长了，还会引起肩关节周围炎、颈椎综合征等。枕头过低，会使颈椎前凸变直，肌肉紧张，令人睡得不舒服。如果不枕枕头，又会影响头部血液循环，使头部血管发生充血，醒时会感觉到头昏脑胀，眼皮水肿，并会引起脑部疾病。

枕头的软硬也应该按照各人的具体情况而定。但一般来说，装有棉、绒的过软的枕头，由于其支撑力差，且不易散热，枕着睡久了人会感觉到头脑发热，有不轻快的感觉。所以还是选用一些荞麦皮、秕禾谷、草籽类装的枕头为宜，这样的枕头，不但具有一定的支撑力，而且枕着松软舒适，枕久了也不会发热。

通常来说，硬枕头都会具有一定的保健作用，硬枕头一般多采用石头、木头、竹子加工制作而成。临床观察得出结论，很多常见病和疑难病，如紧张性头痛、三叉神经痛、过敏性鼻炎、高血压顽固性失眠等，经过一段时间枕硬枕头睡眠，病情都会大有好转，有的居然会奇迹般地痊愈了。这是因为当硬枕头与人体颈部、头部接触的时候，会产生按压功效，在无意中起到了类似按摩和针灸各处穴位的作用。

如今，市场上各种类型的保健枕让人眼花缭乱，有装有各种中草药的药枕，还有电子枕、催眠枕、振动枕等，每个人可以按照自己的条件与体质适当选用。中医指出，磁石具有清肝、明目、镇静的功效。有试验表明，磁疗枕对疼痛具有疗效，有助于解除关节炎和头痛带来的痛苦，甚至还具有抗感染和抗衰老的作用。磁石之所以具备如此非凡的疗效，是因为磁场可以刺激人体的内分泌，起到增强免疫功能的效果。我国民间很早就有把磁石镶在木头上枕用的习惯。

4. 舒适的被褥

睡觉时一定要选择比较舒适的被褥。被子应该柔软干燥，人体接触时要没有粗糙感，给人舒适的感觉，这样会有助于睡眠。丝绸锦缎之类的被子，既贴身防寒，又轻柔，还可以减轻身体压力，有利于气血流畅。

被子还应该宽松而便于折叠，这样身体在其中转动方便，易于保暖，能够促进睡眠。床单与被罩最好选用质量好的棉织品，花色、条纹以素雅、简洁为最佳。

被褥一定要经常清洗、晾晒，这样不但能杀菌消毒，防治疾病，还能使被褥松软而富有弹性，而且不易散热，使用舒适。

5. 隔音、遮光的窗帘

在选购窗帘时，除了需要考虑装饰性外，还要重点考虑隔音效果。当持续噪音达到30分贝时，就会干扰人的正常睡眠。因此，窗帘的隔音效果极为重要，质地以植绒、棉、麻为宜。窗帘的遮光效果至关重要，为了不影响睡眠，应该选择深色、棉质面料的窗帘，以便能够起到较好的遮光作用，也适合白天休息的人使用。

6. 保持空气新鲜

卧室应该留有气孔，以便于空气流通，必要时可以在睡前一小时开窗通风换气，以保证卧室空气的新鲜。新鲜的空气对人的睡眠和健康很有益处。

（五）睡觉的时候给身体"松松绑"

睡眠不但能够使人消除疲劳、恢复体力，而且还具有保护大脑、提高机体免疫力的作用，因此，充足而合适的睡眠对健康大有裨益。为了提高睡眠质量，睡觉时一定要给自己"松绑"。

那么，睡觉时该怎样给自己"松绑"呢？做到以下几点就可以了。

1. 妇女要脱掉胸罩

戴胸罩睡觉容易诱发乳腺癌。其原因是长时间戴胸罩会影响到乳房的血液循环和淋巴液的正常流通，无法及时清除体内有害物质，长此以往就会使正常的乳腺细胞发生癌变。

2. 摘掉假牙

戴着假牙睡觉是十分危险的，很有可能在睡梦中将假牙吞入食道，使假牙的铁钩刺破食道旁的主动脉，导致大出血。所以，睡前一定要取下假牙清洗干净，这样做既安全还有利于口腔卫生。

3. 摘掉隐形眼镜

人的角膜所需的氧气主要来源于空气，但是空气中的氧气只有溶解在泪液中才会被角膜吸收利用。白天睁着眼，氧气供应充足，而且眨眼的动作对隐形眼镜与角膜之间的泪液具有一种排吸作用，会促使泪液循环，缺氧问题不明显。可是到了夜间，因睡眠时闭眼隔绝了空气，眨眼的作用也停止了，这样泪液的分泌和循环机能相应降低，结膜囊内的有形物质很容易沉积在隐形眼镜上。诸多因素会产生对眼睛的侵害，使眼角膜的缺氧现象加重，如长时间使眼睛处于这种状态下，轻者会代偿性使角膜周边形成新生血管，严重者则会发生角膜水肿、上皮细胞受损，如果再遇细菌就会引起炎症，甚至溃疡。

4. 摘掉手表

睡眠时戴着手表对身体的健康大为不利。这是因为人入睡后血流速度会减慢，戴表睡觉使腕部的血液循环不畅。如果戴的是夜光表，还会发出辐射线，虽然辐射量很微小，但长时间的积累也会造成不良的后果。

另外，睡前刷牙、梳头、温水洗脚，也是给身体"松梆"的好办法，很有利于睡眠。

（六）良好的生活习惯可以有效地预防失眠

虽然药物能够治疗失眠，但是药物都具有不同程度的副作用。因此，我们最好不要依靠药物来医治失眠，改善自己的生活习惯，也可以起到预防失眠的功效。

1. 养成良好的生活规律

我们工作、学习、生活都应该有规律，人体像"生物钟"那样，具有一定的规律，不要随意打乱，要准点，不要错点。人在日常生活中也要按规律办事，做到按时工作，按时就寝。

2. 精神愉快

精神支配人的一切活动，睡眠也是一样，保持愉快乐观的情绪，就可以保证神经系统的稳定，使心情舒畅，全身松弛，有利于睡眠。

3. 适当的运动锻炼

提高人体素质是至关重要的，这是因为睡眠对大脑的抑制性首先在运动中形成，体力疲劳有助于这种抑制性的产生。增加运动锻炼，适当参加一些体力劳动，比如跑步、散步、游泳、登山、骑自行车等，都可以促进血液循环及新陈代谢，减轻精神压力，使精神处在松弛状态中，有利入睡。

4. 合理安排饮食

晚餐不宜过饱，最好吃六七成饱，不要多饮酒，多饮咖啡、浓茶，更不应该吃油腻或煎炸等不易消化及辛辣刺激的食物，这是因为夜间人体消化系统基本停止运转，进入休眠状态。因此在睡前2～3小时最好不要吃东西，尤其是晚餐绝不可过饱，否则食物停留在体内，人体内的酶和酸无法把它们

变成能量，又感到饱胀而形成不适感，影响入眠。有条件的话，晚餐或睡前可以食用一些助眠食品，比如牛奶、食醋、莴笋、桂圆、核桃、红枣、莲子、苹果、橘子、香蕉、橙子、梨等，或睡前适量喝一些白开水，也能助眠。

5. 营造舒适的环境

卧室整洁美观，空气新鲜流通，环境安静，无喧闹杂音，这对良好的睡眠起到至关重要的作用。人在喧闹嘈杂、阴暗潮湿、空气混浊、二氧化碳含量过高、气味难闻、温度过热或过冷的环境里是很难睡好觉的。所以，我们应该努力营造一个安静、舒适、和谐的睡眠环境。

另外，我们还可以利用时间来治疗失眠。有研究指出，时间疗法对于生物钟与环境失调而诱发的失眠安全有效。这种治疗方法是国外学者在睡眠实验室研究的方法之一，其内容如下：

提前睡眠法。如有些人常常晚上23时入睡，近来发生失眠，可以在连续几个晚上于22时就上床睡觉，一旦适应了这种改变后，便可以再把睡眠时间提前到晚上21时，并一直保持下去。

推迟睡眠法。有些人习惯在晚上21时或22时入睡，最近经常失眠或早醒，便可把平时入睡的时间适当地推迟，但是一定要保持原有的起床时间不变，这样就会把体内的生物钟慢慢地调整过来。

标准睡眠法。还有一些失眠的人，需要严格遵守正统的睡眠习惯，那就是在晚间22时必须安静地入睡，次日晨6时半，最迟必须在7时起床，这种睡眠时间一定要严格执行、长期坚持，以便能够在体内形成正常的生物钟节律。

（七）好心情是好睡眠的基础

失眠大部分是因为心情焦虑引起的，而睡眠不好又会使人无精打采、心情烦躁，从而形成一种恶性循环，甚至会影响到整个人的脾气性格。美国专项研究机构曾经针对上海中青年进行了一次关于睡眠现状的调查，结果表明：上海75%的职业人士深受六大类睡眠障碍的困扰，其中因为睡眠引起的抑郁症日益明显。这六大类睡眠障碍是：

经常感觉睡不醒；

睡醒了之后总是腰酸背痛；

心情抑郁或焦虑；

夜很深了却难以入睡；

很晚才入睡，第二天却醒得特别早；

经常会做奇怪的梦。

由此可见，心情抑郁是造成睡眠问题的一个重要因素，80%以上患有抑郁症的人都会遭受睡眠不足的困扰，其表现主要有：

比一般人睡得更少；

经常睡不着，躺在床上大脑还在不断思考；

夜里经常莫名其妙地醒来；

醒得十分早，很难再睡着。

从这里我们可以看出，心情与睡眠有着十分密切的联系，心情不好睡眠也不会好，如果想拥有良好的睡眠，首先要拥有一个好心情。然而快节奏的生活让每个人都面临很大的压力，怎样才能缓解压力，带着好心情入眠呢？下面这些方法会有不错的效果：

上床之后，将不愉快的事情从你的脑子里踢出去，包括工作；

实在忍不住要想，就把自己想的事情对伴侣倾诉，或是喃喃自语地说出来；

听点轻松的音乐；

想着明天会有一个好天气，蓝天白云，和煦的阳光温暖地照在自己身上；

告诉自己所有的事情明天都会变得好起来。

另外，如果想保证良好的心情，还要注意一下卧室的布置不要凌乱拥挤，色彩应该温暖淡雅，被子应该经常晾晒。在脑海里想一想，当你躺在床上，身上盖着柔软舒适的被子，嗅着上面阳光留下的味道，心情又怎么能不好呢？

（八）运动是最好的安眠药

如今，生活节奏普遍较快，竞争也日益激烈，这无形之中给上班一族带来了很大的压力，造成了诸如精力透支、心理超负荷、失眠、抑郁、焦虑等重大问题。因为工作性质与环境导致很多人局部肢体疲劳和精神疲劳，于是，我们就会经常听到有人这样说：

"好累呀！真想好好睡上一整天。"

"我为什么感觉越休息越累啊？"

"近来总是睡不好觉，整个晚上都在做梦，还醒好几次。"

"最近总是失眠，吃药也睡不安稳。"

其实，这些状况都是因为很多人经常坐在办公室，缺少运动而造成的。接下来我们就介绍几种简单易行的运动小方法，让你能够从此远离失眠的折磨。

1. 甩手操

（1）双腿分开，宽与肩齐；双手自然下垂，掌心向后。

（2）站直，抬头挺胸，小腹收紧，颈骨放松。

（3）整个脚掌紧压地面，以感觉到大腿和小腿肌肉处于紧张状态为宜。

（4）双眼向前方平视，以感觉舒适为度，摒除杂念，将注意力集中于双腿之上。

（5）挥臂，抬手向前甩，自然用力，手高度与身体成30度角。然后再向后甩，用实力气，手的高度约与身体成60度角，用力至感到肌肉有反作用力，便自然回摆。

（6）重复挥臂动作，次数由少而多，循序渐进，可以从二三百次起逐渐增加，加至两千多次时大约需要30分钟。

2. 催眠操

（1）浴面操。找一个安静清洁的环境，平心静坐，闭目，双掌置于鼻两侧，从下额向上搓面部前发际，再自上而下搓面部50至60次。揉搓力度不要过大。

（2）眼操。选择静坐的姿势，身心放松，闭目，用右手拇、食二指分别轻按右眼，先按顺时针方向揉按30次，然后按逆时针方向揉按30次。接下来再以相同方法按揉左眼。手法宜轻柔，力度不宜过大。

（3）摆动身体。做这个动作之前，首先放松身心，否则很容易受伤。然后，双脚分开站立，稍宽于肩，双手叉腰，上身向左摆动30次，再向右摆动30次。

（4）肩臂绕环。身心放松，保持站立姿势，双手放到肩上，两肘从前向上、向后、向下绕环30次，然后再反方向绕环30次。动作幅度、速度宜适当，不要过快，以免引起神经紧张和兴奋；也不要过慢，过慢则达不到效果。

（5）深呼吸下蹲。身心放松，两脚稍微分开而立，吸足气后，屈膝下蹲，同时慢慢呼气，头随下蹲而垂向双膝之间，双手放于两腿外侧，然后逐渐站起并吸气，还原为站立姿势。反复做12次，动作应该缓慢，呼吸要深长。

（6）拍打身体。选择站立的姿势，双脚稍微分开，然后用两掌轻轻拍打全身肌肉，顺序依次是胸—背—腹—腰—臀—上肢—下肢，要求是从上至下拍打全身。动作力度宜适中，不要用力过猛，每个部位拍打12次即可。

睡前催眠操可以每晚练习1次，1个疗程为10次。一般来说，1~2个疗程即能够发挥疗效。

（九）活用保健方法防失眠

1. 静坐调息

静坐调息防治失眠效果非常好，但贵在坚持。接下来列举几例，大家可根据自身的情况，选择练习。

（1）睡前静坐。可采取平坐或盘坐势，双眼微闭，呼吸自然，意守脐下丹田处或双脚涌泉穴，直至坐到产生睡意时或心绪平静时即可躺下入睡。

（2）丹田随息法。选择适合自己的睡眠姿势，双目轻闭，排除杂念，有

意识地气贯下丹田，进行腹式呼吸，注意丹田随呼吸起伏。当思想集中、无杂念时，便取若存若无的自然呼吸，直至入睡。

（3）听息数息。选择仰卧位或侧卧位都可以。双目微闭，排除杂念，自然呼吸，在静卧中静听自己的呼吸声或数自己的呼吸次数，一般选择反复单调的循环数数法。待听不清或数不清呼吸次数时，便不再介意呼吸与数数，即能够安然入睡。

（4）静力紧松。选择仰卧位，双目轻闭，排除杂念，两膝屈曲，以稍不留意，下肢就会马上伸直为度。这种方法很容易把思维集中于双腿。当原有的杂念消失并稍有疲乏感时，可以一腿伸直，一腿保持屈曲，双腿交替进行，也可保持两膝弯曲的状态，直至入眠。在接近入眠时常有下肢摇摆感，并且会在不知不觉中伸直，这是正常现象。

2. 自我按摩

自我按摩的方法，也能够起到调节身体节律的作用，从而缓解、消除失眠症状，达到助眠目的。具体方法有：

（1）用拇指按揉前额两眉头中间的印堂穴，轻轻按揉1~2分钟。

（2）用大拇指点、按、揉头两侧太阳穴1~2分钟。

（3）以双手拇指紧按后脑颈部两侧凹陷处的风池穴，以有轻微酸胀感为宜。

（4）以双手五指掌面交替反复拍打前额与脸部，轻微敏捷拍打1~2分钟。

（5）将双手手掌搓热后，马上用掌心摩擦前额及面部，反复36次以上。

（十）美妙的音乐也可助你舒眠

近年来，非药物治疗失眠已经逐渐引起人们的重视，音乐疗法也是其中的一种。音乐对于人的身心具有治疗功效，根据研究表明，某些音乐特有的旋律与节奏可以使人的血压降低，基础代谢和呼吸的速度减慢，使人在受到压力时所形成的生理反应较为温和。在国外已经有很多国家将音乐配合医疗体系，广泛应用到了各种心理及生理治疗之中。音乐的治疗功能，是通过音乐的物理作用，直接对人体器官形成共振效果。这是因为声音属于一种振动，而人体本身也是由很多个振动系统所构成，比如心脏的跳动、胃肠的蠕动、脑波的波动等。音乐产生的振动与人体器官产生共振的时候，就会使人体分泌一种生理活性物质，调节血液流动和神经状态，让人富有活力、朝气蓬勃。此外，音乐还具备主动的、积极的功能，是提高创造、思考，使右脑灵活的方法，并且还能够引导出重要的α脑波。特有的音乐节奏与旋律，可以使我们平时较常用的主管语言、分析、推理的左脑获得休息；相对的，对掌管情绪，主司创造力、想象力的右脑则有刺激功效，对人的创造力、信息吸收力等潜在能力的提升都有很好的效果。

　　如果能够在入睡前听一些旋律优美、节奏明快、和声悦耳的古典乐曲及轻音乐，对睡眠是大有益处的。但是音乐疗法所选乐曲也应该因人因情而异。每个人的性格、音乐修养和乐曲爱好是不一样的，因此也要有针对性地选择不同乐曲，注重整体调节。

　　大自然的声音，比如山泉、溪流之声，清晨森林里群鸟的啼鸣，秋风和春雨，都可以营造出一种宁静、旷远、清新、安全的感觉，使大脑皮层由兴奋逐渐转入抑制状态，而达到催眠的效果。

　　五行调式中的羽调式、宫调式音乐，安神助眠作用也比较明显。特别是由于根据调式要求重新编配的旋律，患者大多不熟悉，因此效果还会更好些。常用的有《催眠曲》、《仲夏夜之梦》、《二泉映月》、《高山流水》、《平湖秋月》、《汉宫秋月》、《渔舟唱晚》、《春江花月夜》、《摇篮曲》、《姑苏行》、《雨打芭蕉》等。

　　在采取音乐疗法改善睡眠时，最好选在晚上睡前，保持舒服的卧姿，根据个人爱好、文化水平、失眠类型等选择乐曲种类；音量以舒适为度，尽量掌握在70分贝之内；时间不要太长，以30～60分钟为宜；不要单用一曲，以防生厌；听音乐时要全身投入，从音乐中寻求感受，而且还可以随乐曲自我哼唱。

此外，适宜的环境对疗效也起着至关重要的作用，运用音乐催眠时，应该选择一个冷色调、安静的环境，尽量排除所有可能干扰的因素，以保证音乐催眠的顺利进行。

三、喝出来的水润

水润的肌肤、健康的身体是每个人的梦想。这个梦想，是可以简简单单就喝出来的。

（一）喝水并不仅仅为了解渴

"食补不如水补"的说法大家已不陌生，水的好处也不是几句话能说完的。那么，你知道什么时候喝水最能喝出水润肌肤和健康身体吗？

只有口渴了才需要喝水吗？错！当你口渴了，其实你正一步步迈向脱水的边缘，身体已经丢失了大量的水分。此时即使补水，还是会出现注意力不集中、疲劳，甚至头疼等症状。所以，就算你不口渴，在以下这些时间段，也要不时地补水哦！

上午 7：00～9：00。一个晚上的睡眠之后，体内的水分会因流汗、形成尿液而损耗，血液正处于缺水状态。因此，早晨起床时，是一天之中第一次需要喝水的时候。

下午 2：00～5：00。这时午饭正在消化，又正是膀胱运行之时，是排毒的最佳时期。坐在办公室里小口小口地喝几杯温水，工作排毒两不误！

除了每天固定的时间段，还有三个特殊的最佳补水时机：

1. 运动时

长时间的运动会使身体大量排汗，血浆量下降，及时补水能增加血浆量，减少血流阻力，提高心脏的工作效率和运动持续时间。

运动前30分钟左右适当补水。若运动中口渴难忍，可在休息时少量补水。进行超大强度运动时，除运动前补足水外，运动后也应补充水分。

如果运动强度比较大，需要消耗更多的能量，则要补充含糖量在3%以下的原果汁饮料。热天锻炼出汗量大，无机盐流失，补水应以温淡盐水为主。

2. 生病时

（1）便秘要喝水。便秘的人应特别注意汲取足够水分，多喝水可以刺激肠的蠕动并软化大便。

（2）感冒要喝水。感冒发烧时多喝水，能促使身体散热。

（3）膀胱炎病人要喝水。膀胱炎患者要比平常喝更多水，使尿量增多，增加冲洗流通量，缓解炎症。

3. 吃饭前

英国伦敦大学圣玛丽医学院专家研究发现，餐前喝水有这样六种好处：

（1）提高注意力：能帮助大脑保持活力，把新信息牢牢存到记忆中去。

（2）提高免疫力：可以提高免疫系统的活力，对抗细菌侵犯。

（3）抗抑郁：能刺激神经生成抗击抑郁的物质。

（4）抗失眠：水是制造天然睡眠调节剂的必需品。

（5）抗癌：使造血系统运转正常，有助于预防多种癌症。

（6）预防疾病：能预防心脏和脑部血管堵塞。

（二）健康喝水有窍门

1. 小口慢慢喝

饮水过猛对身体是非常不利的，一来容易不小心将很多空气一起吞下去而引起打嗝和腹胀，另外还可能引起血压降低和脑水肿，导致头痛、恶心、呕吐。喝水更应该以良好的情绪来一口一口地慢慢享受。

2. 不喝死水

古语有云："流水不腐，户枢不蠹。"长时间处于静止状态的水就是我们

平常所说的"死水",不但容易滋生细菌,其水分子的活力也将丧失,造成水中含氧量减少。这样的水喝下去可能还会危害健康。

3. 用玻璃杯喝水

当人们用玻璃杯喝水或其他饮品时,不必担心化学物质会被喝进肚子里去。而且玻璃表面光滑,容易清洗,细菌和污垢也不容易在杯壁滋生。

4. 温水最健康

烧开的水晾成25℃左右的温水,这种水的生物活性比自然水要高4～5倍,最容易被人体吸收。经常饮用温开水,能提高人体免疫力,缓解疲劳,保持皮肤水分,增强人体的免疫功能。

喝温水注意:头天晚上晾开水时一定要将水杯口封起来,因为开水在空气中暴露太久会失去活性。

(三)入口芳香花草茶

在温暖的午后坐在阳台上,煮一杯芳香沁人的花茶,捧一本好书,享受冬日暖阳,实在是惬意。其实,餐花饮露古已有之。《神农本草经》、《本草纲目》等中医药专著中,都有对各种花卉功效的详细阐述。

花茶之美,美在可赏心悦目,还可愉悦口舌。与花草茶相遇,只需用五官静静地去感受它的色、香、味,让全身陶醉在来自花草茶的韵味和芬芳中,就能在细细品尝花草茶背后的文化气息的同时,让心也愉快起来。

1. 熏衣草抚平焦虑及紧张

功效:这道茶的浓香使人愉悦,不带副作用,并具有镇静、松弛消化道痉挛、清凉爽快、消除肠胃胀气、助消化、预防恶心晕眩、缓和焦虑及神经性偏头痛、预防感冒等诸多益处,沙哑失声时饮用也有助于恢复。

熏衣草虽名"草",但却是一种馥郁的紫蓝色的小花。它号称"宁静的香水植物",是花草园中最受喜爱的一种植物。熏衣草富含挥发油、香豆素、单宁、类黄酮等,全株可用,尤其是花蕾部分,在开花期间连茎带叶将花穗割下，可用于烹调、药用、美容等各方面，用途极广。其中，最常见的是将熏衣草冲泡成茶饮用。

熏衣草茶是以干燥的花蕾冲泡，取一大匙放进壶中，再倒入沸水，只需焖5分钟即可享用，不加蜂蜜和砂糖也甘香可口。在食用方面，熏衣草除了可以冲泡成茶饮外，长久以来，欧洲人已经知道熏衣草具健胃功能，故烹调时常加入熏衣草作调味，或掺于醋、酒、果冻中增添芳香。以熏衣草调制成的酱汁尤具风味，据说英国女王伊丽莎白一世便是其忠实爱好者。

2. 茉莉花饮之心旷神怡

功效：摘下几朵茉莉花泡在茶水里，饮之心旷神怡，有提神功效，可安定情绪及舒解郁闷。

一曲"好一朵茉莉花，好一朵茉莉花，满园花开，香也香不过它……"传唱中外。茉莉花色白如玉，芳香浓郁，花谢前常变成粉红至紫红色。每年开花3次，第一次开花在小满到夏至，第二次开花在小暑到处暑，第三次开花在白露到秋分。其中以第二次开的花最多、最香。茉莉花中，单瓣花似丁香的十字花形，香味较浓；重瓣花像一朵小莲花，香味清淡。

3. 丁香花是古代的"口香糖"

功效：用丁香花苞泡制的丁香茶有微甜的辛辣味，常喝有缓解腹部气胀、增强消化能力的功效。

丁香花开时，满树花瓣簇簇相拥。偶有微风袭来，花香四溢，沁人心脾。

丁香除观赏，还可作药用。中国人在古时候就知道把丁香含在嘴里可消除口臭，有人趣称丁香为古代的"口香糖"。单独冲泡丁香，会像中药汤一样不好喝，一般把丁香和其他花草混合饮用。丁香茶具有抗氧化、促消化、镇痛等功效，有助于健胃。

4. 金银花清热解毒抗疲劳

功效：金银花有效成分是绿原酸和异绿原酸，可以清热解毒，还有增强免疫力、抗疲劳的功效。

金银花，初开时白色，后逐渐转变为黄色，故此得名。其花色秀丽，清香宜人，是一味甘凉药，主要功能是清热解毒。据《植物名实图考》记载："吴中暑月，以花入茶饮之，茶肆以新贩到金银贵。"

市场上的金银花茶有两种，一种是鲜金银花与少量绿茶掺和，按花茶工艺窨制而成；另一种是用烘干或晒干的金银花干与绿茶掺和而成。现代人饮金银花茶已形成风气，它已成为人们日常生活中必不可少的常备茶饮，是清热解暑的首选饮品。

5. 玫瑰花活血散瘀止经痛

功效：中医认为，玫瑰花味甘微苦、性温，最明显的功效是理气解郁、活血散瘀和调经止痛。此外，玫瑰花药性温和，能够温养心肝血脉，舒发体内郁气，起到镇静、安抚、抗抑郁的功效。

用玫瑰花瓣或花苞泡出来的玫瑰花茶，散发出迷人的芳香，可提振身心、给人神清气爽的感觉。此外，它还有平衡激素的作用，有助于女性的美丽与健康。

对于女性来说，多喝玫瑰花茶，还可以让自己的脸色同花瓣一样变得红润起来。这是因为玫瑰花有很强的行气活血、化瘀、调和脏腑的作用。我们平时所说的脸色不好或脸上长斑、月经失调、痛经等症状，都和气血运行失常，淤滞于面部或子宫有关。一旦气血运行正常了，自然就会面色红润、身体健康。需要提醒的是，玫瑰花最好不要与茶叶泡在一起喝。因为茶叶中有大量鞣酸，会影响玫瑰花舒肝解郁的功效。此外，由于玫瑰花活血散瘀的作用比较强，月经量过多的人在经期最好不要饮用。

（四）强身健体滋补汤

1. 男性滋补汤

（1）玉竹赤羊汤

功效：和胃润中，健脾生津。特别适合脾虚引起的消化不良，可增加食欲。

口味：肉嫩不膻，口味浑厚。

原料：玉竹3克，山羊肉200克，陈皮8克，枸杞2克。

调料：盐、葱、姜、料酒适量。

制作方法：将羊肉切块在沸水中焯后，将水倒掉；将所有材料及葱、姜、料酒一起放入锅中，加入清水煮至熟软，炖约40～50分钟（煲约2个小时），然后加盐稍煮即可。

禁忌：肝炎病患者慎用。

（2）鹿茸鸡汤

功效：补中益气，温理补肾。

口味：唇齿留香，开胃暖身。

原料：鹿茸3克，嫩鸡翅膀肉100克。

制作方法：将嫩鸡的翅膀肉洗净，用4碗水文火煮，煮沸去除泡沫，煮至2碗水便成清汤；鹿茸用1碗水煮成半碗，倒入鸡汤内再煮片刻，油盐调味即可。

（3）杜蓉汤

功效：健脾开胃，补肾益精，温理补肾。特别适于调理因肾虚引起的脸色晦暗，过度疲劳的人也很适合用于滋补元气。

口味：汤味鲜美，沁人心脾。

原料：猪腰150克，杜仲8克，肉苁蓉5克。

调料：盐、葱、姜、料酒适量。

制作方法：将猪腰剔去筋膜，拉花刀；将杜仲和肉苁蓉一起在砂锅中煎约20分钟，留汁备用；将猪腰及葱、姜、料酒放入锅中，加入清水，炖约40分钟，再放入盐稍煮即可；加入杜仲、肉苁蓉，一起炖至熟。

禁忌：感冒发热者忌食。

（4）洋参淮山排骨汤

功效：补气提神，滋养生精，健脾开胃，消除疲劳。

口味：软烂香浓，油而不腻。

原料：洋参25克，淮山50克，芡实50克，排骨500克，陈皮、精盐少许。

制作方法：先将洋参、淮山、芡实、排骨、陈皮分别洗净；洋参、淮山切片，排骨斩件，备用；在瓦煲内加入适量清水，先用猛火煲至水滚，然后放入全部材料，再改用中火继续煲3小时，加入少许精盐调味即可。

2. 女性滋补汤

（1）养颜乌鸡汤

功效：乌鸡含有丰富的黑色素、蛋白质、铁质及其他营养素，是益气滋阴的佳品，与药材及其他滋补原料一同熬制，能很好地养阴和胃，益气补血，特别适合女性滋补。

口味：口感鲜美，香浓嫩滑。

原料：乌鸡、鹿茸、后尖肉、西洋参、甲鱼、枸杞子。

制作方法：将乌鸡、甲鱼宰杀洗净切块，鹿茸、后尖肉洗净出水备用；加入各种药材，煲至6小时即可。

（2）太子参炖柴鸡汤

功效：滋阴补虚，温中益气。特别适于秋冬女性进补，调养产后虚弱等。

口味：醇厚香浓，美味可口。

原料：太子参8克，柴鸡250克。

调料：盐、葱、姜、料酒适量。

制作方法：将柴鸡切块，在沸水中焯后，将水倒掉；将柴鸡与太子参一起，放入葱、姜、料酒，加清水炖约2个小时，至熟透后加入盐稍煮几分钟即可。

禁忌：高血压及肾炎、胃炎患者不宜多食。

（3）时蔬养颜汤

功效：祛风解毒，润肤养颜。

口味：清淡可口，营养丰富。

原料：芹菜20克，灯笼椒30克，胡萝卜、南瓜各50克，海带30克，黄花菜30克，西蓝花50克，芦笋20克，小柿子40克，黄瓜条20克。

制作方法：将芹菜、灯笼椒、胡萝卜、南瓜一起小火约40分钟煮成浓汤；将海带、黄花菜打结，西蓝花、芦笋在沸水中焯一下取出；所有材料放在一起煮3～5分钟即可。

备注：此款汤可以不用放任何调料，熬制时间也不宜太久，否则失去了蔬菜的新鲜风味。

（五）喝葡萄酒好处多多

葡萄酒的功效有很多，但是吃葡萄却达不到喝葡萄酒的保健效果，这是因为葡萄里抗衰老的自由基主要存在于葡萄皮里，而防治心血管病有效的单宁酸，主要在葡萄籽中。所以长期适量地正确饮用红葡萄酒，确实可以起到养身保健作用。

1.葡萄酒可增进食欲

葡萄酒鲜艳的颜色，清澈透明的体态，使人赏心悦目；倒入杯中，果香酒香扑鼻；品尝时酒中单宁微带涩味，促进食欲。所有这些使人体处于舒适、欣快的状态中，有利于身心健康。

2 葡萄酒有滋补作用

医学研究表明，葡萄的营养很高，而以葡萄为原料的葡萄酒也蕴藏了多种氨基酸、矿物质和维生素，这些物质都是人体必须补充和吸收的营养品。已知的葡萄酒中含有的对人体有益的成分大约有600种。葡萄酒的营养价值由此也得到了广泛的认可。适度饮用葡萄酒能直接对人体的神经系统产生作用，提高肌肉的张度。除此之外，葡萄酒中含有的多种氨基酸、矿物质和维生素等，能直接被人体吸收。葡萄酒能对维持和调节人体的生理机能起到良好的作用。尤其对身体虚弱、患有睡眠障碍者及老年人的效果更好。

葡萄酒内含有多种无机盐，其中，钾能保护心肌，维持心脏跳动，钙能镇定神经，镁是心血管病的保护因子，缺镁易引起冠状动脉硬化。这三种元素是构成人体骨骼、肌肉的重要组成部分。锰有凝血和合成胆固醇、胰岛素的作用。因此，经常饮用适量葡萄酒具有防衰老、益寿延年的效果。

3. 葡萄酒有助消化的作用

葡萄酒能刺激胃酸分泌胃液。葡萄酒中的单宁物质，可增加肠道肌肉系统中平滑肌肉纤维的收缩，调整结肠的功能，对结肠炎有一定疗效。甜白葡萄酒含有山梨醇，有助消化，防止便秘。

4. 葡萄酒有减肥作用

葡萄酒有减轻体重的作用。饮酒后，葡萄酒能直接被人体吸收、消化，在4小时内全部消耗掉而不会使体重增加。所以饮用干葡萄酒，不仅能补充人体需要的水分和多种营养素，而且有助于减肥。

5. 葡萄酒有利尿作用

一些白葡萄酒中，酒石酸钾、硫酸钾、氧化钾含量较高，具利尿作用，可防止水肿和维持体内酸碱平衡。

6. 葡萄酒有杀菌作用

很早以前，人们就认识到葡萄酒的杀菌作用。例如，感冒是一种常见的多发病，葡萄酒中的抗菌物质对流感病毒有抑制作用，国外有传统的方法是喝一杯热葡萄酒或将一杯红葡萄酒加热后，打入一个鸡蛋，搅拌一下，即停止加热，稍凉后饮用。

7. 葡萄酒能抑制脂肪吸收

日本科学家发现，红葡萄酒能抑制脂肪吸收。他们先用老鼠做试验，发现老鼠饮用葡萄酒一段时间后，其肠道对脂肪的吸收变缓。对人做临床试验，也获得同样的结论。

葡萄酒被称为是"整个世界历史长河中，未曾间断使用的最古老饮料和最主要的药物"，这个说法并不夸张。

四、泡出来的红润

自古以来，泡温泉就是一种既时尚又健康的生活方式。与唐明皇和杨贵妃的"温泉之恋"相互映衬，唐太宗以他的亲身体会为温泉的实用价值树碑立传。贞观十八年（公元644年），李世民在骊山温泉营建"汤泉宫"，后又亲笔御书《温泉铭》来颂扬骊山温泉的神奇功效："朕以忧劳积虑，风疾屡婴，每濯患于斯源，不移时而获损。"原来李世民患风疾（指风痹、半身不遂等症）多年，正是在骊山泡温泉得以缓解病痛。正所谓"君无戏言"，皇帝立碑褒奖可不是现代随手拈来的广告语。

在世界范围内，现代人渐渐把泡温泉作为休闲养生、解除压力甚至医疗保健的绝佳方法。日本人爱好温泉的程度不待多言，三步一小汤，五步一大汤，泡汤在日本的意义相当于足球之于不列颠的影响。拥有悠久历史的古罗马人，发明了将泉水加热再引流至浴场让人们使用的洗浴方式，这一方式后来经土耳其人发扬光大，迅速风靡全球。

（一）泡温泉的好处

温泉具有疗效，是全世界的温泉爱好者都深信不疑的"信条"，只是说法不同。依照一份日本的研究报告，温泉的疗效，与其本身的温度、酸碱值、流量、矿物成分等内在因素，有绝对的关联；而温泉所在的地形、气候等外在因素，也会影响温泉的作用。

温泉有保健的作用，除了可以使肌肉、关节松弛，解除疲劳，促进血液循环，加速新陈代谢外，还对久治不愈的腰腿疼痛有很好的疗效。温泉瀑布可活络筋骨，减轻酸痛等症状。不过应尽量避免与泉水成直角直接冲击，以

斜角舒缓水压并将毛巾敷于患部为宜。露天温泉的日光浴加森林浴，对骨质疏松症患者有特别帮助，温泉中的钙质、适当的紫外线交互作用，对骨骼有益。此外，温泉含有的矿物质可以补充人体所需的微量元素，坚持泡温泉也有美肌嫩肤的功效。如，温泉中的碳酸钙对改善体质、恢复体力有相当的作用；温泉所含丰富的钙、钾、氡等成分对调整心脑血管疾病，治疗糖尿病、痛风、神经痛、关节炎等均有一定效果；硫黄泉可软化角质层，含钠元素的碳酸水有漂白软化肌肤的效果。

温泉的益处主要体现在以下两个方面：

一是温度作用。泉水温度在 37～40℃ 之间时，对人体有镇静作用，对于神经衰弱、失眠、精神病及高血压、心脏病、脑出血后遗症患者有很好的疗效。泉水温度在 40～43℃ 之间时，为高温浴，此时对人体具有兴奋刺激的作用，对心脏、血管有较好作用，对减轻疼痛、治疗神经痛、风湿病、肠胃病均有疗效，同时，还可改善体质、增强抵抗力、预防疾病的发生。

二是水压和浮力的作用。入浴温泉时，人体受到来自泉水的压力，胸腔和腹腔受到压迫，影响到循环系统和呼吸机能，有利尿和治疗水肿的作用。水对人体产生的浮力作用，使人的体重减轻。在地上不能行走的人，在水中活动比较方便，泡温泉对半身不遂、运动麻痹和风湿病患者进行运动训练和恢复健康有很大作用。

（二）泡温泉也有学问

泡温泉休闲的方式颇受人们喜爱，但其实泡温泉并非简单的事，还有许多注意事项。

首先，泡温泉贵在长期坚持。

据相关人士介绍，仅靠节假日凭兴趣泡一两次温泉达到养生或美容的目的是不现实的，一定要长期坚持才能有效果。

据常去某温泉的一位女游客说，她每周至少要带父母和孩子来泡两至三次温泉。她认为，常泡温泉的保健效果胜过用任何保健品。她指出自己以前的身材偏胖，用尽了各种办法减肥效果均不明显，自从每周坚持泡温泉后，她发现减肥有了比较明显的效果。她的父亲以前患有肩周炎，通过3个月的长期坚持温泉浴，症状也减轻了。

其次，泡温泉应掌握好方法。

据某温泉一位工作人员介绍，泡温泉时，应该尽量合上双眼，以冥想的心情，缓缓地深呼吸数次，才能真正达到释放身心压力的效果。而且，泡温泉不要从水温太烫的水池开始，要从水温较温和的池水开始浸泡；不要在烫身的池水中每次浸泡时间超过10分钟，要及时让身体上部露出水面或离水歇息。温泉温度高，浸泡后会有出汗、口干、胸闷等不适感，这是血液循环加快的正常反应。此时调换温水浸泡或上水静养稍许，并多喝水即可舒缓。

最后，泡温泉要把握好时间。

泡温泉的时间也不宜过长，一般保持在40～50分钟为最好。泡温泉水温越高越好，许多人都抱着这样的想法。其实这是一个误区，用过热的水过分浸泡身体，在损伤身体的同时也损伤了汗腺。中医有句话叫"气随汗泄"。如果在温泉中浸泡过久，在水中会流失大量的汗液，人体就会有乏力、气短、头晕、恶心等不良反应。所以想要靠温泉治病的人群一定要科学合理地泡温泉，这样才能起到好的作用。

（三）泡温泉六个小妙招

第一步，探试池温。先用手或脚探测泉水温度是否合适，千万不要一下子跳进温泉水池中。

第二步，脚先入池。坐在池边，伸出双脚慢慢浸泡，然后用手不停地将温泉水泼淋全身，最后让全身浸入到泉水中。

第三步，先暖后热。温泉区内设有不同温度的水池，从低温度泉到高温度泉浸泡要循序渐进，逐步适应泉水温度。

第四步，掌握时间。一般温泉浴可分次反复浸泡，每次为20至30分钟，如果感觉口干、胸闷，就上池边歇一歇，做一做舒展体操运动，再喝一些蒸馏水以补充水分。有些人喜欢让全身泡得通红，此时要注意是否有心跳加速、呼吸困难等现象发生。

第五步，按摩配合。适当的穴位按摩会加强温泉保健的功效，对一些疾病有明显的治疗作用。

第六步，清水冲身。尽量少用洗发水或沐浴液，用清水冲身则可。

另外，享受温泉保健有"浸、淋、泳"三种方式。"浸"就是在不同温度的池中反复浸泡，能承受高温度的人在40摄氏度的温泉池中浸泡，感觉特别刺激，皮肤好像有千万支细针进行针灸治疗；"淋"是在温泉花洒前由头至脚全身喷淋，或者用木桶盛起温泉水多次浇淋；"泳"就是在温泉泳场中畅游，辅以热力按摩，是一项较高强度的运动。

（四）如何用温泉治疗各种常见病

生活中的一些常见疾病，通过泡温泉可以很好地缓解症状，其疗效比简单的吃药打针好很多，下面就来看看哪些常见病可以用温泉来辅助治疗吧。

（1）慢性支气管炎：用氡泉、单纯温泉洗浴，每次全身浸浴15分钟，每日或隔天1次。

（2）哮喘：用氡泉、硫磺泉、单纯温泉全身浸浴10～20分钟，每日1次。

（3）便秘：用氡泉或单纯温泉全身浸浴15～20分钟，每日1次。

（4）胃痉挛：用氡泉或单纯温泉，水温38～40℃，全身浸浴，每次20～30分钟，每日1次。

（5）胆结石：用氡泉、单纯温泉全身浸浴15～20分钟，每日1次。

（6）慢性肠炎：用氡泉或单纯温泉浸浴15～20分钟，每日1次。

（7）胃酸过少症：用氡泉浸浴10～15分钟，水温40～45℃，每日1次。

（8）高血压：用氡泉全身浸浴8～15分钟，每日1次。

（9）动脉硬化：用氡泉浸浴 10～15 分钟，每日 1 次。

（10）冠心病：用氡泉全身浸浴 10～15 分钟，每日 1 次。

（11）心肌炎（恢复期）：用氡泉浸浴 10～15 分钟，每日 1 次。

（12）心脏病：用氡泉浸浴 10～15 分钟，每日 1 次。

（13）痛风：用氡泉全身浸浴 15～20 分钟，每日 2 次。

（14）神经衰弱、失眠：用氡泉全身浸浴 15～20 分钟，每日 1 次。

（15）各种神经痛（如坐骨神经）：用氡泉全身浸浴 15～30 分钟，每日 1 次。

（16）末梢神经炎：用氡泉浸浴 20～30 分钟，每日 1 次。

（17）荨麻疹：用氡泉或硫黄泉全身浸浴 15～20 分钟，每日 1 次。

（18）冻疮：用氡泉或单纯温泉全身或患处浸浴，每次 20 分钟，每日 1 次。

（19）牛皮癣：用氡泉（水温 40～42℃）局部浸浴，每次 20～30 分钟，每日 1 次。

（五）不宜泡温泉的人群

（1）癌症、白血病患者，温泉水会刺激新陈代谢，导致身体加速衰弱。经手术摘除或治愈者除外。

（2）急性疾病患者，如急性肺炎、支气管炎、扁桃腺炎、中耳炎，尤其是发烧患者。当人们患上扁桃腺炎、发烧、感冒等急性病时，身体抵抗力下降，会出现寒战发热症状。这时如果将机体发热的患者置于温度较高、湿度较大的温泉中，反而会因温泉包间空间狭窄、空气流通不畅，加速患者体内水分蒸发，容易造成脱水、缺氧、咳嗽加重甚至呼吸困难等不良反应，出浴后突遇冷空气，还会加重感冒。

（3）结核以及结核性疾病患者。

（4）伤寒、赤痢、流感等传染病患者。

（5）梅毒、淋病等性病患者。

（6）营养不良者。

（7）身体极度衰弱者。

（8）严重湿疹、皮肤炎及皮肤有溃烂伤口者。温泉所含的硫黄及其他酸碱物质可以消炎杀菌，对一般感染性或寄生性皮肤病很有疗效，但有时也会刺激皮肤使伤口恶化，甚至导致"温泉性皮肤病"，因此对于部分皮肤病患者，不宜泡温泉。对于患有湿疹、异位性皮肤炎等的人来说，泡在热水中过久，由于加速皮肤水分的蒸发，破坏皮肤保护层，容易导致症状的加重。

（9）皮肤过敏者。

（10）孕妇怀孕初期和后期。

（11）手术过后者。

（12）女性月经来时。

（13）糖尿病患者。水温过高会让患者注射的胰岛素吸收加快，而且长时间身体过热使机体能量消耗增加，心脏负担加重，很容易出现意外。建议糖尿病患者洗澡时时间不能超过20分钟，水温不要超过40摄氏度，以免出现意外。带有血管并发症的糖尿病重症患者更不宜泡温泉。

（14）容易失眠者。

（15）醉酒者。泡温泉时人体的血管自然扩张，而酒精本身就有扩张血管的作用，双重压力会引发心血管疾病。

（16）心脏病、高血压患者或身体不适者，除非经医生允许。心脏病、高血压患者，在规则服药的前提下，可以泡温泉，但泡温泉的水温切忌太高，一般应保持在40摄氏度左右。浸泡时间也不要过久，每次下水不能超过15分钟；并且不可让水位超过心脏的位置，以免血管突然扩张，发生意外；起身时应谨慎缓慢，以防因血管扩张、血压下降导致头昏眼花而跌倒。

（六）夏季泡温泉七种意想不到的神奇功效

夏季气候炎热，人体新陈代谢进入旺盛阶段，体内会产生更多的毒素淤积及油脂。此时泡温泉,有许多让你意想不到的神奇功效。

1. 呵护肌肤

夏天天气干燥,皮肤更容易老化,略高于人体的泉水温度能令肌肤的毛孔在极短时间内迅速张开,排除体内多余的水分、脂肪,通过毛孔吸收温泉里的矿物质元素,更有益于皮肤的健康。

2. 排除毒素

夏天泡温泉是很好的排毒方法。因为夏天泡温泉更容易出汗,身体的毒素通过毛孔随着汗液排出体外,有助于提高体质和免疫力。这种自然的排毒方法,是泡温泉的一大神奇之处,而夏天的排毒效果比其他任何季节都要好。

温泉除了水温起作用,其丰富的矿物质也扮演了重要角色。这些矿物质大多能在泡温泉时附着在皮肤上,经吸收后部分渗透到体内,进而使血管扩张、改变皮肤的酸碱值,提高人体机能。其中硫化氢能增强肾排出金属和尿素物质的能力;偏硼酸、氡均有消毒消炎作用;氡还能改善内分泌腺功能,加快细胞代谢,分解血液中多余的胆固醇和毒性物质并排出体外,促进血液循环。

另外,温泉的pH值也有锦上添花的妙用。我国温泉大部分属于低矿化的重碳酸盐泉,水呈弱碱性,清洁能力好,能使汗腺更通畅。皮肤洗干净了,等于为矿物质微量元素进入人体开辟一条绿色通道,使温泉更好地发挥美白肌肤等作用。

3. 驱除疲惫

夏季天气炎热,人更容易感到疲惫,在热气缭绕的温泉中泡一泡,舒心活络,放松身心,一天的烦闷劳累全部被浸泡走了。

4. 放松心情

在闷热的夏天里,一身汗渍地跳进温度适宜的温泉里,躺下来,闭上眼,感受汩汩热流不停歇地从身下冒出,全身心放松地享受温泉善意的簇拥。此时,喧嚣远离了,压力洗脱了,心结也解开了,久违的惬意浮上了心头。这时候人们就会发现,温泉不是只属于冬天的专利,原来夏天也同样适合,而且温泉真像有人说的那样,是"心的故乡",可以使人放飞心情,愉悦身心。

按一般人的想法,夏季不宜泡温泉。天气这么炎热,还泡温泉,不虚脱才怪呢。其实大可不必担心。现在的温泉浴所绿意葱茏,仿古建筑透风阴凉,本身就是消暑圣地,当然,要注意避开中午的毒阳。泡浴时,专家建议,选择水温38℃~40℃或更高38℃~42℃(视个人耐受能力而定),每泡10~15分钟,就起来调整一会儿,每周进行一次,对人体有益无害。

5. 轻松健身

古代医书告诫人们春夏要注意养阳。盛夏季节,人体消耗增大,易耗损阳气,中医提倡人们此时应当轻松运动。对于现代人来说,最轻松、最偷懒的莫过于去泡温泉了。专家指出,人体浸泡在42℃的温水中20分钟,约可消耗300卡路里,有助身材健美。

同天冷水浴或冬泳提高耐寒能力一样,夏季泡温泉可增强人体的抗暑能力。

6. 帮助睡眠

夏季人容易失眠,夏季泡温泉者,更易进入梦乡,舒畅睡眠。

7. 瘦身美容

夏季在泡温泉的过程当中,身体不断地出汗会排出体内多余的水分,特别是脂肪会随着汗液排出体外,达到减肥的效果。据网上报道,因为含有溶脂气体,氡泉就有良好的减肥效果,西方飞行员也用它来瘦身。在温暖的泉水里,肌肤与多种有益矿物质和微量元素亲密接触,不知不觉间,不仅让汗淋漓尽致地流出来,出浴后更是脸色红润,光彩照人。

以上就是夏季泡温泉的各种神奇功效,不过夏季泡温泉尤其要注意科学补水,20~25℃的白开水、柠檬水或盐水最好。

（七）网友最爱的国内十大温泉

1. 龙脉温泉

龙脉温泉位于北京市昌平区西关环岛向东两千米路北，是融住宿、餐饮、娱乐、会议、休闲、度假为一体的高档度假村。龙脉温泉度假村总占地约19万平方米，景色宜人，空气清新，地下蕴藏着国内首屈一指的淡温泉，地热资源丰富。其中温泉游泳馆占地2万平方米，水上娱乐项目丰富，有嬉水乐园、3米跳水、桑拿、温泉泡池、人造海浪、特色漂流、高山滑道、儿童乐园、高温浴、沙滩浴、石板浴、牛奶浴、瘦身浴、芦荟浴、Spa盐浴、中药浴、薄荷浴等项目，独具情趣；馆内还有台球、乒乓球、卡拉OK等娱乐设施供游客享用。游客在游玩的同时，还可品尝到品种繁多的精美小吃，并享用免费饮料。

2. 九华温泉

九华山庄为园林式度假酒店，位于北京市昌平区小汤山。这里毗邻六环，交通便利，从亚运村驱车25分钟便可到达，距首都国际机场也仅40分钟车程，是离北京市中心最近的度假型酒店之一。

九华温泉拥有丰富多彩的温泉、保健、娱乐、运动项目。有露天温泉主题公园、室内温泉游乐宫、温泉游泳馆、各种Spa和保健养生项目，也有大型室内嘉年华、游艺室、32道保龄球馆、室内网球场、羽毛球场、各种球类室、健身房、棋牌室及夜总会、KTV包房、EVD影院等。

3. 汤山温泉

汤山位于南京市郊，因温泉而得名，已有1500多年历史。汤山温泉的水呈微黄色，透明度较好，没有臭味。汤山温泉日出水量5000吨，常年水温60~65℃，含30多种矿物质和微量元素，经鉴定属钙镁质，含微量锶、氡的高热泉，对皮肤病、关节炎等多种慢性疾病有疗效，最适合于发展温泉疗养、健身娱乐、温泉度假等项目。千年前，汤山温泉就曾于南朝萧梁时期被封为

"御用温泉"。1918年，汤山温泉被孙中山先生在《建国方略》中赞誉为"美善之地"。

4. 溧阳天目铭汤温泉

溧阳天目铭汤露天温泉度假村地处国家AAAA级天目湖旅游区北面的孟郊泉，泉水富含多种人体必需的微量元素和矿物质，对人体多种疾病具有显著疗效。溧阳天目铭汤露天温泉度假村是常州地区第一家以温泉文化为主题的休闲度假村，融露天温泉养生、住宿、餐饮、娱乐为一体。

5. 春晖园温泉度假村

春晖园温泉度假村，位于北京市顺义区美丽的温榆河畔，是一个以温泉为特色，集商务会议、休闲度假、娱乐、餐饮于一身的综合度假场所。春晖园温泉度假村的温泉采自地下深层1800米，与北京著名的小汤山温泉一脉相承。泉眼水温常年保持60摄氏度，属弱酸性碳酸氢钠温矿泉。春晖园阳光国际温泉会为北京首座结合温泉美容疗养、活水疗养的复合式Spa休闲健康中心，处处精雕细琢，高贵典雅，营造出有如五星级的"泡汤"环境。

6. 金华武义溪里温泉

武义溪里温泉已被浙江省人民政府批准为省级温泉旅游度假区。度假区规划总面积8平方千米，由温泉资源开发保护区、温泉沐浴休闲区、温泉健身疗养区、温泉康体竞技区、温泉高级住宅区等功能区块组成。现已建成温泉取供水工程、清水湾温泉度假村、小溪里温泉浴吧等项目。

7. 圣世苑温泉

北京圣世苑温泉大酒店坐落在京郊延庆县城中心，占地面积3.7万多平方米，是一家按五星级标准设计用大理石建造、用玉石装修的融美食、商旅、会议、娱乐、保健、度假为一体的综合涉外高档旅游酒店。

8. 丰台南宫温泉

南宫温泉水世界的水源来自京热96号地热井。为确保水质，在大厅南北端设有2000多平方米的地下机房，内设3套大型水处理设备，不间断地对使用水进行水处理；并且实施了全封闭完善的送气排风系统，冬季采用地板辐射取暖，全年室内保持恒温28摄氏度。地处丰台区王佐镇的繁华地段，西有碧波万顷的青龙湖公园，南有驰名中外的世界地热博览园，建筑面积1.6万平方米，是北京市规模较大的室内温泉戏水乐园，被誉为"京西夏威夷"。

9. 温都水城

北京温都水城是以生命之源"水"为主题，集高档商务会议、温泉健康养生、水上嘉年华于一身的生态型主题休闲水城，坐落在昌平区北七家镇郑各庄村。据《清史稿·诸王传》记载，这里曾是清代雍正年间理亲王的府邸，《啸亭续录·京师公府第》记载有："理亲王府在德胜门外郑家庄，俗名平西府。"北京温都水城蕴含着深厚的历史文化和水土资源，有丰富的地热资源，目前已开发的5口温泉井深达近3000米，出水温度最高可达79摄氏度，各种矿物质含量丰富，日出水量达近万立方米。

10. 凤山温泉

北京凤山温泉度假村背倚凤山和蟒山国家森林公园，西临十三陵水库和九龙游乐园，建筑依山就势、错落有致、风格各异，既有现代气息的楼宇，又有风光迷人、豪华舒适的俱乐部以及独具特色的温泉乐园，形成了相对独立的接待区及各具特色的服务区。这里有72种独具特色的温泉浴，温泉水源于3800米深的侏罗纪白云岩。

（八）国外四大温泉旅游地

秋冬时节泡温泉是放松的最好选择，利用年假或商务旅行的时间，到国外一些有着清新空气、滑润温泉的地方，来一场悠闲的Spa之旅，可谓"休养生息"的"王道"。

1. 新西兰

推荐理由：位于环太平洋火山带的新西兰，全国遍布地热资源。在秋冬时节，最适合一边欣赏新西兰美丽的湖光山色、壮观的峡湾，一边享受舒缓

的温泉，来一次身心大体验。

推荐玩法：在新西兰北岛的温泉保护区内，有南半球最大的温泉瀑布和新西兰唯一的泥浆浴池——怀奥拉池。另外，在"新西兰温泉城"罗托鲁瓦还有一个名为"蛙池"的泥潭，沸腾的泥浆上下翻腾，犹如青蛙跳跃。游客在标牌的指引下可到怀奥塔普观看难得一见的硫黄泥浆喷泉和七色火山湖奇观。泥浆喷泉在上午10点15分准时从岩石口喷出，持续半小时。如果再往里面移步，则是一个延绵不断的火山湖，呈现出蓝、橙、红、白等七色交错的湖面和蒸腾缕缕形成的奇妙烟霞。在这里洗个泥浆澡，把富含矿物质的泥浆涂满全身，等热乎乎的泥浆晾干后再一块块剥掉，这时去泡温泉真是莫大的享受。

除了泡温泉，这个时节还可以去游览米尔福德峡湾。米尔福德峡湾形成于冰河时期，被英国作家吉普林称为"世界第八大奇观"。风平浪静时，米尔福德峡湾宛如一面镜子；大雨滂沱时，四处皆是飞流直下的瀑布。在此能看到800年的古树。游客可以通过纵横交错的步行道，探索峡湾的每一个角落。这里的米尔福德步行道、开普勒步行道和路特本步行道，都属新西兰"极好的步行道"，对旅行者们来说，这里是不可多得的休闲之处。

交通：可选择直飞新西兰，也可选择在香港或者新加坡转机。在新西兰旅游，旅游巴士是很好的选择，既便利又实惠。

住宿：在新西兰旅行，无论是五星级饭店、青年旅馆还是经济型旅馆，新西兰特有的"KIWI精神"就是让每个去新西兰的人能够有回到家里般的舒适感。

美食：新西兰是著名的农牧业国家，物产丰富，素有"美食天堂"之誉。这里出产的蔬果、肉类和海产，新鲜味美，羊肉、鹿肉、龙虾、酪梨、草莓、奇异果及三文鱼等，皆是新西兰著名特色美食。

2. 韩国济州岛

推荐理由：深秋与初冬交替时节的济州岛，既有红似火的枫叶可看，也有可能见到雾霭似的初雪。除此之外，在济州岛你可以拥有与国内温泉完全不同的感受。

推荐玩法：到济州岛，泡温泉是必须的。山房山温泉是济州岛最早的大众型温泉，也是韩国罕见的碳酸温泉，有不错的保健功效。岛上的"海水温泉"具有瘦身消炎、排毒美容、消除疲劳的功效，其中水晶石头房桑拿保健、黄土房桑拿保健、中药蒸汽保健等都值得一试。

除了泡温泉，济州岛也是一个浪漫之地，尤其是沙池岬地海岸和大浦柱状节理海岸，这里海岸线绵长，可以远眺蔚蓝色的海平面的壮阔，尽情欣赏海岸美景。此外还可到寺水自然休养林，沿着杉木林间的木质散步路和脚底按摩路，进行一次健康的"森林浴"。横穿休养林的法江川溪谷中分布着温带、暖带、寒带的各种树种，秋天的红叶、冬季的雪景也非常漂亮，值得一看。秋冬季节也是品尝济州岛各种美食的时节。如滋补人参炖鸡、济州特产黑猪烤肉、香菇火锅、营养鲍鱼粥、济州海鲜火锅等。还有当地特产济州岛柑橘，除了甘甜多汁之外，还可以用来做地道的柑橘Spa。

交通：可直飞首尔，然后由首尔转飞济州岛。

住宿：济州岛的宾馆大多集中于济州市、西归浦市及中文旅游区等地，设施齐全。尤其推荐中文旅游区的特级饭店。

美食：济州岛特色韩国美食众多，如滋补人参炖鸡、济州特产黑猪烤肉、香菇火锅、营养鲍鱼粥、韩式烧烤、韩式营养石锅拌饭、济州海鲜火锅等。

3. 德国巴登巴登

推荐理由：巴登巴登位于德国黑森林西北部的边缘上的奥斯河谷中，是一座著名温泉城。城区沿着奥斯河谷蜿蜒伸展，背靠青山，面临秀水，景色妩媚多姿。德语里的巴登是沐浴或洗澡的意思，这里的温泉不仅数量多，而且水质好，被公认为世界上最好的温泉之一。

推荐玩法：来巴登巴登，不可不做的是泡温泉。这里的温泉源头在地底约2000米以下，平均水温约68摄氏度。如今巴登巴登的浴场有十多个，其

中以腓特烈浴池和卡拉卡拉浴场最负盛名。

　　古老宏伟的腓特烈浴池建于两千年前的罗马浴池的遗址上，人们可以一边泡温泉一边看古建筑。相反用白色大理石建成的卡拉卡拉浴场，则较富现代感，面积达1000平方米，有多个室内室外温泉和桑拿浴池。通常，人们会先往室外两个30摄氏度及34摄氏度的温泉池中浸泡，之后往18摄氏度的冷水池"解热"，最后再到38摄氏度的热水池做"冲刺"，这样，全身疲累会统统被洗去。这里的温泉不但可以通过浸泡的方式使人舒筋爽骨和祛除风湿、肠胃不适等疾病，据说喝下泉水还可以有更佳的强身健体的功效。

　　值得留意的是，巴登巴登的浸浴方式，是男女同池。在卡拉卡拉浴场内你尚可穿泳衣以避免尴尬，但来到腓特烈浴池则不准穿衣，因此是否在此浸浴，则要看你的胆量与勇气了！

　　美食：巴登巴登的饮食别具特色，由于深受法式烹饪的影响，地道的佳肴美食以其高品质和创造性而广受欢迎。当然这里也有很棒的中国菜。

　　购物：在巴登巴登市的浪漫街道上，遍布着各式各样、大大小小的商店，名牌时装、珠宝、瓷器以及玩具等琳琅满目，在此购物实在乐趣无穷。

　　4. 冰岛

　　推荐理由：因为恰巧位于美洲板块和亚欧板块之间的断裂带上，冰岛这块天然的冰雪世界多拥有了一份地心的热情——火山和温泉，成为地球北极之地难得的度假之选。

　　推荐玩法：冰岛北部的玛花顿湖（Lake Myvatn）地区是一片火山区，蕴藏着丰富的地热资源，火山爆发后留下的地貌也异常壮观。这里遍布地下温泉和硫黄矿泉，一进入这个区域就能够闻到空气中飘荡着的硫黄味道。卡拉夫拉火山在玛花顿湖东北部20千米处，是一座活火山，最近的一次喷发在1980年到1981年。火山喷发后流下的岩浆，连续冒了5年的烟。至今玛花顿湖地区的许多地方，还能够看到白色烟雾从地下或者火山岩缝里徐徐上升，周围的一切都萦绕着独特、神秘的气氛。进入卡拉夫拉火山区，则进入了另一个世界。这里有许多蓝绿色的小湖泊，像宝石一样嵌在彩色的火山岩石间，熠熠发光。行走其间，不时可以看到仍在冒烟的岩石。

来到这里最令人惬意的是把自己浸在玛花顿湖的温泉水里，任由那蓝白色温暖的湖水包裹着自己，再抓一把湖底的矿物泥，涂在面部，很多人都说这是上好的天然美容面膜。

游览：在冰岛，去蓝湖泡温泉是经典节目，从雷克雅未克市向东南驱车1小时就可以到达，切记随身携带游泳衣。

美食：传统的冰岛主食是鱼和羊肉，熏鱼和干鱼是世界闻名的特产。三文鱼和熏鳟鱼是推荐的美味。羊肉肉美味鲜，不可不尝。

五、瑜伽之光

瑜伽运用古老而易于掌握的方法，提高人们生理、心理、情感和精神方面的能力，以达到身体、心灵与精神和谐统一。

（一）瑜伽益处多多

平衡就是瑜伽。从瑜伽的角度而言，"疾病"是身体内在元素失衡、失调所致。在近年的西方医学研究里，瑜伽渐渐成为一个热门的课题；在天然疗法、心理治疗的领域内，瑜伽也受到相当的重视。瑜伽，经历了几千年历史的考验，不但历久不衰，反而在印度以外发扬光大，变得越来越摩登，甚至进入寻常百姓家，其魅力确实令人惊叹。放下它的哲学和宗教性，瑜伽其实是一个整体性疗法（Holistic Approach），让人在持续地练习姿势、调息法以及放松的过程中，达到防治疾病的目的。

有研究表明，坚持练习瑜伽，对人体益处多多。

（1）活力增加。这源于瑜伽对脑部与腺体的作用。

（2）外观与心情更加年轻。瑜伽可以减少面部皱纹，产生天然的"拉皮"效果，这主要归功于倒立。人们通常的直立体位，促使地心引力将肌肉下拉。假以时日，面部肌肉逐渐会出现下塌现象。每日倒立数分钟，可以适当扭转地心引力的作用，令面部肌肉不致松弛，使皱纹减少，皮肤自然拉平。瑜伽倒立体位经常能使灰发恢复其原来色泽，并延缓灰发现象的出现。这是因为倒立使得流向头皮内发囊的血液数量增加。倒立体位令颈部弹性增加，除去了颈部血管与神经的压力，使得更多血液流向头皮，发囊得到更多营养，生成更健康的头发。

（3）活得更久。瑜伽影响人们长寿的所有条件：脑部、腺体、脊柱与内部器官。

（4）增加疾病抵抗力。瑜伽使人们锻炼出一副健壮的体格，免疫能力也增强了，使得人们可以更加"顽强"地应对从感冒到诸如癌症的各种严重病症。

（5）改善视力与听力。人们正常的视力与听力要靠眼睛与耳朵得到良好的血液供应。人们年岁增长时，颈部正如脊柱其他部分一样失去弹性，影响到对头部包括眼睛与耳朵在内的血液供应，因而影响它们的运作。瑜伽体位与瑜伽颈部运动能改善人们颈部的状况，进而有助于加强视力与听力。

（6）心智情绪的改善。由于瑜伽使包括脑部在内的腺体神经系统产生"回春"效果，人们的心智情绪自然会呈现积极状态。更有自信，更热情，每天的生活也会变得更有创意。

（二）瑜伽小知识

时间：一般来说，人们都是利用早晨、中午、黄昏或睡前来练习瑜伽姿势。其实，只要保证空腹的瑜伽状态，一天中的任何时间都可以练习。换句话说，饭后（3小时之内）是不宜练习瑜伽姿势的。在真正的瑜伽行者看来，清晨4~6点才是练习瑜伽的最佳时刻，因为此时周围万籁俱寂，大气最为纯净，肠胃活动基本停止，大脑尚未活跃起来，容易进入瑜伽的深层练习状态。

地点：练习瑜伽最好能在干净、舒适的房间里，有足够的伸展身体的空间，避免靠近任何家具。房间内空气清新、流通，并且能自由地吸入氧气。最好摆上绿色植物或鲜花，也可播放轻柔的音乐来帮助松弛神经。当然，你也可以选择在露天练习，比如花园等环境较好的地方。千万不要在大风、寒冷或有污染的空气中练习，也不要在太阳直射下练习（黎明除外，因为那时光线柔和，有益于健康）。

衣着：练习瑜伽姿势时应穿着宽松柔软的衣服，以棉麻质地者为佳，必须保证透气和练习时肌体不受拘束。鞋子必须脱掉，袜子最好也脱掉（天冷时脚部须注意保暖），手表、眼镜、腰带以及其他饰物都应除下。

道具：练瑜伽当然以使用专业的瑜伽垫为好，当地面太硬或不平坦的时候，瑜伽垫能起到缓冲作用，帮助你保持平衡。如果你没有专业的瑜伽垫，铺上地毯或对折的毛毯也可以。不要在过硬的地板或太软的床上进行练习，同时注意不能让脚下打滑。初学者也可使用一些道具来辅助练习某些姿势，可用的道具如瑜伽砖、瑜伽绳，甚至墙壁、桌椅，等等。很多姿势都可使用相应的道具，帮助你进行循序渐进的练习，同时更准确地掌握每一个姿势传达给身体的感觉。

沐浴：沐浴前20分钟内不要练习瑜伽，因为瑜伽练习会使身体感觉变得极其敏锐，此时若给予忽热忽冷的刺激，反而会伤害身体，消耗身体内储存的能量。沐浴后20分钟内也不宜练习瑜伽，因为沐浴后血液循环加快，筋肉变软，如果马上练习瑜伽，不仅容易使身体受伤，而且会导致血压升高，加重心脏负担。心脏病、高血压、甲亢等疾病患者尤其要注意这一点。另外，在长时间的太阳浴后不要练习瑜伽姿势。在练习瑜伽之前1小时左右洗个冷水澡，能让练习达到更好的效果。

饮食：如前所述，饭后3小时之内不宜练习瑜伽姿势。但是，你可以在练习前1小时左右，进食少量的流质食物或饮料，比如牛奶、酸奶、蜂蜜、果汁等。练习时，你可以喝一点清水以帮助排出体内毒素（当做鸭行式的练习时，你甚至应该大量喝水）。瑜伽练习结束1小时后进食最好。最好吃一些天然的食品，避免食用一些油腻、辛辣或导致胃酸过多的食品。进食要适可而止，吃得太饱会让人感到烦闷和懒惰。另外，练习瑜伽后饭量减少，排气、排便增加属于正常现象。

（三）练习瑜伽的八大要领

1. 呼吸

你在呼吸吗？呼吸是每个人与生俱来就会的养生法宝，只是我们平时只做到了百分之三十的呼吸，其余不但未能完全运用，甚至忽略了！其实，只要回归到婴儿时期的单纯探索，你将惊觉原来瑜伽的呼吸法是如此单纯简易。在此我们要大声疾呼：呼吸吧！大大地做深呼吸，接着再深呼吸几次——现在你是不是觉得整个人变轻松了呢？让我们配合瑜伽的练习，找回其余百分之七十的潜能，发现自己的单纯与能量！

2. 热身

你常常会在固定一个姿势几分钟后再活动身体时，觉得全身发麻动弹不得吗？小心，小心，你的血液循环缓慢到以发麻来向你抗议了！现在正稳如泰山坐着的你，小心就快成"化石"了——化石如果掉落会坏了、折了、裂了、伤了的道理，你一定知道！所以如果你是完全不运动的人，快起身动一动僵硬的身体。但是记住，一定要先热身才不会像化石一般伤了身子！热身是做运动前一定要做的事，尤其是进入瑜伽练习前。不管你是完全不动的"化石人"还是经常做运动的活动人，做任何运动前，热身都是非常重要且必要的运动安全概念，做好热身才可避免不必要的运动伤害。

3. 放松

我们常看到一些婀娜多姿的舞者一舞动身躯，全身就散发出一股柔软、灵活而优雅的肢体语言，吸引着我们久久无法移开目光，那种柔美的姿态真是令人羡慕不已。如果换成同手同脚、全身硬邦邦的我们像一根木桩一样上下跳动，那画面真是"不堪入目"啊！柔美的要诀就是要先学会放松，而要入门做个瑜伽行者，当然就更要有放松法宝才行！

4. 感觉

其实练习瑜伽是非常简单易行的，只有一个诀窍，就是练习时"跟着感觉走"就对了！请一起大声说："我要感觉！"就是因为"感觉"是非常简单的事，反而很容易被忽视，例如在日常生活中，你有没有随时感觉你在呼吸？你有没有随时感觉你在放松？你只要对自己的"感觉"多些敏感，就能感觉到身心是否平衡，也能感觉到全身是否受到压力的影响或身体不适，而通过练习瑜伽姿势感觉身体随着肢体扭转、折叠、后仰、前弯等活动，去按摩、伸展、挤压、放松你的全身，并在练习过程中，以你最能感受的程度去操作施行。

5. 专注

认真的人最美，因为认真专注就是一种迷人的因子，将这种因子散发到全身每个部位、每个细胞，你当然美"透"了！练瑜伽就必须要如此认真专注于全身内外每寸、每分的感觉，并唤醒身体的机能，感觉并探索你的身体，并将最有感觉的部位以专注的意识力去感受、去体会、去保护。在瑜伽练习中，要随时集中地感受因姿势的变换而产生的按、压、摸、推、拉、挤、紧、松等感觉，并且感受酸、痛、胀、麻和舒适感的变化以收到最佳效果。

6. 平衡

平衡是非常重要的，有了平衡才有坚固的栋梁，有了平衡也才有健康的身心。

7. 坚持

坚持是非常重要的瑜伽学习精神,当你下定决心开始计划练习瑜伽的同时,别一下子太贪心,安排了太多时间、要练的次数太多,结果让自己练不到两次就累得无法坚持下去,反而变成压力,最后势必间断或放弃练习,实在可惜!

8. 爱上瑜伽

爱上瑜伽需要一段辛苦的练习过程,当你坚持练习,驾轻就熟之后,便能自然而然地感受到瑜伽带来的舒适及健康。这种感觉会让你如同上瘾一般疯狂地爱上瑜伽,进而非要定时练习瑜伽不可,每天一定要跟瑜伽"约会",不然浑身不对劲——当你有这种感受时就对了!

(四)办公室瑜伽9招

办公室里的上班族缺少运动,用瑜伽减压与健身能达到很好的效果。可以通过一系列简单、科学而又非常合理的瑜伽动作,来帮助缓解工作压力,治疗和预防常见的"办公室综合征"。办公室瑜伽动作简单,效果明显,在办公室的方寸之地就可以轻松练习,达到保护视力,消除颈椎、肩、背疲劳,促进消化及减肥与放松身心的目的。

1. 第1个动作

动作要领:左手扶住头的右侧,头轻轻向左侧弯,右手侧平举,掌心向外。保持3~5个深呼吸,吸气恢复正中位,另外一侧肢体重复相同的动作。

功效:活动颈椎,伸展放松颈侧的肌肉,例如胸锁乳突肌等,促进脑部的血液供应,在办公室中保持清醒的头脑,还可减肥瘦身。

2. 第2个动作

动作要领:十指交叉,放在脑后枕骨的位置,呼气,弯腰弓背,收下巴低头,眼睛看腹部,吸气,抬头挺胸,手肘外展,伸展背部。

配合呼吸,动作重复3~5次。

功效：拉伸放松颈椎、胸椎及肩背，改善呼吸机能，可以预防及缓解呼吸道疾病。

3. 第3个动作

动作要领：吸气，十指交叉，双臂向上伸展，掌心向上，呼气，双臂向前平伸，掌心向外，尽力打开背部的肩胛骨。

保持3～5个深呼吸，呼气放松，恢复正中位。

功效：拉伸手腕部，预防"电脑手"。伸展整个背部，改善长期伏案造成的驼背现象。同时，提高免疫力，预防办公室流感。

4. 第4个动作

动作要领：呼气，头慢慢向下转向左侧，吸气，头慢慢向上转向右侧，双手右手在肩上，左手在肩下，于背后肩胛骨的中间位置勾住，下巴尽量向远伸展。

配合呼吸，动作重复3～5次，吸气恢复正中位，另外一侧肢体重复相同的动作。

功效：伸展肩背及手臂肌肉，减轻肩背部疼痛，同时伸展放松颈部。

5. 第5个动作

动作要领：吸气抬头，手肘向上推，身体向后弯，呼气低头，拱背。手臂于胸前交叉缠绕，掌心相对，沉肩，手肘向外平推。

配合呼吸，动作重复3～5次，吸气恢复正中位，另外一侧肢体重复相同的动作。

功效：伸展肩背及手臂肌肉，减轻肩背部疼痛。

6. 第6个动作

动作要领：左脚踝平搭在右膝上，吸气，拉伸背部，呼气，身体由胯部开始尽力前屈。

保持3～5个深呼吸，吸气恢复正中位，另外一侧肢体重复相同的动作。

功效：放松臀部肌肉，尤其针对久坐的人，减轻腰部酸痛，有效预防及

缓解坐骨神经痛。

7. 第7个动作

动作要领：吸气，左侧手臂向上伸展，身体向右侧弯。

保持3~5个深呼吸，吸气恢复正中位，另外一侧肢体重复相同的动作。

功效：拉伸背部及腰侧肌肉，放松肩背，同时可以刺激腹部脏器的功能及加强肺功能。

8. 第8个动作

动作要领：双腿伸直，拉伸腰部，身体由胯部开始向前弯曲，双手抱小腿，尽力拉伸。

保持3~5个深呼吸，吸气恢复正中位。

功效：拉伸整个脊柱及大腿后侧肌肉，刺激腹部脏器的功能，平衡身心，减轻压力，预防及缓解焦虑、失眠及抑郁症，减轻疲劳，恢复精力。

9. 第9个动作

动作要领：身体由胯部开始向前弯曲，用腹部去贴大腿，放松整个的身体，头和手臂自然下垂。

保持30秒钟左右，吸气慢慢恢复正中位，注意不要太快起身，防止引起头晕现象。

功效：放松颈、肩、背及腰部，促进脑部的血液循环，给头脑充电。

六、中医养身

据各类新闻报道，亚健康状态、职业枯竭症、过劳死等正在悄悄侵害着上班族的身体乃至生命。上班族如何珍爱生命，保护自身的健康呢？中医认为，可通过身体发出的信号预知健康危险的存在，并通过按摩、养心等方法调理身心、缓解疲劳，预防身体出现毛病。

（一）拯救你疲惫的身体

1. 疼

疼，外边是病字旁，里边是一个冬。中国文字都有很多象形文字，每个字里，都有深刻的含意。冬，和冬天、寒冷有关，而病字旁，代表过寒。《黄帝内经》是这么解释的："寒胜其热，则骨疼肉枯。"那这是什么意思呢？就是寒超过了热，导致骨头疼肉紧枯。这种感觉可以用"寒风刺骨"这个词来形容。因此，疼可以理解为，由过寒引起的身体不适的感觉。

中医有"热者寒之，寒者热之"的疗法。因此，对于疼，我们通常的做法，就是要避免受寒，同时受寒而引起的不适，要用热来解决。通常，引起疼的病症，主要是外伤、冻伤、风寒感冒等，大都与寒冷有关。

2. 痛

痛，外边是病字旁，里边是一个甬字，"甬"，路也。痛是由于"路"被堵住了引起的。这个路就是经络，以及一切与之相关的血管、淋巴等各种管道。痛的解决方法，就是要把路打通。中医认为，"通则不痛，痛则不通"，就是这个道理。

3. 痒

在古字中"羊"和"阳"是相通的。在中医里，阳与人的生命关系密切。得阳者生，失阳者亡。痒，实际上是"痛和健康"的一种临界状态。

什么情况下人体会痒呢？长伤口时，人会痒，说明气血在通达到伤口时，受到一定的阻碍，不顺。人体从一股暖流，变成无数条暖流时，就会感觉痒。还有人的后背也经常会痒，就有人发明了痒痒挠这种工具。那这种痒，又是怎么回事呢？其实是人体的阳气在往外"顶"体内的湿。在顶的过程中，由于人体的经络不是很畅通，因此，会遇到一定的阻力，所以会痒。

对于皮肤痒，很多人都爱用激素，其实，那解决不了根本问题，反而对人体有危害。其实，人体很有意思，面对痒的时候，人最爱做的事就是挠，

而这个挠的过程，其实也是疏通经络的过程。只不过，这是作用在表皮。而更深层、更好的办法，就是刮痧，让更深层的寒湿出来。如果原来痛，现在变成痒了，说明你的身体在向好的方向转化。反之，原来痒，后来变成痛了，那就说明身体在向坏的方向转化。

4. 酸

酸字的左边是一个酉，右侧是"夋"。酉，在十二地支中，对应的是17～19点，刚好是肾经当值。而"夋"字意为："行走迟缓的样子。"

我们身体最容易酸的地方是腰。在中医里，腰为肾之府。所以，腰酸，大体上可以找到的原因就是肾虚了，我们的身体代谢缓慢了。还有一种状况，比如我们爬山之后，腿很容易酸，其实，这也是身体血液中乳酸堆积不易代谢的结果。而中医认为，肾主生髓造血，所以，还是和肾虚有关。

酸其实和痒一样，也是一种身体的临界状态，往好的方向转化，就是健康；往坏的方向转化，可能就是疼痛了。对于酸，解决的方案就是加温和加速，热敷和按摩，对缓解酸有很大的效果。枸杞也是强肾的佳品。总之，强壮你的肾，才是解决酸的根本之道。

5. 胀

胀是肉月旁加一个长字，主要是指肌肉组织不正常的扩大，它和肿基本上是同义。肿，主要是表现在外观；而胀，经常会是外观看不到的情况。造成胀的原因很多，外在的，可能是外伤引起的发炎，或者捆绑造成气血不畅。胀大都是由于管道受阻，造成身体的代谢出了问题所致。要做的工作，也是疏通经络，解决淤堵。

6. 麻

麻，也是一种病态，广字旁里边一个林。"林"字为会意字，从二木，表示树木丛生，本义指丛聚的树木或竹子等。肝脏主木，如果肝血正常汇聚，则人体康泰。"麻"是不正常的汇聚。解决麻的方法就是解除这种不正常的压力。这种压力，有可能是外在的，也有可能是内在的。患心脑血管病的人，很容易产生肢体麻木，也主要是肝血在人体器官组织中不正常汇聚引起的。

7. 疲

疲，是病字旁里边一个皮字。疲字的本义是懈怠，不起劲。皮在中医里是由肺主管的，而肺在中医里是管疏布血的，是相傅之官。疲多从外在表现出来，比如疲软等，是看得见和摸得着的。

8. 乏

乏字的主要意思是缺少和无能。人乏了，是缺少气血，与疲不同，乏多为身体内在的感觉。比如我们可以说"我今天很乏"，这是一种内在的感受，而不能说"我今天很疲"；如果说"我很疲乏"，则是指身体由外到内都打不起精神来。疲和乏都与气血不足有关。解决的方法是进行综合调理。这与前面说的各种症状相比，要严重一些。

9. 劳

"勞"，是劳的繁体字。而"劳"字的小篆字形，上面是焱，即"焰"的本字，表示灯火通明；中间是"冖"字，表示房屋，下面是"力"，表示用力。整体的意思是夜间劳作。劳的本义指努力劳动、辛苦工作，可以理解为用力过火了。毕竟三个火，更能代表劳的本意。

在中医里，如何理解"劳"字呢？最好的解释就是"五劳七伤"。

五劳：久视伤血（心），久卧伤气（肺），久坐伤肉（脾），久立伤骨（肾），久行伤筋（肝）。

七伤：大饱伤脾，大怒气逆伤肝，强力举重、久坐湿地伤肾，行寒饮冷伤肺，忧愁思虑伤心，风雨寒暑伤形，恐惧不节伤志。

因此，"劳"这个字，和"久"是有关系的，不管是什么样的一种情况，如果持续过久了，就是劳。比如"过劳死"，就最能形象地理解劳这个字了。还有现代人得的颈椎病、腰椎病，都是和持续地坐着用电脑、开车等有关系，这些病，都是积劳成疾的结果。

10. 累

累字的结构，上边一个"田"，下边一个"糸"。"糸"的基本字义是细丝、幺、微小；详细字义"同本义糸，细丝也。象束丝之形"。

当我们知道了"糸"的意思，也就能很好地理解累了。这就好比，我们用一根很细的丝，来顶着一大块田地，这悬殊的力量对比，本身就很不协调。因此，累，可以被理解为身体无法承受的压力。

和"劳"那种"久"引起的身体不适不同，"累"其实是一种短期形成的身体不适。比如说，你今天走了一天的路，你可以说"我累了"，而不能说"我劳了"。累可以睡完一觉，马上恢复过来，但劳却不行。比如，如果你是天天用电脑，最后导致颈椎病，那就不是"累"造成的了，而是"劳"。积劳一定会成疾。

可以这样理解，持续的"累"，最后就会变成"劳"。换句话说，"劳"是由持续的"累"引起的。

总之，人体和各种不适症状，从汉字的构成上可略见一斑，基本都与病字旁相关联，而且多与寒、外伤造成的经络不通有关。

（二）常按六穴位让你更健康

调查显示，最困扰城市上班族的三大健康问题是肠胃病、颈椎腰椎不适和失眠。此外，长居室内头晕频繁、长时间盯电脑眼睛干涩、久坐不运动小腿易抽筋，这些小毛病也让上班族们苦不堪言。

常常按摩以下六个穴位，可以让你更加健康。

1. 刺激明眼穴

眼睛干涩时，可以刺激手指上的明眼穴。

怎么找？明眼穴在左右手的大拇指中间的骨节上。

怎么按？用一手的拇指和食指夹住，以拇指的指甲分别对这个穴位进行刺激，以稍微感觉到疼痛即可。可以在工作的休息时间，或是等车时自行按摩。

2. 按压公孙穴

上班族吃饭常常不规律，十有八九有肠胃病。有空多按摩公孙穴，对脾胃有帮助。

怎么找？公孙穴在足内侧缘，第一跖骨基底部的前下方，赤白肉际处。

怎么按？取坐姿，两手拇指分别按住该穴位，深呼吸渐渐用力揉按20~30次，按压5~10分钟。

3. 揉捏风池穴

颈椎病可以称之为上班族最无言的痛，缓解颈椎不适的穴位是风池穴。

怎么找？风池穴在后颈部，后头骨下，两条大筋外缘陷窝中，相当于耳垂齐平。

怎么按？揉穴的同时轻轻旋转头颈部，再做些耸肩动作。每天晚上睡前按摩后可以做局部热敷，能起到改善局部血液循环、缓解肌肉紧张、解除疲劳的作用。另外，在办公室每隔1~2小时可扭动颈部，以缓解疲劳。

4. 滚揉后溪穴

久坐不运动，腰痛不稀奇。此时可按摩后溪穴。

怎么找？后溪穴是手握拳时，掌指关节后横纹的尽头处。

怎么按？坐在电脑面前时，可以把双手后溪穴的这个部位放在桌子沿上，用腕关节带动双手，轻松地来回滚动，即可达到刺激效果。平时抽出三五分钟的时间，随手动一下，坚持下来则对颈椎、腰椎有着非常好的养护作用。

5. 按摩太阳穴

脑力工作者压力大，头晕、头疼是常有的事，此时最简单的缓解方法就是按摩太阳穴。

怎么找？太阳穴位于双眼的眼角与其平行发际连线1/2处。

怎么按？午饭后揉一揉太阳穴，三五分钟即可，往往有不错的提神醒脑的作用。

6. 按按承山穴

久坐、腿部受凉，容易引发小腿疼痛、抽筋，此时可赶紧按按承山穴。按此穴也能缓解登山、骑车后的腿部不适。

怎么找？承山穴在腓肠肌肌肉分叉处的下缘。

怎么按？承山穴按上去会非常的酸痛，手法上只能轻按轻揉，以感觉到酸胀微痛为宜。

（三）艾灸调出好气色

好气色往往反映出健康的身体状况，针灸科医生指出，只有脏腑功能正常，气血旺盛，才能保持青春、容光焕发。出现黑眼圈、眼袋和面部皱纹时往往需要滋阴补肾、清降虚火、化瘀通络，在医生帮助下艾灸以下这些穴位，有助从内而外调出好气色。

（1）合谷穴：位于手背第一、二掌骨之间，近第二掌骨之中点处。合谷穴是手阳明大肠经元气汇聚的重要穴位。《四总穴歌》说"面口合谷收"，就是说合谷穴具有治疗面部病症的作用，因为合谷穴可疏通面部经络气血。

（2）背部诸腧穴：膈腧穴，在第7胸椎棘突下旁开1.5寸处；肝腧穴，在第9胸椎棘突下旁开1.5寸处；肾腧穴，在第2腰椎棘突下旁开1.5寸处；脾腧穴，在第11胸椎棘突下旁开1.5寸处。艾灸这些穴位，可增强机体新陈代谢，促进血液循环，消除水肿。

（3）太溪穴：位于足内侧，内踝后方，在内踝尖与跟腱之间的凹陷处。艾灸此穴，可滋阴益肾。

（4）水分穴：位于脐上1寸处。针灸此穴可助收腹去脂，同时可消除水肿。

（5）三阴交：在内脚踝上3寸，胫骨内侧缘后方。艾灸此穴可调整机体的阴阳平衡，调节内分泌。

用无烟艾灸条温和灸以上穴位，每次艾灸 10~15 分钟，艾灸距离穴位 3~5 厘米，每天艾灸一次，灸至穴位暖和、微微发红即可，10 次为一疗程。

（四）刮刮更健康

中医经络学说认为，皮肤是十二经脉之气散布的部位，与经络、四肢、五脏、六腑、九窍均有密切的联系。刮痧可以刺激人体的经络穴位，与针灸、按摩、拔罐等疗法有异曲同工之妙。

（1）促进代谢，排出毒素：人体每天都在不停地进行着新陈代谢的活动，代谢过程中产生的废物要及时排泄出去。刮痧能够及时地将体内代谢的"垃圾"刮拭到体表，使体内血流畅通，恢复自然的代谢活力。

（2）舒筋通络：现在有越来越多的人受到颈椎病、肩周炎、腰背痛的困扰。这是因为人体的"软组织"（关节囊、韧带、筋膜等）受损伤时，肌肉会处于紧张、收缩甚至痉挛状态，出现疼痛的症状，若不及时治疗，就会形成不同程度的粘连、纤维化或瘢痕化，从而加重病情。刮痧能够舒筋通络，消除疼痛病灶，解除肌肉紧张，在明显减轻疼痛症状的同时，也有利于病灶的恢复。

（3）调整阴阳："阴平阳秘，精神乃治。"中医十分强调机体阴阳关系的平衡。刮痧对人体机能有双向调节作用，可以改善和调整脏腑功能，使其恢复平衡。

刮痧的保健作用，可以概括总结为："刮刮颈，不生颈椎病；刮刮胸，气管畅通；刮刮背，骨质不增、腰不疼；刮刮四肢，全身轻松。"

大多数人认为，刮痧只能用来治疗外感、中暑等病症。但事实证明，刮痧疗法的适用范围非常广泛，凡针灸、按摩疗法能治疗的疾病，均可用刮痧疗法来治疗。此外，通过刮痧，还可以达到保健养生的作用。刮痧并不是对皮肤的胡乱刮拭，而是需要根据个人的体质，以及经络气血的运行方向来刮。

如何正确、安全地刮痧？专家提供了下列几项要诀：

选择正确的刮痧器具，如牛角梳、玉石、瓷汤匙等，厚度适中、边缘钝而圆滑的器具均可选用。

力度适中，以皮肤没有明显的疼痛感，但有一定的刺激性为宜，刮到皮肤潮红，稍有充血即可，注意避免刮伤皮肤。

选位与方法，一般选择肌肉丰厚的地方，如肩、背、腰等，使刮痧板与皮肤呈90度角，垂直下压，单方向刮，力度由轻渐重，每次每处刮20下左右。

刮痧前需要在刮痧处涂抹润滑物，如凡士林、石蜡油、祛风油、精油、水等，可根据身体症状并遵医嘱进行选择。

（五）我拔罐，我健康

拔罐这种治疗方法很古老，也很有效。

无论是四肢、肩背部，还是脏腑器官，有了毛病，拔罐都不失为一种较好的调理方法。效果最好的当然是火罐了，如果不会拔火罐，那还可以用大一点的瓷罐和气罐来拔，虽然见效慢些，但是操作方便、安全，坚持下去，同样有效。

拔罐时，需要注意以下几点：拔哪里？怎么拔？拔多长时间？什么情况下拔罐？

1. 拔罐拔哪里

拔罐的位置，一般是在后背和腿部，哪儿疼拔哪儿。至于身体前部等一些皮肉比较薄的地方，拔罐时间不可过长，最好是遵医嘱。

肠胃不好、肾虚、哮喘、腰椎骨质增生等，都可以用拔罐的方法来辅助治疗。有些时候，拔罐比吃药还管用一些。

拔罐主要拔督脉和膀胱经，拔病灶所在脏腑相对应的腧穴，重点在拔罐时颜色最深、反应最厉害的地方拔。

2. 拔罐的方法

很多人反映，使用瓷罐和真空罐时，老是掌握不好力度，不知道拔到什么程度才算合适。其实，不管大罐小罐，上罐的时候最好抽气不要超过三下。当皮肉开始有点儿发紧，出现小的细纹，人稍微感觉有点不舒服时就可以了。特别是老年人，更不能抽拉得太厉害，否则留罐的时候肉拔起来太多，起罐的时候不好起，效果也不太理想。

3. 拔罐适宜人群

拔罐这个方法尤其适合有慢性病的人和身体虚弱的老年人。7天或者10天拔一次，每次10~15分钟。冬天人容易受寒，可以经常拔罐，这样，一冬都会有很好的免疫力。

但拔罐这种方法对皮肉太松弛或太瘦的人就不合适，皮肉太松弛的人拔完以后由于抽拉的劲大，会把皮都扯上去，太瘦的人则根本拔不住。

有人拔罐拔10分钟，甚至三五分钟就会起泡，说明他脾虚得厉害。也有人在美容院拔罐拔了30分钟，后背都紫了，而且起泡了。第一次拔30分钟是不太恰当的，不过如果效果好，那就可以继续，把身体里的脏东西全拔出来。

说到子女给父母尽孝道，最好的方式就是让父母身体健康。一周给父母推一次背，拔两次罐，有病调病，无病养生，这实际上就是一种爱的表达。

夫妻之间也是一样，尤其是中年夫妻，面临着生活和工作等各方面的压力，夫妻关系很容易出现问题。那么，与其天天念叨着"婚姻是爱情的坟墓"，不如行动起来，给他（她）拔拔罐，这种贴心贴肺的关心会比一句"我爱你"实在得多。但是凡事过犹不及，不是什么人、什么情况下都适合拔罐的，这点也需注意。

4. 拔罐可根除顽固皮肤病

有好多老年人秋冬季节皮肤瘙痒，这主要是因为肺燥、脾虚，湿毒在体内排不出来。加上有时候情绪不好，还可能出现带状疱疹、荨麻疹等病。

大部分的皮肤病都跟脾湿、肺燥以及不良的情绪和精神压力有关系。对这种皮肤上的毛病，一般都可求助医生，用根治拔罐的方法进行调治。

七、气功强身

气功是一种通过调身、调息、调心三结合的，以内练为主的自我身心锻炼功法。通过气功锻炼，可以培育、增强元气，充实脏腑之气，活跃经络之气，并提高它们的调节功能，从而改善身体素质，发挥人体机能潜力，故气功有防病治病、保健康复、益智延年等功效。由于气功全面地调整人的身心，所以它能使人无论在生理还是心理上都保持一种青春的活力，在外貌上的表现即是容光焕发，发不白，眼不花，耳不聋，牙不松。这就是气功的美容功效。

（一）气功入门

气功讲究调身、调息、调心三结合。

调身，是指姿势或动作的锻炼。练功的姿势很多，各具形态，但对它们有一个总的要求，就是要利于身体内部的气血运行，五脏安和。摆好姿势以后，要注意五官的调整，做到含眼光（垂帘内视），凝耳韵（忘声返听），调鼻息（调柔入细），缄舌气（息舌宁心），轻合齿（牙齿轻咬）。由于五官与五脏之气相连，五脏又与五神相连，所以，上述姿势摆好后，即可以做到五官、五脏、五神相合。动作，是指练动功时的动力。动功因与体操相似，所以除具有疏通经脉、运行气血的作用，还能锻炼形体，使人身轻矫健，形体健美。

调息，是指呼吸与内气的锻炼，是练功的主要环节，亦是气功美容重要的一环。人的呼吸活动是自主的，但通过锻炼，能人为地进行控制，更好地发挥它的作用。人的呼吸由肺所主，肺又主气，所以，人从自然界吸进的清气不但充实了真气，还进一步推动气血在全身的运行，使全身气血流畅，五脏六腑、四肢百骸都得到充养，这是健美的基础。气血充盛，人才不易患病，才能容颜光悦，毛发润泽。气在人的容貌美中起着重要的作用。面部的光泽和气的盛衰密切相关，不论何种面色，只要气盛，则会光泽有神，这样即使是偏黑、偏黄的肤色，也能给人美感。而气功的调息，正是调气、充气，所以气功锻炼能使面部色泽正常，达到美容效果。

调心，是指意念锻炼。人的意念活动，即是心神作用，所以叫作调心。

下面说说怎么做到调心、调身和调息：

（1）调心，就是自觉控制意识活动，这是气功锻炼的中心环节。其基本要求就是要做到清心寡欲，排除杂念，达到入静状态。难以入静是初练气功的一大障碍，由于入静与练功效果有关，所以初学者往往求静心切，反生急躁，越练越烦，更难入静。

入静，就是通过意守，改胡思乱想为静思专想，进而做到无思无想，恬静愉快，悠然自得。意守，就是把注意力集中于体内某一部位或某种活动，或意想某种对身体有益的事情。最常用的意守方法是用呼吸结合意守丹田。

丹田，是指脐下一寸半的气海穴，它不是一个点或一个面，而是一个球体。呼吸与意守丹田结合，叫作气贯丹田。气贯丹田的一般方法是进行腹式呼吸，即吸气时膈肌下降，腹压增加，使小腹外鼓，好像气经肺吸入丹田；呼气时小腹回缩，好像气从小腹经肺呼出。

（2）调息就是自觉控制呼吸，其基本要求是"细、静、匀、长"，逐步达到无声无息、出入绵绵、若存若亡的境地。

初练时，务必自然，不可勉强，慢慢做到从有声到无声，由短促到深长。最好是练"气贯丹田"法，至于"大周天"、"小周天"的运气方法，待有一定功力后再去逐步学习。

运气是指通过深长呼吸和停闭呼吸，以意领气，打通经脉，意随气行，运行周天。这在古代也称"闭气"、"引气"、"行气"、"运气"等。若运气攻患处，给自己治病称"行气"；若运气外出，发气给他人治病，则称"布气"。

（3）调身就是自觉控制身体的姿势和动作。调身一般分"行、立、坐、卧、做"。这五种情况都必须与调心和调息配合进行。调身的总要求是宽衣缓带，舒适自然，不拘形式。

行，要平正不摇，注意道路，气贯丹田，呼气提肛，吸气放松。

立，两足平行与肩同宽，双膝微屈，躯干平直，含胸收腹，两臂向前半举，屈肘屈腕如抱球状，两目半闭凝视鼻端，然后调息，意守丹田，如"三圆式"站桩。

坐，有自由式和盘膝式两种。自由式，选适当高度之椅、凳或床，双脚踏地而坐，双腿分开与肩同宽，双手仰掌叠放一起置于小腹前，目半睁，视鼻端，或双手合掌如佛，目半睁，视指端。盘膝式，有单盘膝、双盘膝和自然盘膝。单盘膝是将一侧小腿放另一小腿上面；双盘膝是先将右小腿放在左小腿上面，再把左小腿搬起放在右小腿上面，两小腿交叉，两足底朝天放在大腿上；自然盘膝是两小腿自然交叉成八字形，两足压在大腿下。盘膝式上身姿势皆同自由式。行功应备软垫，两腿发麻时，可自我按摩后收功。

卧，适于病弱或失眠者，可于睡前行此功。以右侧卧位为佳，头稍向前。下面的一只手自然屈肘放枕前，手心向上，上面一只手自然放在大腿上、手心向下，或放丹田处，手心按腹。腿的姿势是，下面的自然伸直或略屈，上面的屈膝120度放另一腿上面。

做，有两个含意：其一是指日常劳作时，根据工作的性质，采取合理的不易疲劳的姿势，配合意守丹田和腹式呼吸，其精神实质是时时处处都意守丹田练气功；其二是指导引、太极拳等各家各派的动功功法，其姿势动作五花八门，应选其一种，认真练习。

总之，调身即调整形体，使自己的身体符合练功姿势、形态的要求。

(二)这样练气功

1. 抱丹田

早晨（寅时，即5时~7时最好）选一空气清新，有松柏树丛之处（湖泊河水边亦可），自然站立，左足向左开一步，与肩同宽，平行而立，身体微下蹲，膝稍弯曲，头直目正，身端气静，松肩垂肘，十指分开，手心向内置于腹前，两手相抱若抱球状。此时要身体似站非站，似坐非坐，面部似笑非笑，意守丹田部位。随意呼吸，莫令耳闻。这样站立一段时间后，再做下一动作。

2. 转丹田

立正站立，开左脚向左与肩同宽，意守丹田，然后以意领气，以丹田为圆中心，自左向右转36下，吸一口气咽下。再从右向左转36下，再吸一口气咽下。是为转丹田。

3. 晃丹田

立正站定，左脚向左开一步，与肩同宽，全身放松，用腰部带动，自左向右作圆形晃动。但要意守丹田，以丹田为圆中心。先随意呼吸，然后再由左向右作圆周晃动，当身体晃动时，先向左半周吸气，吸气时舌顶上腭。当身体转向右边时呼气，呼气时舌抵下腭。但晃动时要松肩松胯，全身不得有一丝呆板之意，共约36下。这样的平行转圆可以使代脉得到锻炼。

4. 揉丹田

如前，两脚立正站立，左脚向左开一步，与肩同宽，两手虎口张开，对称放在丹田两旁。以丹田为圆心，自左向右作画圆运动，也是吸气舌顶上腭，呼气舌抵下腭。计36下。

5. 击丹田

如前，两脚站成与肩同宽，全身放松，然后伸左脚向左前方半步，两臂鸟展翅一样向后用力展开，为"白鹤亮翅"，舌顶上腭吸气。然后左脚后收，

与右脚并齐,两掌变拳一齐向丹田两边猛击,舌抵下腭呼气。计36下。

6. 折丹田

轻步站开始,上左步,左手掌向右腮护去。再上右步,右掌向左腮旁护去。然后两掌交叉一齐向前扑去,扑时叩首,为"以首叩碑"呼气;起时吸气,这样腹部会得到压迫的锻炼,丹田也会充实起来。

7. 搓丹田

取一木凳,随意坐下,右脚落地,脚心斜向前方,左腿压在右腿上。左手掌心向上,放在左腿上,右掌心向下,两掌相合,右掌由左掌上向前向下斜搓去,直到手不能再伸时,呼气。然后右手心向上,左手掌心向下,右手掌回抽,吸气,气贯丹田,如此36下。再换成左脚落地,脚心斜向前方,右腿压在左腿上,右掌心向上,放在右腿上。左掌心向下,两掌相合,左掌由右掌上向前向下斜搓去,直到手不能再伸时,呼气。然后左手心翻往上,右手心向下,左手掌往回抽,吸气,气贯丹田,也36下。

8. 喷丹田

两脚立正,并脚而立,两手掌从左右胯旁,手心向上,升到胸前交叉,两手心均向上,右手放在左手上,吸气。然后一齐向前猛然推去,为"婴儿击食",推出时喊"喝",呼气,一共36下。

9. 提丹田

立正站立,右手领左手,高举在头部,右手心向左,左掌附在右掌根处,两脚尖跷起,向空中吸气。然后两手就像握住东西一样,用力一齐向下拽,两肘打坠劲,坠到两手落到胸前,呼气。这样手起吸气,下坠呼气,计36下。通过强行呼吸,丹田气足,内气鼓荡,能达到内壮的目的,只有内壮才能力源丰富,劲力浑圆,用之不尽。

（三）练气功的要领

1. 松静相辅，顺乎自然

松与静的关系密切，全身放松能促进入静，而入静后，也必然呈现全身放松，故两者是相辅相成的。松，一方面是全身肌肉放松，这个松必须掌握松而不懈的状态。采用卧式，全身放松较易实现，但在摆好姿势以后，还应全身微微晃动几下，达到卧之舒适。站、坐两式的维持，都必须有一定的肌肉处于紧张状态，但也需最大限度地放松。放松的另一个方面，就是意识的放松，首先要伴随着全身肌肉放松，使整个身体有一个舒适松快的感觉，另外，就是意守呼吸或意守丹田都不能思想过于集中，要消除紧张状态，达到精神意识的放松。静，是指相对安静而言，在呼吸方面出入无声，体会悠闲自得，在意识方面强调通过意守，排除杂念，达到入静。总之，松静自然是练功的关键，掌握得好，可以迅速获得良效，掌握不当，往往会出偏差。

2. 练意练气，意气合一

气功之气，主要是指真气（元气）。练气之初，必须由练肺气（呼吸之气）入手。肺气的锻炼，由于功法的不同，采用的呼吸方式也各异。虽然如此，但不论什么功法，大都要求呼吸做到"悠、匀、细、长、缓"。练功有素之人，每分钟呼吸次数甚至可达二三次，形成缓慢的腹式呼吸。呼、吸气的锻炼，必须由浅入深，由快至慢，逐渐练习，不能要求在短时间内即形成完整的深长呼吸。初练时必须以意念诱导，练到一定程度，便可达到自然而规律的呼吸。练意一为排除杂念，达到入静；二为意守丹田，使整个机体发生更深刻的变化。初练气功者想很快排除杂念是很困难的，必须通过一定时间的练习，才能使杂念逐渐减少，达到入静的要求。

练功过程中怎样把练意和练气结合起来？开始锻炼呼吸时，同时也要意守呼吸，以帮助呼吸尽快练好。待深长、均匀的呼吸形成后，再注意腹部随呼吸起落。当呼吸锻炼得很纯熟时，即使不注意呼吸也能自然达到气贯丹田，

此时，单纯意守丹田即可以了。这样练气练意，二者就能密切结合，实现意气合一，使真气充沛，达到治病健身。

3. 情绪平衡，心情舒畅

练习气功必须强调情绪平衡，心情愉快，这样才能促进健康，而且在每次练功后都会有舒适和欣快的感觉。

4. 循序渐进，勿急求成

初期练功不能急于求成，练功效果都是随着练功时间的增加逐渐显现出来的。练功方法虽然不很复杂，但要掌握得比较熟练，也要通过一定时间的练习，才能达到。

5. 练养相兼，密切结合

练养相兼，就是练功和合理休养并重。只练功，不注意合理休养，很难取得进步，故练、养必须密切结合。合理休养应包括的内容为：注意适当休息、生活规律、情绪乐观、饮食有节、适度体力活动等。这些内容在整个练功过程中乃至一生，都应当注意。

6. 固定功法，功时适宜

当前各地流传的功法甚多。有的功法已广泛采用，效果不错；也有些功法，仅限于个别人练习，尚未完全公开，或使用之人甚少，功效究竟如何，尚难定论。练功者应在相关人氏指导下，根据体质和日常习惯等，选择一两种合适功法，进行锻炼，这样既便于掌握，又易获效果。

（四）练气功有三忌

现在，练气功的人日益增多，气功功法也较多。然而有些人在练气功时易犯一些错误。这些错误主要表现在对气功的基本概念和基础知识的认知有误差，如丹田的位置，意守的部位，呼吸的方法，小周天运行的路线，等等。另外，练气功还禁忌"三天打鱼，两天晒网"。

（1）许多人练气功时，不认真研究功法中的行功原则，只希望迅速见到效果，对各种功法都相信又都怀疑，企图通过几次试验，就得出某种功法灵不灵，或是不是适用于我的结论。结果可想而知，今天试试这种，明天试试那种，甚至一次练功试验好几种，见异思迁，周而复始，最后前功尽弃。

（2）练气功不可对各种功法都感兴趣，想练这种放不下那种，想练那种舍不得这种，结果每天早中晚分练几种功法，自以为可以一箭双雕或广种薄收，其实是互相干扰，一事无成。

（3）练气功禁忌随心所欲综合各种功法，如姿势甲式，呼吸乙式，意守丙式，动作丁式，自以为能够集各家之长，其实是五花八门、不伦不类，本来很好的气功弄得面目全非。

以上练气功三项禁忌如果不能避免，任凭下多大功夫，也难入气功之门。此非功夫负人，而是人负功夫。那么，怎样选择功法呢？答案是很明确的，就是选定一种功法，持之以恒，循序渐进，从一而终，久而久之，自得其效。

中医气功理论认为，气功是一门科学，学习气功的人只要能按气功的科学规律办事，便可入门。入门并不难，深造也是可以办到的。但一定要持之以恒，不要一知半解，更不要半途而废，或者心有旁骛。

第五章 环保——环保是一种流行

一、低碳生活

"低碳生活"（low-carbon life），就是指生活作息时所耗用的能量尽量减少，从而减低碳，特别是二氧化碳的排放量，从而减少对大气的污染，减缓生态恶化，主要是节约能源来改变生活细节。

（一）什么是低碳生活

低碳生活，对于我们来说是一种生活态度，也成为人们推进潮流的新方式。它给我们提出的是一个"愿不愿意和大家共同创造低碳生活"的问题，我们应该积极提倡并去实践低碳生活，注意4个节：节电、节水、节油、节气。低碳生活，是一种态度，而不是能力，我们完全可以从生活中的点滴做起。有人选择植树，有人买运输里程很短的商品，有人坚持爬楼梯，形形色色，有的很有趣，有的不免有些麻烦，考验毅力和耐心。

低碳生活可以理解为减少二氧化碳的排放，低能量、低消耗、低开支的生活。但前提是在不降低生活质量的情况下，尽其所能的"节能减排"。"节能减排"，不仅是当今社会的流行语，更是关系到人类未来的战略选择。提高

"节能减排"意识,人人都对自己的生活方式或消费习惯进行简单易行的改变,一起减少全球温室气体(主要是二氧化碳)的排放,意义十分重大。低碳生活节能环保,有利于减缓全球气候变暖和环境恶化的速度。减少二氧化碳排放,选择低碳生活,是每位公民的责任。

(二)养成低碳生活习惯

(1)每天的淘米水可以用来洗手、洗脸、洗含油污的餐具、擦家具、浇花等,干净卫生,天然滋润。

(2)将废旧报纸铺垫在衣橱的最底层,不仅可以吸潮,还能吸收衣柜中的异味;还可以用来擦洗玻璃,减少使用污染环境的玻璃清洁剂。

(3)用过的面膜纸也不要扔掉,用它来擦首饰、擦家具的表面或者擦皮带,不仅擦得亮还能留下面膜纸的香气。

(4)喝过的茶叶渣,晒干,做一个茶叶枕头,既舒适,又能帮助改善睡眠;还可以用来洗碗、用作手工皂的原材或者用以吸收异味。

(5)出门购物,尽量自己带购物袋,无论是免费或者收费的塑料袋,都减少使用。

(6)出门自带喝水杯,减少使用一次性杯子。

(7)多用家常用的筷子、饭盒,尽量自带餐具,避免使用一次性的餐具。

(8)养成随手关闭电器电源的习惯,避免浪费电。

(9)尽量不使用冰箱、空调、电风扇,天热时可用蒲扇或其他材质的扇子。

(10)夏天开空调前,应先打开窗户让室内空气自然更换,开电风扇让室内先降温,开空调后调至室温25~26摄氏度之间(最好26摄氏度以上),用小风,这样既省电也低碳。

(11)用过的塑料瓶,洗干净后可用来盛各种液体物质(也可以盛放一些豆类)。

(12)食物废料、残渣,可以用作肥料。经过手工DIY(Do It Yourself)

的再创造,你会发现原来废物也是宝,这样的家居环境健康且充满了创意的小欢乐。

"低碳一族"正以自己生活细节的改变证明:气候变化已经不再只是环保主义者、政府官员和专家学者关心的问题,而是与我们每个人息息相关。在提倡健康生活已成潮流的今天,低碳生活不再是一种理想了,更是一种"爱护地球,从我做起"的生活方式。

(三)低碳生活应该注意的细节

(1)每天使用传统的发条闹钟,替代电子闹钟。

(2)在午休时和下班后关掉电脑电源。

(3)一旦不用电灯、空调,随手关掉;手机一旦充电完成,立即拔掉手机充电插头。

(4)选择晾晒衣物,避免使用滚筒式干衣机。

(5)用在公园等适合跑步的空气清新的地方中慢跑取代在跑步机上的45分钟锻炼。

(6)用节能灯替换60瓦的灯泡。

(7)路程较短时不开汽车而改骑自行车或步行。

(8)使用电脑时,尽量使用低亮度,少开启些程序。

(9)尽量少看电视。建议多看书,既节电,又可以增长知识。

(10)用剩的小块肥皂、香皂,收集起来装在不能穿的小丝袜中,可以接着用。

(11)冰箱内存放食物的量以占容积的80%为宜,放得过多或过少都费电。食品之间留10毫米以上的空隙。

(12)少买不必要的衣服。服装在生产、加工和运输过程中,要消耗大量的能源,同时产生废气、废水等污染物。在保证生活需要的前提下,每人每年少买一件不必要的衣服可节能约2.5千克标准煤的能源消耗,相应减排二氧化碳6.4千克。如果全国每年有2500万人做到这一点，就可以节能约6.25万吨标准煤，减排二氧化碳16万吨。

（13）少坐飞机，飞机从停机坪上升到空中所排出的二氧化碳等于3600辆汽车的排放量。

（14）旅游时，请自带清洁用品，减少更换床铺的需要，因为酒店每次回收的毛巾、被单、床铺都需要用大量的水和清洁剂来清洗，容易造成水质污染。一次性的洗漱用品在回收、再造的过程中产生的废物及废料自然界需要好几十年才能分解掉。

（15）减少使用塑料物品，塑料废物运到垃圾处理厂及堆填区，一般需要20～30年才能被土壤分解。

（三）低碳生活十大准则

拒绝塑料袋　巧用废旧品　远离一次性　提倡水循环　出行少开车
用电节约化　办公无纸化　购物需谨慎　植物常点缀　争做志愿者

二、公交族

郭德纲说得好，坐公交就是比小轿车舒服，小轿车再好，能站起来不碰头吗？小轿车再好，能在公交专用道上畅通无阻吗？

坐公交车，好处多。多利用公共交通工具，既可节约汽油，又可减少汽车尾气排放带来的大气污染，还可以缓解交通堵塞。有车的人可以选择一周的某一天为"无车日"或者"步行日"。这样既可省下油钱，又能锻炼身体，还兼顾环保。

（一）乘坐公交讲礼仪

要排队候车，先下后上，注意礼让妇女、老人和孩子先上车。

尊重司机和售票人员的引导，主动购票或刷卡。

保持车厢和站内的环境卫生，不能乱扔垃圾。

主动给老人、病人、残疾人、孕妇和抱小孩的人让座。

在车厢内保持安静。

雨雪天收好雨具，以免影响他人。

后下车的乘客应主动给先下车的乘客让道。

（二）乘坐公交车的注意事项

在乘坐公交汽车时，应避免携带贵重物品，马甲袋、时装袋内不要放置贵重物品。

携包上车时，必须将皮包拉链拉上，并尽可能将拉链面紧贴身体，拎包、背包不要放在背后，以防失窃。

要文明乘车，相互谦让，不要争先恐后拥挤在车门口，防止扒窃分子乘机作案，更不要在车厢内嬉笑打闹，而精力分散，遭扒被窃。

上车时，钱包、皮夹不要放在暴露在外的裤子后口袋和西服的下口袋以及衬衫口袋内，以防犯罪分子有机可乘。

携带数量较多现金乘车时，最好不要在公众面前暴露，以免引起扒手注意，尾随作案。

对故意碰撞你的人或二三个紧贴你的人尤其要加倍小心，防止失窃。

一旦发现钱物被窃，应一面注意身边的人，一面通知售票员紧闭车门，并尽可能及时报警。

广大乘客发现车扒活动，要敢于揭发，并积极配合公交司售人员扭获罪犯。

三、自行车英雄

自行车，又称脚踏车或单车，通常是二轮的小型陆上车辆。人骑上车后，以脚踩踏板为动力，是绿色环保的交通工具。英文 bicycle 或 bike 的 bi 意指二，而 cycle 意指轮。在日本一般称其为"自転车"；在中国大陆、中国台湾和新加坡，通常称其为"自行车"或"脚踏车"；在中国香港和澳门则通常称其为"单车"。

在我国 20 世纪后半期，自行车曾是人们主要的出行工具。而在 20 世纪末，随着人们生活水平的日益提高，公共汽车、私家小汽车越来越多，而自行车则慢慢淡出了人们的视野。而现如今，在节能环保的新形势下，自行车又渐渐回归到人们的视野中。有数据显示，2006 年全国自行车总产量已达 8500 万辆，出口 5600 万辆，占世界贸易量的 70%，国内自行车年消费量稳定在 2200 万辆左右，预计到 2015 年会达到 2300 万辆。

为了鼓励市民使用自行车，一些城市也提出了相应的对策。浙江省杭州市在西湖景区、城北、城西等地投放 2800 辆公共自行车，游客和市民可以在这些地方免费使用自行车骑游"天堂"。众多自行车出租站点纷纷亮相北京各购物场所和公交换乘点，大大缓解了城市出行的交通压力。

自行车是多种代步工具中最省能源的一种，它不需要燃料，在使用过程中又不会排放废气。另外，它体积小，较灵便，不像汽车那样需要大面积的停车场。骑自行车外出已成为环保时尚，国际上也流行"自行车英雄"的称号。

（一）骑自行车的健身作用

如今，骑自行车环保也时尚。作为一种交通工具，自行车除了简单易行的优势外，最大的特点就是可以帮助人们加强锻炼，是一种极佳的运动方式。

（1）骑自行车能预防大脑老化，提高神经系统的敏捷性。现代运动医学研究结果表明，骑自行车是异侧支配运动，两腿交替蹬踏可使左、右侧大脑功能同时得以开发，防止其早衰及偏废。

（2）骑自行车能提高心肺功能，锻炼下肢肌力和增强全身耐力。骑自行车运动对内脏器官的耐力锻炼效果与游泳和跑步相同。此项运动不仅使下肢髋、膝、踝3对关节和26对肌肉受益，而且还可使颈、背、臂、腹、腰、腹股沟、臀部等处的肌肉、关节、韧带也得到相应的锻炼。

（3）骑自行车能减肥。骑自行车时，由于周期性的有氧运动，使锻炼者消耗较多的热量，可收到显著的减肥效果。

（4）骑自行车能益寿延年。根据国际有关委员会的调查统计，在世界上各种不同职业人员中，以邮递员的寿命最长，原因之一就是他们在传递信件时常骑自行车的缘故。

骑自行车运动，不仅可以在户外进行，而且在室内也可以开展。在室内开展时，一般要借助固定自行车或功率自行车等专门的健身器械方可进行。有条件的家庭可以把车购回，放置在封闭阳台等处进行这一健身活动。也可以利用有双支架的能使自行车后轮悬空的旧自行车，经充分固定后骑用。在室内开展此项运动，可以减少在户外因交通拥挤或路面不平整而发生的骑车损伤。

（二）骑自行车注意事项

自行车是一种非常实用而且操作简单的交通工具，但如果操作不当或粗心大意，也会酿成严重后果。为了保证自身安全，我们骑自行车时，一定要做到自我防护：

（1）在生病或受到意外伤害后，身体不适可能影响到骑车安全时，尽量不要骑自行车。如果是一个未满 12 岁的孩子，那么不应该让他（她）在道路上骑自行车。

（2）要经常检修自行车，保持车况完好。刹车、车铃是否灵敏、正常，尤其重要。

（3）骑自行车应在非机动车道行驶。

（4）在没有划分路线的道路上，机动车在中间行驶，自行车应靠右边行驶，绝对不能逆行。

（5）骑车途中遇雨，不要为了免遭雨淋而低头猛骑。雨天骑车最好穿雨衣，不要一手持伞，一手扶把骑行。雾天、雨天骑车，应穿颜色艳丽的衣服或雨衣。

（6）雪天骑车，自行车轮胎不要充气太足，这样可以增加车胎与地面的摩擦，不易滑倒。雪天骑车，要与前面的车辆、行人保持较大的距离。要选择无冰冻、雪层浅的平坦路面，不要猛捏刹车，尽可能不捏前刹，不急拐弯，拐弯的角度也应尽量大些。

（7）超越前车时，不要妨碍被超车辆的行驶。

（8）自行车转弯前必须减速慢行，向后瞭望，伸手示意，不要突然猛拐。

（9）通过陡坡、横穿四条以上机动车道或途中刹车失效时，必须下车推行。下车前必须伸手上下摆动示意，不可妨碍后面车辆行驶。

（10）不准在道路上学骑自行车。

（11）骑车时要做到"七不"：不双手撒把，不多人并骑，不相互攀扶，不追赶比赛，不载人，不戴耳机听音乐，不扒机动车。

（12）严格遵守交通规则。

（三）如何骑自行车去旅游

越来越多的人选择骑自行车出游，这已经成为一种时尚的潮流了。那么该如何骑车出游呢？

第一，要准备一辆合适的自行车。选定自行车后，要对车辆仔细检查一番：车架子应牢固无裂纹；刹车要灵敏可靠；轮子的辐条松紧适度，车胎不变形，气门芯完好；传动部分轻快自如，并在出发前洗清污垢上好油。另外，对全车的螺丝检查一遍，拧紧所有松动的螺丝。

第二，做些适应性的锻炼准备工作。可在出发前一个月开始，隔天锻炼，每次20分钟左右，轮流做立定起跳、下蹲起跳、仰卧起坐、长跑等。

第三，要准备一套简单的修车工具，如扳手、打气筒、螺丝刀、胶水、旧内胎（一小段，补胎用）等。

其他还有一些具体事项，这里也要详细地说一说。

1. 行前准备

（1）路线：看地图将沿途所经的大小城镇都写出来，并注明两地之间的里程，做成小小的路线牌，不要小看这小牌子，之后在路上将有大用途。合理地安排每天的里程，一般来说，应以体力最弱的车友为标准来安排，因为你若有余力，可以拍照，可以看风景，可以照顾别人，但若勉强做超强度骑行，不只是没时间看风景，更是伤害身心的举动。可以将全程分成赶路型和享受型，将时间分配一下。无风景可言的地段，可以狂奔而过；风景优美的地段，可以慢慢走，欣赏一番。当然这些安排要结合整个队伍的实际情况。

（2）公共物资：行前应确定好分摊携带公共物资，将大块头的东西化整为零，例如你带药物，我带工具。必备的公共物资有：

①药物：药物分内服和外用。内服的主要是针对呼吸道、消化道不适和中暑等情形；外用的主要用来处理一般的肌肉酸疼、跌伤、擦伤，如红花油、

紫药水、云南白药等。用来清洁包扎伤口的油精、纱布、棉花、胶布等物品，也应准备一些。以上这些不用带太多，穿过城镇时可随时补充。若自己有特殊需要，可自带相应药物，不列为公共药物。

②工具：便携工具组合，可应付一般的修理或微调需要，包括各种尺寸的六角匙、补胎工具（胎撬、备胎、补胎胶水等）、链条油等。

（3）个人物资：有些东西是自己一定要带的：

①换洗衣物：看季节及目的地而定。

②食物：巧克力、糖、压缩饼干等体积小、热量高的食物可带一些，路上随时补充。

③通信工具：对讲机是节省话费又好用的通信工具，最好能备上；在外请保持手机充满电并可以正常通话，请在行前将所有队友的电话号码记下来，不要只记其中一人的，有时候多记一个电话就可解燃眉之急。

④路线牌：请丢掉那种"反正我跟着你们跑就行了，我不需要知道路线"的思想，每个人首先都应该自助，都应该将时间放在欣赏风景、体验骑行上面，而不是花在迷路、找路上。路线牌应该像前面提到的那样将沿途所经城镇都写上，注明两地之间的距离，以小卡片的形式放在随时可以看到的地方。这样做的用处有：一是预防走错路（自己随时知道下一个城镇是什么地方，就算是比较偏僻的路牌并不清晰的地方，一般都会有下一个小镇的指示牌，随时可以确认自己的方向是否正确）；二是方便问路（知道自己现在在哪里，下一步要去的地方是哪里，问起路来也方便快捷一些，避免走弯路、走错路，还可以避免因语言障碍造成的误解）；三是对距离心中有数（两地之间的里程数可以让你知道下个有水卖的地方还有多远，甚至到你坚持不住时还可以用倒计时的方法知道还有几千米就可以休息了，这个作用不可忽视）；四是对路线熟悉可以节省不少话费。

⑤备胎：骑行上路，最常见的问题就是爆胎，爆胎可以补，但补胎比换胎耗时间，而且补胎技术不好还打击自己信心，备胎体积小，多带两条，路

上出状况可以替换，补胎这种事就留到晚上住下再慢慢补吧。

⑥车头灯、后闪灯：无论你有没有夜骑计划，这些小东西可以让你更安心、安全。

⑦"银两"：按预算再多带几百或带张卡以防不时之需。

准备物品时请以简洁为标准，只要不是一整天都在山里跑不出来，很多东西路上都可以补充，而且价钱并不比你现在准备贵多少，若现在把可能用到的都带上，一来行李重了会影响骑行，二来若一路都用不上，回来还会后悔带上了。

2. 途中安排

途中野外宿营时，营地要选择干燥背风的地方，附近应有水源；有城镇村落处，借宿是好办法。

骑车旅游对服装尤其是裤子要求比较高，以宽大为佳。夏天穿背心、短裤，阻力小，通风性又好。太阳帽和墨镜、雨具、卧具、常用药、照明器材、交通地形图等都是必备之物。现在有种专业的自行车包，用起来顺手方便。普通背包一定设法扎牢。宿营时，要将东西放到一个可用身体遮挡的死角中，以防丢失。

骑自行车旅游特别是长途旅游，掌握好自行车技术是很重要的，目的是为了节省体力，保证安全。自行车车座的调整，是自行车技术的一个重要方面。自行车车座应调整到什么高度为最佳呢？一般说来，以车座较低并有5～10度的后倾最便于长途旅游。因为低车座好处很多：一是低车座蹬车灵活，可用脚的不同部位轮流用力，这样可使脚的各种肌肉轮流休息，延长耐久力；二是车座低，人的位置相对降低，可减少空气阻力，也便于伏在车把上，改进空气流动；三是车座低，微后倾，可使身体挺直，臀部受力均匀，减少疲劳感，同时又可减轻双臂的负担，保护手腕；四是车座低有利于安全，在遇到紧急情况时，双腿伸直便可着地，这样可避免造成危险。因此，旅游时对车座的调整，应以低车座为最佳，这对保持体力、速度、耐力都有很大的好处。此外，自行车旅游选择好适当的速度也是非常重要的。一般来讲，骑普通自行车，在体力正常、道路平坦等条件下的长途旅游，速度应保持在每小时 15 千米左右，体力好的可加快到每小时 20 千米。自行车旅游贵在保持速度，选择适当的速度，切忌忽快忽慢，有劲拼命骑，没劲步步停的现象。途中休息也可保持每二至三个小时一次，不要想停就停，应坚持到预定时间或预定地点再休息。在特殊的道路条件下骑行，适当地掌握骑行速度更为重要。无论是山间小路，还是又长又陡的下坡道，车速度既不可太快，也不可太慢，应因地制宜选择速度。

四、没有购买就没有杀戮

"没有购买，就没有杀戮。"这是经常出现在人们的视野，国际野生动物保护组织做的公益广告。这个广告词据说是经济学家给他们的建议。这是基于一个基本的经济学原理：供给是由需求决定的。

很多国家和地区（包括我国）都对捕杀受保护的野生动物者处以严厉的刑罚，但对购买者几乎没有什么严厉的处罚，我们看到的结果是这些野生动物在迅速消失。

经济学的原理告诉我们需求决定了供应。因此，有什么样的消费者，就有什么样的供应商。消费者的消费习惯在无意中也助长了野生动物的捕杀。所以，我们都应该拒绝消费有关野生动物的所有产品。

（一）乱吃野生动物危害健康

野生动物食品的滋补作用并没有人们想象的那么大。吃食野生动物的人却大多固执地认为，野生动物对人体具有独特的滋补和食疗作用。但科学研究证明，野生动物的营养元素与家畜家禽并没有区别。不仅如此，这些野生

动物由于大多来历不明，未经过任何检疫，携带了大量病毒和细菌，食用后对人身造成极大危害。中国野生动物保护协会的工作人员说："实验表明，在野生蛇的皮下寄生着上千种细菌，对人体造成很大的危害。"

东北林业大学野生动物资源学院教授华育平说，灵长类动物、啮齿类动物、兔形目动物、有蹄类动物、鸟类等多种野生动物与人的共患性疾病有100多种，如炭疽、B病毒、狂犬病、结核、鼠疫、甲肝等。人若患上炭疽，身上将出现脓疱、水肿和痈，病毒还会侵入肺或胃肠。我国主要猴类猕猴有10%至60%携带B病毒。它把人挠一下，甚至吐上一口，都可能使人感染此类病毒，而生吃猴脑者感染的可能性更大。人一旦染上，眼、口处溃烂，流黄脓，严重的几天就会丧生。现在饭店经营的野生动物大都没有经过卫生检疫就端上餐桌，食客们在大饱口福时，很可能被感染上这类疾病。

华教授还说，在众多野味中，人们吃蛇最多。蛇的患病率很高，诸如癌症、肝炎等；有的蛇皮肉之间寄生虫成团，拿手一捋能感觉到疙疙瘩瘩的。这些寄生虫"蒸不熟煮不烂"，很容易寄生在人体内。

医院里不断有食用野生动物致病的报告。有一段时间，哈尔滨第一医院抢救了十几例吃蝗虫、甲壳虫等食物过敏的病人。医生们说，由于病体罕见，人吃野生动物染病后，诊断不清，难以治疗，有的会稀里糊涂丢掉性命。

专家的研究证实，由于环境污染，许多野生动物深受其害。有些有毒物质通过食物链的作用而在野生动物体内累积增加，人食用这些野生动物无疑会对自身健康形成危害。

更为可怕的是，由于近年来对猎枪的管理日趋严格，布饵毒杀成了偷猎者的主要手段，毒饵多为国家禁用的含磷剧毒农药制成。偷猎者将被毒杀的野生动物卖给餐馆牟利，人们食用这种野生动物后可能有性命之虞。

听听下面不吃野生动物的十个理由，你还会吃野生动物吗？

1. 为了自然环境

不吃野生动物的第一个理由,当然是为了自然环境。没有众多的野生动物,就不会有和谐的自然,人类就会孤单,就不能很好地生存。不吃野生动物是保护自然环境的重要一步。

2. 尊重一切有价值的生命的存在权利

多样性物种的生物链可以自动调节大自然的生态,保护物种,就是保持自然生态环境的和谐。从这一点来说,野生动物有它天赋的生存权。即使是具有最高智慧的人,也不能侵犯它们的生命权。

3. 精神文明

人类已进入高度文明的社会,这不仅是指物质科技文明,更是指精神文明。作为一个文明的人,不可像没有开化的野蛮之人,不管自身形象,满足一己之腹,将对人类有益的野生动物变成盘中餐。

4. 仁爱善良之心

不吃野生动物,是因为我们还具有一颗仁爱善良之心。看一看那些要被宰杀的野生动物的眼睛,我们怎忍心去吃它们。

5. 为了我们的健康

不吃野生动物,还为了我们的健康。专家告诫我们,野生动物的营养作用不仅不比家禽、家畜的营养高,相反还会影响人的身体健康。科学告诉我们,不少野生动物体内含有病菌和病毒,人吃了会危害健康。科学家怀疑人类的十多种新产生的传染病可能来自野生动物体内。

6. 给孩子做爱护野生动物的榜样

我们要给孩子做爱护野生动物的榜样。作为成年人,我们的言行影响着下一代,在一个吃野生动物的生活环境中长大的孩子难免会养成这种陋习,沿袭吃野生动物的饮食习惯。为了下一代我们不吃野生动物。当然我们还要为后代留下一个和谐优美的自然环境。

7. 为了民族的荣誉和尊严

不吃野生动物还为了民族的荣誉和尊严。我们要爱护野生动物,不滥吃野生动物,不授人以柄。向世界表明我们是充满爱心的民族,是有高度文明的民族。别让人家指着我们说:看,他们什么都敢吃。

8. 不做伤害野生动物的"杀手"

不做伤害野生动物的"杀手"。只要我们能做到不吃野生动物,就不会有人去捕杀野生动物。吃野生动物就是杀害野生动物的帮凶。有人吃得快乐的时候就忘了这一点。世界上的野生动物的种类每天都在减少,有些已濒临灭绝,而其中的一些可能就是被我们吃没的。

9. 成为环保人士

我们想成为环保人士,就首先不吃野生动物。过去吃过,就从现在做起,从我做起,不再吃野生动物。

10. 做守法之人

在法制社会里,要做守法之人。国家已颁发了《野生动物保护法》,我们不想做违法的人。为了吃而违法是愚蠢的。不吃野生动物不是矫情,因为爱护野生动物,就是爱护人类自己。

(二)拒绝穿戴皮草

为了抵抗严寒,毛皮是动物身体自然的一部分,如今却成为许多"高级"时尚名人的奢侈品。人们穿戴皮草,并非维持生命所必需,在炫耀财富、奢华与美丽的同时,却促成惨绝人寰的动物杀戮。甚至有皮草代理商在举行时尚派对时,必须将冷气开到极大极强,以鼓励穿戴皮草,严重违反了环保与保育精神。

穿戴皮草服饰或是使用皮草制成的产品是没有必要的,也是极其残忍的。数以万计的动物,正在皮毛养殖场的小笼子里遭受囚禁与苦难,直到它们活生生地被打死或电死。同时很多动物更因此遭受捕猎,因捕兽夹而受困于野外，深怀惊恐挣扎致死。

而改变这一切，我们所要做的，就是拒绝"血腥"皮草，停止购买皮草以及皮草装饰的产品，阻止更多生命继续被残杀利用。

请看看下面的关于皮草的七个问题：

（1）"其他被宰食的动物还不是一样痛苦？难道全人类都不吃肉吗？既然不可能，穿皮草又有什么问题？"

答：即使无法百分之百做到不侵犯动物，也不能以此作为借口来无限扩张人类对动物的虐待及杀戮。"既然救不了全部，多杀一点也没关系"这种思维既荒诞且不负责任。"减少伤害的数量"是人类对动物应尽的最低义务，无法拒绝肉食诱惑的人，依然可以拒穿皮草。

（2）"它们只是长得比较可爱，但猪、鸡、牛、羊受的苦不比它们少。抵制皮草，是不是对皮草动物的偏袒？"

答：动物保护人士不是偏袒或因为"它们比较可爱"才抵制皮草，而是因为"它们的遭遇过分悲惨"。有些剥皮工人为了取得一块完整洁净的毛皮，会用极残忍的方法将动物打至内伤至死，因为以割颈放血的方式来了结动物的生命会严重沾污皮毛；如果该动物不能被当场打死，便会被活剥。

在现今文明的社会，即使宰杀猪牛鸡鸭等供人类食用的牲畜，也不会这样残忍，而且许多国家对屠宰牲畜也有明文指引及监管来减低它们在死亡时不必要的痛苦。但皮草动物连这种基本的待遇也没有，各国政府对这个行业的纵容及疏于管理，造成皮草动物的严重苦难；如果消费者继续买毛皮制品，便成为虐杀它们的帮凶。

（3）"我穿的皮草可是合法进口的，被剥皮的动物应该不会这么悲惨吧！"

答：剥皮的残酷性，与合不合法进口无关。皮草动物的苦难，从圈养它们的那一刻已经开始，那些动物本性适合大自然生活，根本无法适应人工饲养的环境，而且那些牢笼极狭小，皮草动物经常要忍受自己便溺的臭味。到大限来临的一天，它们许多都死得极痛苦。

许多在外地所谓"合法"的皮草，是因为取皮过程并不在当地进行，其生产过程无法被监管，便称之为"合法"。所谓皮草鉴别的标识或证书，只代表皮草的质量，无法保证生产的过程是否合乎人道。所以那些动物生前的命运，根本无法从一纸证书中了解到。

（4）"我们穿的皮鞋、毛衣与羽毛制品，来源还不是动物身上的皮毛？那又何必斤斤计较皮草该不该穿？"

答：最好当然是使用人造皮革制品与人造保暖衣料。但退一步言，有的动物毛，并不需宰杀它们而取得之；有的动物皮革（如牛皮），是在肉食动物被宰杀后顺为取用。这与貂、狐、浣熊等被特地饲养来活生生剥皮，不能同日而语。

（5）"它们是被饲养的，不是野外捕捉的，穿皮草没有问题。"

答：动物不会给自己贴上"受保护"与"不受保护"的标签。动物保护，重视的是它们会不会感到痛苦，而非数量与种类的问题。因此，皮草来源是否为野外捕捉的动物，根本不是重点。难道人工饲养的便不会觉得痛？人工饲养的便可以被虐杀取皮？这种思想很有问题。

（6）"我不会买毛皮大衣，但偶尔在衣领及袖口有些少毛皮装饰，没问题吧？"

答：即使只是一丁点的毛皮，背后的残酷是一样的。毛皮商人很懂得做生意，完整漂亮的毛皮会拿去制作高价的皮草大衣，次一点或被用剩的毛皮碎料便会用作其他成衣的装饰，如衣领、袖口等。这类型的衣服主要进入大众化的市场，利润一样庞大，消费者会很不自觉地买下这种衣服，殊不知自己已经在经济上支持了暴利的毛皮业。

（7）"皮草很美，爱美是人的天性，为什么要反对？"

答：皮草的"美丽"本来就不是属于人类的，人类只是像强盗一样用极残忍的方式将这种"美丽"抢过来。况且动物不像人类有衣服穿，它们的皮毛是它们赖以生存的重要部分，并不是一种装饰。现今的人类有各种各样的人造衣料，还有什么借口去穿动物毛皮？

以上这些回答，来自动物保护团体，他们的表述虽然激烈，但是核心观点很明确，拒绝皮草，是因为对生命的尊重，在生命面前，"美丽"之类的词语都是失重的。我们应该成为关怀生命的消费者，拒绝购买、拒绝穿戴、拒绝使用皮草或皮草装饰的服装及产品，因为没有购买就没有杀戮。我们还可以做得更多：

设计师应避免使用皮草，并且尽量使用非暴利生产的原料来代替；

消费者应避免购买皮草衣服、饰件或使用皮草搭配设计的物品；

消费者在购买时尚物品时，应先确认没有使用任何皮草原料。

五、素食主义

素食主义是一种饮食文化，实践这种饮食文化的人称为素食主义者，这类人不食用来自动物身上各部位所制成的食物，包括动物油、动物胶。世界各国或不同文化下的素食主义有所不同，有些素食主义者可食用蜂蜜、奶类和蛋类，有些则否。

素食，表现出了回归自然、回归健康素食和保护地球生态环境的返璞归真的文化理念。素食，除了能获取天然纯净的均衡营养外，还能额外地体验到摆脱都市的喧嚣和欲望的愉悦。在美国有十分之一人口、英国有六分之一人口已经或正在考虑成为素食者。悄然传播的素食文化，使得素食越来越成为一个全球时尚的标签。素食，已经成为一种全新的环保、健康方式。

（一）素食的好处

吃出健康来。素食的饱和脂肪含量很低，可降低血压和胆固醇含量。

德国专家做过一次研究，偶尔才吃肉的素食者，得心脏病的概率是一般人的三分之一，癌症的罹患率是一般人的一半。而且，素食还能起到食疗的功效。

吃出美丽来。用素食方法来减肥相当有效，素食能使血液变为微碱性，促进新陈代谢活动，从而把蓄积体内的脂肪及糖分燃烧掉，达到自然减肥的目的。经常素食者全身充满生气，脏腑器官功能活泼，皮肤显得柔嫩、光滑、红润，吃素堪称是种由内而外的美容法。

吃出经济效益来。通常情况下，素食要比荤食便宜得多，也很少有用素食做成的"大菜"。所以，食素就不必为生猛"大菜"而埋单，为钱包减负，食素不亦乐乎。

如果想通过素食来减肥，就应注意以天然素食为主，而不是我们在市场上所见到的精制加工过的白面、即食面、蛋糕等易消化的食物。天然素食包括天然谷物、全麦粉制品、豆类、绿色或黄色的蔬菜等。对含糖量高及高脂的天然素食要有节制性地食用。吃惯肉类者刚开始素食减肥时，别急于求成，可循序渐进，从每餐尝试吃两碟素菜开始，等适应后再逐渐减少肉类及精制食物，慢慢地转向以天然素食为主。素食者在烹饪中要特别注意控制膳食总能量，特别是糖、烹调油的摄入量，尽量少吃甜食，烹调清淡。

（二）素食者如何获得足够的营养

毋庸置疑，合理的素食能够使人的健康受益。从研究结果上看，素食主义者可以在一定程度上防止肥胖、高血压、糖尿病、心脏病、消化紊乱等疾病，并能够减少癌症的发病率。

理论上讲，只要素食者摄取足量的丰富的食物，身体就能够获得所需要的营养成分。但是，素食主义者必须通过合理、科学的饮食搭配获得某些特定的营养成分。其中，特别要强调的是蛋白质、钙、铁和锌等营养成分的摄取与吸收。

1. 蛋白质——多种食物互补原理

生理功能：构造和修复组织，抗体、酶和激素的主要组成成分，参与运输营养成分和维持体液平衡。

素食食物来源：豆类、花生酱、糙米等。素食主义者要重视合理搭配，利用蛋白质的互补作用，将两种或两种以上不完全蛋白质的食物结合起来，使其能够为身体提供高质量的蛋白质。如玉米、小米、大豆等单独食用时，蛋白质的吸收率较低，而将三种食物混合食用，则蛋白质的利用率会大大提高。将玉米、面粉、大豆混合食用也是如此。

2000年中国营养学会推荐蛋白质摄入量，成年男、女轻体力活动者分别为每天75克、60克，重体力活动人群的需求更高。所以素食者要获得60克蛋白质，相当于需要大豆约200克，或豆腐约800克，或牛奶2000毫升，或米饭2300克。

如此看来，素食主义者要保质保量地获得蛋白质，必须合理安排饮食。而对于工作繁忙、无心照顾自己的素食主义者来说，可以选择从大豆中获得更多优质的蛋白。

2. 铁——绿色蔬菜含量高

生理功能：血红蛋白和肌球蛋白的组成部分，氧气和二氧化碳的载体。

素食食物来源：全麦食品、强化麦片、绿色蔬菜、干果和豆类。素食者要补充足够的铁则要花些功夫，如从菠菜这样的绿色蔬菜中摄入铁。豆腐、豆皮等豆制品中的铁含量也较高。木耳、麦片、加入铁强化的谷类食物、铁强化剂也是较好的补充铁的食品。奶和奶制品的铁含量并不高，所以乳品、蛋类素食主义者也需要特别注重铁质的摄入和强化。

3. 锌——不食精加工食物

生理功能：100多种酶的组成部分，与胰岛素联合作用，参与制造DNA和RNA，参与免疫系统的作用，运输维生素A，修复创伤和促进胎儿正常发育。

素食食物来源：黑豆、豆腐、甜菜、豌豆、全麦面包、坚果、麦芽片。精细的食物在加工过程中可导致锌大量丢失，建议不要食用过于精致的面粉。

4. 钙——多食海产品

生理功能：骨骼和牙齿中羟基磷灰石的主要成分，调解肌肉收缩、心跳、凝血、神经冲动的传导以及血压。

素食食物来源：乳制品、绿叶蔬菜、豆腐、海产品。每日摄入足量牛奶的素食者，可以摄入足够的钙质，但严格的素食者吃的往往都是低钙膳食，因此要多选择高钙食物，如海菜、花椰菜等，还有强化钙的食物，如钙强化的橘子汁、面包等。

总的来说，素食者的配餐要多种多样，以弥补营养单一的问题，尤其要摄入天然、有机，没有过多加工的食物。必要时也需要补充某种营养成分强化的食品或者适量补充营养片剂。

（三）素食者的注意事项

素食者如果挑食，最容易缺乏维生素 B_{12}、维生素 D 和铁、锌、钙，因此素食者最好注意自己是否有脚气病、夜盲症和牙龈流血的症状。若是能够增加菜色的变化，并且经常补充一些综合维生素片剂，素食者就可以避免微量营养元素不足的副作用。

深绿色叶菜、果实核仁、未精制的五谷杂粮等天然食品是素食最好的来源；豆浆、豆腐则是加工食品中最受肯定的素食营养品。

素食食品来源完全或大部分来自植物界，其中含有较多的草酸、植物酸，易与锌、镁、铁等结合排出体外，造成锌、镁、铁的缺乏。故应多注意食用以添加这些矿物质的食品或补充剂。

素食者应注意食物的种类要越多越好，尽量吃全谷类食品，如糙米、胚牙米、麸皮、全麦面包等五谷类食品。

素食者要经常运动、多喝水、多晒太阳，以帮助身体更有效利用吃素吸收的养分。

六、屋子里的绿色

在屋子里放一些绿色植物有很多好处。室内植物除了能吸收二氧化碳和各种有害气体、释放氧气之外，还有很多优点。如植物夏季可有效地吸收太阳辐射，明显降低室温；植物通过蒸腾作用可以调节室内的空气湿度；植物可以通过枝叶的漫射反射起到隔音减噪的作用；植物可以增加空气中负离子的含量，负离子对人体十分有益，被称为空气维生素；柠檬、茉莉等植物散发出的香气可以提神醒脑，避免因工作单调而导致的无精打采。

室内的空气质量对人体健康非常重要，所以一些空气净化器、吸附剂以及调节室内空气湿度的加湿器等就出现了。其实，绿色植物也有与这些先进设备类似的功能，而且它们还有着美丽的形态、鲜嫩的颜色和勃勃的生机，相比于那些"冷冰冰"的机器，应该更有吸引力吧。

（一）室内植物有哪些益处

1. 赏心悦目

绿色在视野中如果占据25%，就能消除眼睛的生理疲劳。所以室内摆放绿色植物既起到了居室装饰的功能，创造良好的室内环境，令人赏心悦目，满足了人们的心理要求，还可以使人在紧张的工作中获得放松。

2. 调适情绪

芳香类植物释放出来的挥发性物质，对人的情绪有很好的调节作用，有些花卉散发出来的香味能改变人们无精打采的状态，使人振奋精神，而另一些则有镇静助眠的作用。

3. 释放氧气

大多数植物在白天进行光合作用，吸收二氧化碳，释放氧气，夜间进行呼吸作用，吸收氧气，释放二氧化碳。但也有一些如仙人掌科的植物却恰恰相反，白天为避免水分丧失，关闭气孔，光合作用产生的氧气在夜间气孔打开后才放出。既然植物有这种"互补"功能，那么将两类植物同养一室，就可以平衡室内氧气和二氧化碳的含量，保持室内空气清新。

4. 调节湿度

水分被室内植物吸收后，经过叶片的蒸腾作用向空气中散发，可以起到调节空气湿度的作用。在干燥的北方和使用空调的密闭房间里，植物的这个功能显得尤为重要。

5. 吸毒杀菌

随着生活水平的提高，居室装修是必不可少的，而那些装修材料中或多或少都含有有毒物质。有些花卉抗毒能力强，能吸收空气中某些有毒气体，如二氧化硫、氮氧化物、甲醛、氯化氢等。有些观叶植物还有吸附放射性物质的功效。有些花卉散发的挥发油，具有显著的杀菌功能，能使室内空气清洁卫生。

（二）选择合适的植物

每种植物都有自己的特性，对于毒气的吸收和分解有不同的功效，只有了解它们才能因地制宜，充分发挥它们的作用。

绿色植物对室内的空气污染具有很好的净化作用，它们吸入化学物质的能力大部分来自于盆栽土壤中的微生物，而并非主要来自叶子。专家提示并不是花草摆放得越多对治理有害气体的效果越好，有时候如果摆放不当反而会适得其反。在室内，一般情况下，每10平方米放置一至两盆1.5米高的植物，基本上就可达到清除污染的效果。下面是针对室内不同地点存在的污染问题，比较有效的几贴"绿色良方"。

1. 起居室

适合在起居室里种养的植物包括吊兰、非洲菊、无花观赏桦等。这几种植物主要可以吸收空气中的甲醛、苯和尼古丁，对家用电器和塑料制品散发的气味有一定的吸附作用。

主打植物：吊兰

特性：种养容易，适应性强，是最为传统的居室垂挂植物之一。它叶片细长柔软，从叶腋中抽生出小植株，由盆沿向下，舒展散垂，似花朵，四季常绿。

功效：可吸收室内80%以上的有害气体，吸收甲醛的能力超强。一般房间养1～2盆吊兰，空气中有毒气体即可吸收殆尽，故吊兰又有"绿色净化器"之美称。

2. 卧室

适合种养在卧室里的植物包括芦荟、洋绣球、秋海棠、文竹、仙人掌、荷花等。这些植物在夜间可以吸收二氧化硫和二氧化碳，同时释放出氧气，并能够分泌出杀菌素杀死空气中的某些细菌，抑制结核、痢疾病原体和其他一些病菌的生长，使室内空气清新。

主打植物：芦荟

特性：多年生常绿多肉植物，茎节较短，直立，叶肥厚，多汁，披针形。喜温暖、干燥气候，耐寒能力不强，不耐荫。

功效：芦荟不仅是吸收甲醛的好手，而且具有很强的药用价值，如杀菌、美容，现已经开发出不少盆栽品种，具有很强的观赏性。

3. 阳台

适合种养在阳台上的植物包括苏铁、桂花、杜鹃等。阳台上有大量户外烟尘污染，这些植物可以净化二氧化硫、过氧化氮、乙烯等有害气体，对室外飘进来的烟尘有很强的净化作用。

主打植物：苏铁

特性：树形古朴，茎干坚硬如铁，体形优美，顶生大羽叶，洁滑光亮，油绿可爱，四季常青。

功效：可以吸收二氧化硫、过氧化氮、乙烯等有害气体。

4. 卫生间

适合摆放在卫生间的植物包括月季、茉莉等一些气味芬芳的花卉，因为卫生间相对比较封闭、潮湿，放上几盆这样的花卉不但能够起到净化空气的作用，同时还可以驱蚊。

主打植物：茉莉花

特性："花开满园，香也香不过它"说的就是茉莉花。茉莉花叶色翠绿，花色洁白，香气浓郁，"一卉能熏一室香"。

功效：茉莉花兼有玫瑰之甜郁、梅花之馨香、兰花之幽远、玉兰之清雅，可以净化空气，适于卫生间摆放。

5. 办公室

适合在办公室里种养的植物包括常春藤、铁树、菊花、巴西铁、龙铁树等。由于办公室内人员密集，通风条件差，这类植物能够净化地毯中含有的甲醛、二甲苯、甲苯、三氯乙烯等，还能减少电磁辐射带来的伤害，并产生负氧离子，改善办公室内的空气。

主打植物：常春藤

特性：是最理想的室内外垂直绿化品种，常绿藤本，枝蔓细弱而柔软，聚气生根，能攀缘在其他物体上。叶互生，叶片三角状卵形，是典型的阴性植物，能生长良好，不耐寒。

功效：能分解寄存在地毯、绝缘材料、胶合板中的甲醛和隐匿于壁纸中对肾脏有害的二甲苯。

不同楼层也适合养殖不同的植物。对低楼层住户来说，最好养兰花、杜鹃花、文竹、吊兰、茶花等耐阴植物。而楼层较高的住户，由于阳光充足，更适宜养些喜阳植物，如三角梅、桂花、含笑、栀子花、茉莉花、米兰、仙人掌、仙人球、龙船花、彩叶扶桑等。对于这些植物来说，摆放花盆时最好选择东南朝向，因为这里阳光直射的时间最合适。

（三）18种植物的室内清洁功效

1. 滴水观音：有清除空气中灰尘的功效

滴水观音茎内的白色汁液有毒，滴下的水也是有毒的，误碰或误食其汁液，就会引起咽部和口部的不适，胃里有灼痛感。应当特别注意防止幼儿误食。但是滴水观音并不属于致癌植物。

2. 非洲茉莉：产生的挥发性油类具有显著的杀菌作用

可使人放松、有利于睡眠，还能提高工作效率。

3. 白掌：抑制人体呼出的废气，如氨气和丙酮

同时它也可以过滤空气中的苯、三氯乙烯和甲醛。它的高蒸发速度可以防止人们鼻黏膜干燥，使患病的可能性大大降低。

4. 银皇后：以独特的空气净化能力著称

空气中污染物的浓度越高，它越能发挥其净化能力，因此它非常适合摆放在通风条件不佳的阴暗房间里。

5. 铁线蕨：能大量吸收甲醛

它被认为是最有效的生物净化器。成天与油漆、涂料打交道的人，或者身边有喜好吸烟者的人，应该在工作场所放至少一盆蕨类植物。另外，它还可以抑制电脑显示器和打印机中释放的二甲苯和甲苯。

6. 鸭脚木：给吸烟家庭带来新鲜的空气

叶片可以从烟雾弥漫的空气中吸收尼古丁和其他有害物质，并通过光合作用将之转换为无害的植物自有的物质。另外，它每小时能把甲醛浓度降低大约9毫克。

7. 吊兰：能吸收空气中95%的一氧化碳和85%的甲醛

吊兰能在微弱的光线下进行光合作用，能吸收空气中的有毒有害气体，

一盆吊兰在8~10平方米的房间就相当于一个空气净化器。吊兰对某些有害物质的吸收力特别强，比如对空气中的一氧化碳和甲醛的吸收比例分别能达到95%和85%。吊兰还能分解苯，吸收香烟烟雾中的尼古丁等比较稳定的有害物质，所以吊兰又被称为室内空气的绿色净化器。

8. 芦荟：生物空气清洁器

盆栽芦荟有空气净化专家的美誉，可吸收甲醛、二氧化碳、二氧化硫、一氧化碳等物质，尤其对甲醛吸收特别强。在4小时光照条件下，一盆芦荟可消除一平方米空气中90%的甲醛，还能杀灭空气中的有害微生物，并能吸附灰尘，对净化室内环境有很大作用。当室内有害物质含量过高时芦荟的叶片就会出现斑点，这就是求援信号，只要在室内再增加几盆芦荟，室内空气质量又会趋于正常。

9. 龟背竹：夜间吸收二氧化碳，改善空气质量

龟背竹净化空气的功能略微弱一些，它不像吊兰、芦荟是净化空气的多面手，但龟背竹对清除空气中的甲醛的效果比较明显，另外，龟背竹有晚间吸收二氧化碳的功效，对改善室内空气质量，提高含氧量有很大帮助。加上龟背竹一般植株较大，造型优雅，叶片又比较疏朗美观，所以是一种非常理想的室内植物。龟背竹的果实成熟后可以做菜，香味像凤梨或者香蕉。

10. 常春藤：吸收甲醛的冠军

常春藤是目前吸收甲醛最有效的室内植物，每平方米的常春藤叶片可吸收甲醛1.48毫克。而两盆成年的常春藤的叶片总面积大约为0.78平方米。同时常春藤还可以吸收苯这种有毒有害物质，24小时光照条件下可吸收室内90%的苯。据估算，10平方米的房间，只需要放上2~3盆常春藤就可以起到净化空气的作用。它还能吸附灰尘微粒。

11. 橡皮树：消除有害物质的多面手

橡皮树是一个消除有害植物的多面手，对空气中的一氧化碳、二氧化碳、氟化氢等有一定的消除作用。橡皮树还能消除可吸入颗粒物污染，对室内灰

尘能起到有效的滞尘作用。

12. 文竹：消灭细菌和病毒的防护伞

文竹含有的植物芳香有抗菌成分，可以清除空气中的细菌和病毒，具有保健功能。此外，文竹还有很高的药用价值，挖取它的肉质根洗去上面的尘土污垢，晒干备用或新鲜即用。叶状枝随用随采，均有止咳润肺、凉血解毒之功效。

13. 棕竹：消除重金属污染和二氧化碳

棕竹的功能类似龟背竹。同属于大叶观赏植物的棕竹能够吸收80%以上的多种有害气体，净化空气。同时棕竹还能消除重金属污染并对二氧化硫污染有一定的消除作用。当然作为叶面硕大的观叶植物，它们最大的特点就是具有一般植物所不能企及的吸收二氧化碳并制造氧气的功能。

14. 富贵竹：适合卧室的健康植物

富贵竹可以帮助不经常开窗通风的房间改善空气质量，具有消毒功能。尤其是卧室，富贵竹可以有效地吸收废气，使卧室的环境质量得到改善。

15. 发财树：对抗烟草燃烧产生的废气

发财树四季常青，能通过光合作用吸收有毒气体并释放氧气。它能比较有效地吸收一氧化碳和二氧化碳，并对烟草燃烧产生的废气有一定的吸收作用。

16. 绿萝：改善空气质量，消除有害物质

绿萝的生命力很强，吸收有害物质的能力也很强，可以帮助不经常开窗通风的房间改善空气质量。绿萝还能消除甲醛等有害物质，其功能不亚于常春藤、吊兰。

17. 仙人掌：减少电磁辐射的最佳植物

仙人掌具有很强的消炎灭菌作用，在对付污染方面，仙人掌是减少电磁辐射的最佳植物。此外仙人掌夜间吸收二氧化碳释放氧气。晚上室内放有仙人掌，就可以补充氧气，利于睡眠。

18. 君子兰：释放氧气和吸收烟雾的清新剂

君子兰在极其微弱的光线下也能进行光合作用。在十几平方米的室内有两三盆君子兰就可以把室内的烟雾吸收掉。特别是在北方寒冷的冬天，由于门窗紧闭，室内空气不流通，君子兰会起到很好的调节空气的作用，保持室内空气清新。

（四）特别提示

室内植物虽有诸多益处，但也不能把室内当"花房"，因为室内通风有限，各种花木摆放过多，会与人"争气"，而且夜间室内大多封闭，加上花盆里土壤、人体以及宠物呼出的二氧化碳，会增加二氧化碳的浓度，引起人体缺氧，反而对健康不利。

植物的净化功能是有一定限度的，因此，还需要经常开窗换气，使空气对流。

松柏类的盆栽室内不宜多放，其浓烈的松香味会影响人的食欲。丁香、夜来香等，在晚间大量呼吸，排出的有害气体使高血压和心脏病患者感到气闷，正常人也会产生头晕、失眠等症状。洋绣球、五彩梅等会使一些人发生过敏反应现象。郁金香、含羞草则含有毒碱，会导致人脱发等。

七、少使用一次性物品

随着生活节奏的加快，有着"方便、卫生"等特点的一次性用品越来越受到大家的欢迎，其使用也从公共场所走入了平常百姓家。并且，其"家族"也不断繁衍发展：一次性纸巾、一次性木筷、一次性牙刷、一次性水杯、一次性拖鞋……凡此种种，不一而足，就连一些文艺演出、影视剧拍摄使用的服装、道具、布景等也不乏"一次性"用品。

一次性的东西有其优越性———使用方便，用完即可扔掉。便宜的一次性相机用完即扔，不用担心镜头损坏或者操作失误导致相机的损伤；实惠的一次性内裤在旅游的时候就发挥了作用；一次性注射器可以避免交叉感染……一次性用品在给我们生活提供便利的同时，也给我们提供了依赖和浪费的"机会"。一次性的投入、一次性的消耗、一次性的收回，造成了原材料的浪费，尤其以木材资源为主，大量的一次性木筷的消耗每年都在减少森林面积；而一次性饭盒等以塑料为原料的物品消耗，在垃圾的处理上也给生态环境带来严重的不利影响，加重垃圾处理系统承受的负担。过度使用一次性物品，其实就是在透支我们的未来。

（一）一次性物品的危害

在我们的生活中，有许许多多的人都使用一次性用品，好像我们的生活已离不开一次性用品了。殊不知，一次性消费却是现代社会的一把"双刃剑"，既是物质富足、方便快捷的象征，也充当着把资源变成垃圾的"加速器"。大量的能源和资源被"一次性"地浪费了，环境污染也由于一个又一个的"一次性"而加剧。一次性用品真的是那么的方便吗？人们想过它们对人类的危害吗？

一次性用品对人类的危害实在是太大了，如一次性筷子，一次性饭盒，一次性电池，一次性塑料袋，等等。现在就让我们举例说明一次性用品的危害。

塑料袋已经在全世界泛滥成灾，亚洲的情况尤其严重。比如，拥有2300万人口的台湾省每年要用掉200亿只塑料袋，相当于每人800多只。塑料袋不仅污染了环境，还会堵塞下水道，这可能导致城市水患和疾病的传播。一些生物会因为塑料袋而丧生，比如，有些海龟就因为吞入塑料袋窒息而死。塑料袋还会传播空气污染，因为许多塑料袋是和其他垃圾共同焚烧的，焚烧塑料袋可能把二氧杂芑（二恶英）扩散到空气中，对人体健康有很大危害。

总结塑料袋的危害，具体地说有以下几点：

（1）塑料是高分子聚合物，不易降解，需数百年才能分解，极易造成污染公害。

（2）遗弃的塑料制品随处可见，破坏景观，影响城市形象。

（3）遗弃的塑料制品如粘有污染物，会危害人体健康。

（4）农田使用的塑料薄膜老化后，会破碎遗留在田间，不分解腐烂，影响农作物收成。

又如一次性木筷的危害：

一次性筷子的漂白方式一般有三种，分别是运用二氧化硫、过氧化氢或次氯酸钙进行漂白。用这三种方式漂白后，都需要大量的水蒸煮或冲洗。

可在实际制造过程中，并没有人用那么多水。有报道说：台北市面上93%的一次性筷子，均采用二氧化硫熏蒸的方式漂白，熏蒸的时间越长，筷子越白，闻起来也越酸。制造者在以二氧化硫熏蒸的方式漂白后，通常忽略水煮步骤。残留的二氧化硫和其他物质结合便会成为亚硫酸盐，而亚硫酸盐对人体有很大的危害。

有资料显示，一次性筷子是日本人发明的。日本的森林覆盖率高达65%，但他们却不砍伐自己国土上的树木来做一次性筷子，全靠进口。我国的森林覆盖率不到17%，却是生产和出口一次性筷子的大国。据有关材料介绍，中国市场每年消化一次性筷子450亿双，耗费木材166万立方米。仅北京一地，每天就消耗一次性饭盒、筷子80万套，一年365天就是29200万套。一双一次性筷子重5.5克，29200万双筷子总重1606吨，折合木材3212立方米，还不包括皮、心、边和锯末等废料。早有专家指出，像中国这样拥有十几亿人口的大国，广为使用一次性筷子是对林业资源的极大浪费。

森林是二氧化碳的转换器，是降雨的发生器，是洪涝灾害的控制器，是生物多样性的保护器。这些功能绝不是生产一次性筷子所得的效益能取代的。

再来看看大家常用常丢的一次性的物品——电池。

人们日常使用的电池中含有大量的重金属污染物——镉、汞、锰等。当它们被丢弃在自然界时，这些有毒物质便慢慢从电池中溢出，进入土壤或水源，再通过农作物进入食物链。这些有毒物质在人体内会长期积蓄难以排除，损害神经系统、造血功能、肾脏和骨骼，有的还能够致癌。一个人随手扔掉的废电池中含有的金属可能有一天就被自己吃下了。

（二）避免使用一次性物品

环保是一个大事，但却是每个人都能够为之贡献的大事。我们应该通过生活中的细节，一点一滴努力，为环保出力。多使用一次性物品的各种替代品就是一个不错的办法。

比如用不锈钢饭盒代替纸饭盒；用瓷杯、玻璃杯代替纸杯；上街购物自备购物布袋，少领取塑料袋；外出就餐自备筷子和勺子，既卫生又环保；用手帕代替纸巾；尽量重复使用旧塑料袋等。

通过每个人一点一滴的努力，我们可以最大限度地减少一次性物品造成的破坏和污染，保护地球宝贵的环境和资源。

八、扔垃圾，你分类了吗

多少年来，我们已经习惯了将垃圾顺手一丢，全都丢在同一个垃圾篓里：剩菜果皮丢在垃圾桶里、写坏了的纸张丢在垃圾桶里，空瓶子丢在垃圾桶里，空奶盒子丢在垃圾桶里，废电池丢在垃圾桶里，废电线、电子物件坏了也丢在垃圾桶里……

如果我们每个人都能下意识地注重一下垃圾分类，这种状况会有巨大的

改变。不是有一个广告说了么"今天分一分，明天美十分"，你会每天问自己一遍："丢垃圾，我分类了么？"

比如一只唇膏，当你不想要的时候，你知道它属于哪种垃圾吗？可能有些女孩会说它就是垃圾而已，还分那么细？也可能有的女孩会告诉你它属于可回收垃圾，因为唇膏管的材质通常为塑料或金属。其实，这样的答案还不是百分之百OK的，正确答案应该是：一只唇膏，当我们不想要的时候，要看它是否被用完，没用完的部分最好拆出来，属于可燃类垃圾；唇膏管则属于可回收垃圾。

生活垃圾对环境的影响已成为国际公认的严重的环境问题。随着人口增长和经济发展，生活垃圾的产量日益增多，不仅影响城市景观，而且污染了大气、水和土壤，给人们的健康和生活构成极大的威胁，也阻碍了城市发展，成为城市建设、管理及经济社会发展的棘手问题。生活垃圾应合理回收利用并进行无害化处理，但关键要靠垃圾分类这个源头活水。

（一）分类扔垃圾的重要性

据报道我国目前城市年产垃圾量约1亿3000万吨，并以7%~9%的年递增速度增加。中国70%的城市陷入垃圾围城的困境，如北京市日产垃圾在12000吨，市周围直径50米以上的垃圾山达5000多个。上海市日产垃圾14000吨，周边被3000多个垃圾厂包围。如此大量的城市生活垃圾得不到有效的处理，将对城市生态环境及周边的水体、大气、土壤等造成严重的污染，而且造成垃圾中大量有用资源的浪费。人们已逐步认识到垃圾是放错了地方的可再利用的"财富"，因此城市生活垃圾减量化、无害化、资源化处理已愈来愈受到政府与公众的重视。

目前世界范围内城市生活垃圾的处理主要以填埋、焚烧、堆肥处理等技术和方法为主。我国城市垃圾处理由于起步较晚，基础设施较差及受种种客观因素的影响，目前主要以卫生填埋为主。垃圾通常是先被送到堆放场，然后再送去填埋。但垃圾填埋的费用是高昂的，处理一吨垃圾的费用约为200元至300元人民币。被许多国家广泛应用的另一种垃圾处理方法就是焚烧。经过高温焚化后的垃圾虽然不会占用大量的土地，但它不仅投资惊人，并且会增加二次污染的风险。二恶英这令人谈"恶"色变的剧毒致癌物质，就是垃圾焚烧后产生的主要气体成分之一。此外，无论填埋还是焚烧，都是对有用资源无谓的浪费，人们正在不断地把有限的地球资源变成垃圾，又把它们埋掉或烧掉。

垃圾不应该通通运到垃圾填埋场，有的应该运到垃圾发电厂，利用可燃垃圾燃烧时产生的热量发电；有的应该运到有机肥料加工厂，把瓜皮菜叶等制成庄稼的好肥料；有的应该运到各类回收站，使可回收利用的金属、塑料、玻璃、纸张等成功实现循环利用；其他一些有害的垃圾应该进行专门的处置，将其无害化。以上这些分类处理的基础，正是看似微不足道的垃圾分类。

1吨废塑料＝700千克燃料、柴油

1吨废钢铁＝900千克优质钢铁＝3吨铁矿石

1吨废纸＝800千克优质纸＝20棵30年生的树

……

"垃圾是放错了地方的宝贝。"所以，处置好垃圾非常关键。这一笔笔可观的数值告许我们，信手遗弃的垃圾中含有不菲的财富，可见给垃圾分类和处置又是多么有意义。

（二）怎么正确地扔垃圾

我们每个人每天都会扔出许多垃圾，您知道这些垃圾它们到哪里去了吗？它们通常是先被送到堆放场，然后再送去填埋。垃圾填埋的费用是非常高昂的，处理一吨垃圾的费用约为200元至300元人民币。人们大量地消耗资源，大规模生产，大量地消费，又大量地产生着废弃物。

难道，我们对待垃圾就束手无策了吗？其实，办法是有的，这就是垃圾分类。垃圾分类就是在源头将垃圾分类投放，并通过分类的清运和回收使之重新变成资源。

从国内外各城市对生活垃圾分类的方法来看，大致都是根据垃圾的成分构成、产生量，结合本地垃圾的资源利用和处理方式来进行分类。如德国一般分为纸、玻璃、金属、塑料等；澳大利亚一般分为可堆肥垃圾，可回收垃圾，不可回收垃圾；日本一般分为可燃垃圾，不可燃垃圾，等等。

如今中国生活垃圾一般可分为四大类：可回收垃圾、厨余垃圾、有害垃圾和其他垃圾。目前常用的垃圾处理方法主要有：综合利用、卫生填埋、焚烧和堆肥。

主要分类

（1）蓝色垃圾桶收集可回收垃圾，主要包括废纸、塑料、玻璃、金属和布料五大类。废纸：主要包括报纸、期刊、图书、各种包装纸、办公用纸、广告纸、纸盒等等，但是要注意纸巾和厕所纸由于水溶性太强不可回收。塑料：主要包括各种塑料袋、塑料包装物、一次性塑料餐盒和餐具、牙刷、杯子、矿泉水瓶、牙膏皮等。玻璃：主要包括各种玻璃瓶、碎玻璃片、镜子、灯泡、暖瓶等。金属物：主要包括易拉罐、罐头盒等。

（2）绿色垃圾桶收集厨余垃圾，包括剩菜剩饭、骨头、菜根菜叶、果皮等食品类废物。这类垃圾经生物技术就地处理堆肥，每吨可生产0.3吨有机肥料。

（3）红色垃圾桶收集有害垃圾，包括废电池、废日光灯管、废水银温度计、过期药品等。这类垃圾需要特殊安全处理。

（4）灰色垃圾桶收集其他垃圾，包括除上述几类垃圾之外的砖瓦陶瓷、渣土、卫生间废纸、纸巾等难以回收的废弃物。这类垃圾采取卫生填埋可有效减少对地下水、地表水、土壤及空气的污染。

（三）看看国外咋扔垃圾

（1）日本的街头基本是看不到垃圾箱的。居民如果有垃圾，必须要自己打包带回家。在日本，生活垃圾一般分为可燃垃圾、不可燃垃圾及资源垃圾（金属、纸张、玻璃）等三大类。居民必须根据当地政府的规定，在每周固定的时间用标准的垃圾袋将垃圾摆放在固定的地点。

（2）英国垃圾分类十分严格，一般人家，家里得准备5个垃圾箱，有的地区，由于垃圾分类更细，甚至需要10个垃圾箱才能完成对垃圾的分类要求。更重要的是，垃圾没有按照规定进行分类，或者居民在规定扔垃圾的时间之前，将家中的垃圾倒入室外的垃圾箱，就有可能被处以100英镑的罚款。

（3）韩国对于扔垃圾有许多严格的要求。垃圾分类分错了，被发现之后要罚款；垃圾袋由政府统一监制，有些地区垃圾袋上要写上实名；原则上，周末不允许扔垃圾，这时有垃圾也只能放在家里。